Klaus-Dieter Tillmann

Physikalische Experimente mit dem Mikrocomputer

Anwendung von Mikrocomputern

Herausgegeben von Dr. Harald Schumny

Die Buchreihe behandelt Themen aus den vielfältigen Anwendungsbereichen des Mikrocomputers: Technik, Naturwissenschaften, Betriebswirtschaft. Jeder Band enthält die vollständige Lösung von Problemen, entweder in Form von Programmpaketen, die der Anwender komplett oder in Teilen als Unterprogramme verwenden kann, oder in Form einer Problemaufbereitung, die dem Benutzer bei der Software- und Hardware-Entwicklung hilft.

Anwendung von Mikrocomputern Band 16

Klaus-Dieter Tillmann

Physikalische Experimente mit dem Mikrocomputer

„On-Line"-Messungen mit dem Apple II

im Apple-Pascal-System

Springer Fachmedien Wiesbaden GmbH

CIP-Kurztitelaufnahme der Deutschen Bibliothek

Tillmann, Klaus-Dieter:
Physikalische Experimente mit dem Mikrocomputer:
,,On-Line''-Messungen mit d. Apple II im Apple-
Pascal-System / Klaus-Dieter Tillmann.
(Anwendung von Mikrocomputern; Bd. 16)
ISBN 978-3-528-04493-0   ISBN 978-3-663-13983-6 (eBook)
DOI 10.1007/978-3-663-13983-6
NE: GT

Apple® ist ein eingetragenes Warenzeichen der Apple Computer, Inc.

Das in diesem Buch enthaltene Programm-Material ist mit keiner Verpflichtung oder Garantie irgend-
einer Art verbunden. Der Autor übernimmt folgedessen keine Verantwortung und wird keine daraus
folgende oder sonstige Haftung übernehmen, die auf irgendeine Art aus der Benutzung dieses Programm-
Materials oder Teilen davon entsteht.

1986

ISBN 978-3-528-04493-0

Vorwort

Der Einsatz des Computers in physikalischen Experimenten erschließt eine Reihe von Versuchen, die sich bisher der direkten Messung und der graphischen Darstellung entzogen. Hierzu gehören insbesondere Versuche, die
— nicht periodisch sind,
— umfangreiche Auswertungen vieler Meßdaten erfordern,
— zu schnell für den Plotter und zu langsam für das Oszilloskop sind und
— viele Messungen schnell hintereinander verlangen.

In diesem Buch werden nur „On-Line"-Messungen und Auswertungen durchgeführt. Hier erlangt der Computer eine gewichtigere Bedeutung als bei der Simulation physikalischer Probleme. Typische Beispiele sind der freie Fall, optische und akustische Einzelmessungen, Schwingungsversuche und Fahrbahnversuche. Experimente, bei denen Signale bereits in elektrischer Form vorliegen, bieten sich direkt an. Bei Versuchen zur Mechanik muß erst ein elektrisches Signal erzeugt werden.

Sofern möglich oder erforderlich werden alle Versuche beispielhaft durchgerechnet. Dieses Buch eignet sich daher als Anleitung, Versuche selbständig zu konzipieren, durchzuführen und auszuwerten. Zu Beginn wird die Steuerung des Programms durch Menükarten beschrieben, um dann sofort zu den Experimenten aus verschiedenen physikalischen Gebieten zu kommen. Die Versuche werden zuerst analysiert und die Grundlagen gelegt. Hierbei werden häufig Differentialgleichungen benutzt. Hieran schließt sich die Messung mit Angabe aller benötigten Parameter und der graphischen Auswertung an.

Die analogen und digitalen Messungen unterscheiden sich nicht nur durch die Hardware, sondern auch in der konzeptionellen Überlegung. Daher werden diese beiden Meßmethoden auch äußerlich getrennt.

Ein eigenes Hardware-Kapitel gibt alle getesteten Schaltungen mit Anschlußbelegungen an. Im Anhang werden alle benötigten Bauteile mit einem entsprechenden Bezugsnachweis aufgelistet. Den Schaltungen schließt sich die gesamte umfangreiche Software mit allen Quellprogrammen an, so daß der Benutzer eigene Änderungen anbringen kann.

Die vorgestellten Programme setzen neben der im Hardware-Kapitel 8 vorgestellten Schnittstellen (Interfaces) einen Apple II mit einem oder zwei Laufwerken, das Apple-Pascal-System und gegebenenfalls eine 80-Zeichen-

Karte voraus. Ein graphikfähiger Drucker oder ein „Plotter" unterstützt die Ausgaben.

Der Computer im physikalischen Experiment öffnet neue Wege, zum Kern eines Versuchs vorzustoßen. Er ermöglicht auf einfache Weise, schnelle Messungen durchzuführen und die Ergebnisse für weitere Auswertungen zu speichern. Dies war bisher bei manchen Versuchen nicht möglich. Neben den experimentellen Vorteilen verlangt der Computer jedoch neue methodische Überlegungen, um das Experiment sinnvoll zu gestalten.

In diesem Buch wird eine spezielle Schnittstellenkarte für den Apple vorgestellt. Diese Karte kann von einem geschickten Bastler ohne größere Probleme zu einem geringen Preis selbst hergestellt werden. Ein Testprogramm überprüft die Karte auf ihre Funktion. Mit ihr lassen sich Experimente („on-line") vorwiegend physikalischer Natur durchführen. Die analogen oder digitalen Messungen werden von einer Uhr („Kurzzeittimer") gesteuert und von einem umfangreichen Software-Paket unterstützt. Dieses ist benutzerfreundlich, weil es durch Menükartensteuerung den Anwender leitet. Auswertungsprogramme und graphische Darstellungsmöglichkeiten geben sofort Auskunft über das Ergebnis des Versuchs. Bei der Meßwerterfassung können auf einfache Weise Parameter verändert werden (z. B. die Meßgeschwindigkeit). Auf diese Weise kann ein Problem umfassend meßtechnisch erfaßt und gelöst werden.

Einige Anwender mögen vielleicht noch eine gewisse Scheu haben, den Computer als Meßinstrument einzusetzen, weil sie Angst haben, ein teures Gerät unsachgemäß zu bedienen und zu beschädigen. Ihnen sei versichert: Wenn keine Fremdspannungen benutzt werden, ist der Computer i. a. sicher. Da nur wenige Ein- und Ausgänge mit 5-mm-Buchsen benutzt werden, die alle kurzschlußfest sind, kann nicht viel falsch gemacht werden.

Der Computer eröffnet die Möglichkeit, uns mit den neuen Techniken vertraut zu machen, die immer stärker die technisierte Arbeitswelt erfassen. Wir sollten vor dieser Entwicklung nicht die Augen verschließen, sondern frühzeitig richtig mit ihr umgehen können. Wir haben das beste Arbeitsmaterial verdient, das heute angeboten wird. In diesem Sinne wünsche ich dem Benutzer einen Einstieg in eine neue Technologie, die bei sinnvollem Einsatz viel Freude bereitet.

Berlin, im Dezember 1985   K. Tillmann

Inhaltsverzeichnis

1 Leistungsfähigkeit des Systems

1.1 Eigenschaften und Grenzen

Das System gestattet, schnelle analoge Messungen und Steuerungen sowie schnelle digitale Messungen durchzuführen.

Für die analogen Messungen gilt:
- Echtzeit-Messungen. Der zeitliche Abstand zwischen zwei Messungen ist wohldefiniert. Das Zeitintervall kann zwischen 50 µs und 64 ms frei gewählt werden. Dies bedeutet Meßfrequenzen von 16 Hz bis 20 kHz.
- Aufnahme, Verarbeitung und graphische Darstellung von jeweils 1024 Meßwerten.
- Triggermöglichkeit. Der Auslösemechanismus kann vom zu messenden Ereignis selbst ausgelöst werden. Der Triggerpunkt kann frei zwischen 0 V und 10 V für die Eingangsspannung gewählt werden. Es kann zwischen positiver und negativer Flanke gewählt werden.
- graphische Darstellung mit Stauchungs- und Dehnungsmöglichkeit oder automatischer Anpassung an die Amplitude und Einzeichnung des Koordinatensystems.
- Abspeichern und Lesen der Meßdaten auf und von der Diskette zur weiteren Verarbeitung.

Für die digitalen Messungen gilt:
- Zählen von Rechteckimpulsen,
- Frequenzmessungen bis 20 kHz mit variabler Meßzeit,
- Messung der Zeit zwischen zwei digitalen Ereignissen (Echtzeit-Messung).
- automatische Triggerung bei der Echtzeit-Messung,
- graphische Darstellung wie bei der analogen Messung,
- Abspeicherung der Daten.

<u>Für die Steuerung gilt:</u>
- Erzeugung fester Spannungen an den Ausgängen der D/A-Wandler,
- Erzeugung variabler Spannungen: Rechteckspannungen, Nadelimpulsspannungen, Sägezahnspannungen (steigend und fallend), Dreieckspannungen und Sinusspannungen. Die Spannungen können für jeden D/A-Wandler anders gewählt werden. Zwischen beiden Spannungen kann eine beliebige Phasenverschiebung gewählt werden.

Die Zusatzgeräte (Thermofühler, Fototransistor und Mikrophon) gestatten die Messung schneller Vorgänge im optischen (z.B. Messung von Lichtimpulse, Blitzlicht) und im akustischen Bereich (z.B. Aufzeichnung und Analyse der menschlichen Stimme).

Für wichtige physikalische Versuche, die dem Computer zugänglich sind, werden eigene Programme vorgestellt. Hier werden z.B. das gesamte Kennlinienfeld eines Transistors, Kennlinien von Dioden und ICs aufgezeichnet. Versuche aus allen Bereichen wie Mechanik, Schwingungslehre, Akustik, Optik, Elektrizitätslehre und Induktion werden vorgestellt.

Da das Steuern und Messen gleichzeitig einen höheren Programmieraufwand erfordern, wird zur Elektronik ein komplettes Software-Paket vorgestellt. Das Buch wird entsprechend den drei Meß- und Steuermöglichkeiten gegliedert:

1. Versuche mit schnellen analogen Messungen.
2. Versuche mit schnellen digitalen Messungen.
3. Ausgewählte Versuche zu Steuern und Messen (analog).

Im Kapitel 7 werden wichtige Auswertungsprogramme vorgestellt. Die Kapitel 8 und 9 enthalten dann die detaillierten Grundlagen zur Hardware und Software mit den kompletten Anweisungslisten. Alle Programme finden Sie auf einer Diskette, die man zu diesem Buch erwerben kann.

1.2 Schaltsymbole

Der Computer mit dem angeschlossenen Interface ist für den Benutzer oft ein großer unverständlicher schwarzer Kasten. Im allgemeinen muß es auch dabei bleiben. Der Computer sollte auf seine wesentliche Aufgabe reduziert werden. Dies bedeutet in unserem Fall: Der Computer ist ein Voltmeter mit angeschlossener Uhr bzw. ein Zähler mit Uhr oder eine variable Spannungsquelle. Diese Funktionen sind einem außenstehenden Beobachter leicht einsehbar. Deshalb schlage ich die folgenden drei Schaltsymbole vor, die bei Versuchsdemonstrationen auf Karton gezeichnet neben den Computer gestellt werden können.

Man kann diese Symbole in der Hauptmenükarte unter Schaltungen aufrufen und als "Hardcopy" (d.h. als Graphik auf einem Drucker) ausdrucken lassen.

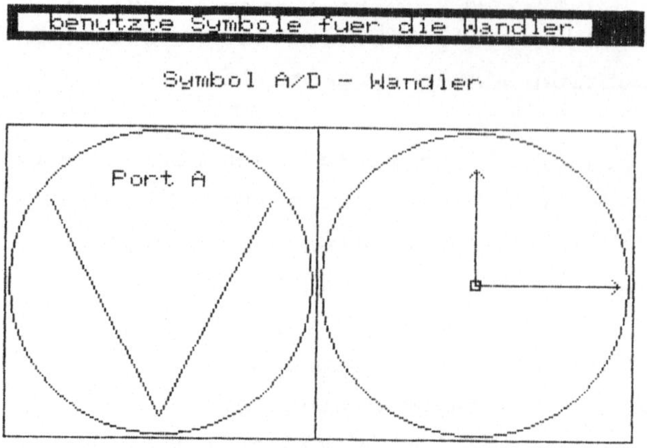

Bild 1.1   Schaltsymbol analoge Messung (Voltmeter und Uhr)

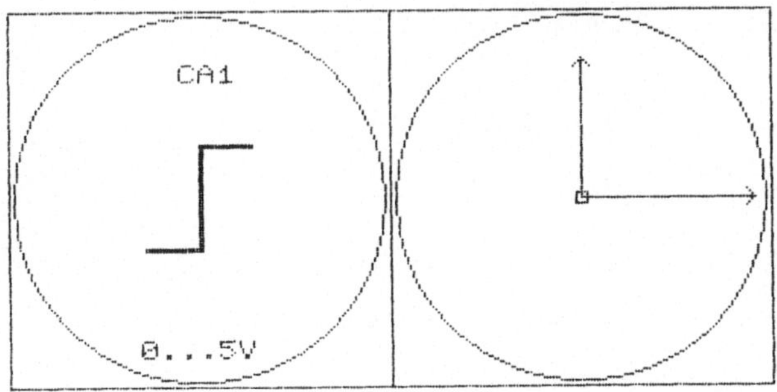

Bild 1.2   Schaltsymbol digitale Messung (Zähler und Uhr)

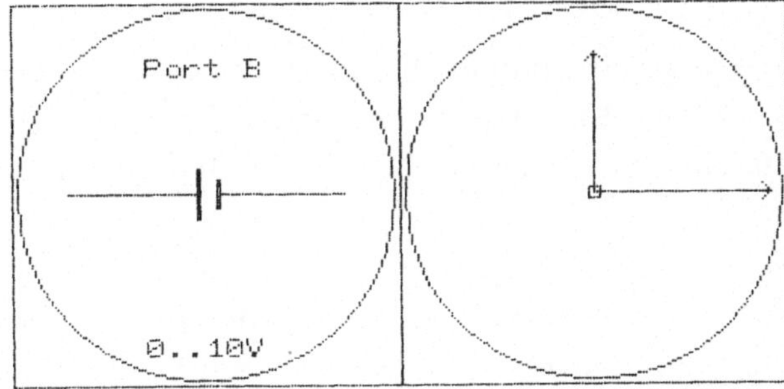

Bild 1.3   Schaltsymbol Steuern (variable Spannungsquelle und Uhr)

Das Schaltzeichen soll auf keinen Fall einfach das Wort
"Computer" enthalten, sondern ein speziell auf den Versuch aus-
gerichtetes Symbol, das die Aufgabe des Gerätes erklärt.

1.3 Hardware

Wir benötigen mehrere Bausteine zur Aufnahme von Meßwerten:
- die Schnittstelle mit dem VIA 6522,
- zwei D/A-Wandler,
- einen Multiplexer, um zwei D/A-Wandler an einen Port anschließen zu können (Steuerung durch zwei Parameter),
- zwei A/D-Wandler,
- einen Multiplexer, um zwei A/D-Wandler an einen Port anschließen zu können (Messung zweier Parameter),
- zwei Fototransistoren,
- ein Mikrophon mit Verstärker,
- zwei Lautsprecher,
- einen Thermofühler und
- verschiedene Aufbauten zu speziellen Versuchen.

Die einzelnen Schaltungen zum Interface findet man im Hardware-Kapitel 8.

Die D/A-Wandler liefern eine Spannung von 0 V bis 10 V bei einer Belastung bis zu 12 mA. Sie dienen meistens zur Erzeugung einer Sägezahnspannung und werden an Port B des Interfaces angeschlossen.

Mit Hilfe des Multiplexers können zwei D/A-Wandler an einem Port des Interfaces betrieben werden. Es können somit zwei Parameter gleichzeitig variiert werden.

Die A/D-Wandler verarbeiten Spannungen im Bereich 0 V bis 5 V und 0 V bis 10 V. Durch geeignete Spannungsteiler lassen sich auch höhere Spannungen anschließen. Sie sind gegen Verpolung geschützt. Grundsätzlich gilt: Im Bereich 0 V bis 10 V sind beide Geräte verpolungs- und kurzschlußfest. Ein zweiter Multiplexer ermöglicht die Aufnahme zweier Meßwerte. Dies gestattet komplexe Messungen.

Die Fototransistoren werden vor die A/D-Wandler geschaltet. Sie sollten auf sichtbares bis infrarotes Licht reagieren. Es sollten keine Fotowiderstände benutzt werden, da diese zu träge sind. Es lassen sich so ohne Probleme Meßwerte im μs-Bereich erfassen.

Als Mikrophon reicht ein einfaches Kohlemikrophon, z.B. das der Fa. Leybold. Im Kapitel 8 wird auch die Schaltung für ein dynamisches Mikrophon mit anschließendem Operationsverstärker vorgestellt.

Einige wenige Geräte, die für die Versuche benötigt werden, können von jedem geschickten Bastler hergestellt werden.

Die weiteren benötigten Geräte finden sich z.B. in jeder normalen Physiksammlung einer Schule.

Normalerweise werden keine Fremdspannungen benötigt, da das Netzteil des Computers die Spannung +5 V zur Verfügung stellt. Werden trotzdem Fremdspannungen angeschlossen, so sollte grundsätzlich nur eine 6-V-Batterie benutzt werden. Dies garantiert Ihnen, daß der Computer nicht zerstört wird. Wenn ein Netzgerät benutzt wird, so sollte beachtet werden, daß die Gleichspannungen geglättet sind. In einigen Versuchen wird eine 2,5-V-Spannung benötigt.

Die Hardware ist so geschützt, daß der Anwender keine Angst haben muß, daß er den Computer bei unsachgemäßer Bedienung zerstört. Als Regel gilt: Wird keine Fremdspannung benutzt, ist das Gerät gegen Fehlbedienungen gesichert.

1.4 Software

Es werden ausgereifte Programme zur Verfügung gestellt, die modular aufgebaut sind. Dies bedeutet:
- Die Programme können ohne Kenntnis einer Programmiersprache benutzt werden.
- Programmierer können sich mit Hilfe der Module ("Units") ihre Programme ohne Schwierigkeiten selber schreiben.
- Menügesteuerte Programmwahl.

Das Software-Paket enthält folgende Teile:
- Demonstration und freie Nutzung der Wandler,
- schnelle analoge Messungen (freie Nutzung),
- schnelle digitale Messungen (freie Nutzung) und
- Messen und Steuern: ausgewählte Versuche aus der Elektronik.

Diese Programme findet man im Software-Kapitel 9. Für den Programmierer stehen folgende "Units" zur Verfügung, die direkt aus der "Library" aufgerufen werden können:
- VARIABLENUNIT enthält alle benötigten Variablen und Initialisierungsroutinen;
- ANALOMENUE mit der MESSUNIT und dem Assembler-Programm VOLTA enthält alle Grundlagen zur schnellen analogen Messung;
- DIGITMENUE mit dem Assembler-Programm PULSA enthält alle Grundlagen zur schnellen digitalen Messung;
- GRAPHUNIT, GRAPH1UNIT und GRAPH2UNIT erlauben komfortables Zeichnen der Meßwerte und der Schaltungen;
- DISKUNIT greift auf das Directory der Disketten zu;
- SCHALTUNIT, SCHALT1UNIT und SCHALT2UNIT zeichnen die benutzten Schaltungen und
- HARDCOPY kann alle graphischen Darstellungen auf den Epson-Drucker FX 80 zeichnen.

2 Die Hauptmenükarte

Das Pascal-Betriebssystem sollte von einer Diskette im Laufwerk 1 (Pascal: #4:) und die Benutzerprogramme von einer Diskette im Laufwerk 2 (Pascal: #5:) geladen werden. Nach Eingabe von X#5:MENUE startet das Programm. Man sieht auf dem Bildschirm die Frage:

```
Bitte Slot-Nummer des Interfaces eingeben: ===>
```

Geben Sie bitte die Nummer des Slots ein, in dem Ihr Interface steckt. Danach erscheint die Hauptmenükarte. Die Titelzeile ist - vorausgesetzt Ihre 80-Zeichen-Karte spricht hierauf an - in inverser Darstellung. Es wird hier Slot 2 angenommen.

```
Analoge und digitale Meßwerterfassung mit Echtzeituhr mit dem
VIA 6522   Slot = 2

Bitte wählen Sie:

0 - Ende

1 - Schaltungen
2 - Ausgabe der Graphik auf dem Epson FX-80
3 - Demonstration der Wandler

4 - schnelle analoge Messungen
5 - schnelle digitale Messungen

6 - Regeln und Messen: Kennlininien elektronischer Bauteile

7 - Anwendungsprogramme für analoge Messungen
8 - Anwendungsprogramme für digitale Messungen

===>
```

Sie können nun das Programm mit "0" beenden oder eine der
Programmteile auswählen. Sie erhalten bei der Wahl "1" eine
Reihe technischer Schaltungen und Schaltsymbole auf den Bild-
schirm. Wählen Sie "2", so erhalten Sie das gleiche, jedoch
wird die Graphik auch auf den graphikfähigen Drucker Epson
FX-80 ausgegeben. Fehlt dieser Drucker, so hängt das Programm.
Drücken Sie dann die Reset-Taste und beginnen Sie wieder von
vorne.

Bei der Wahl von "3" können Sie einige Eigenschaften der
Wandler kennenlernen. Dies wird im Kapitel 3 beschrieben. Das
gilt entsprechend bei den übrigen Punkten "4", "5" und "6".

Unter "7" und "8" wird ein Programm aufgerufen, das diverse
Auswertungsarbeiten abnimmt, z.B.
- die natürlichen Logarithmen der Meßwerte bilden,
- die Meßwerte vom größten Meßwert subtrahieren,
- den Kehrwert der Meßwerte bilden,
- Meßwerte quadrieren,
- aus Meßwerten die Wurzel ziehen,
- Glätten der Meßwerte,
- den Mittelwert der Meßwerte bestimmen,
- Meßwerte integrieren (nur für digitale Messungen),
- Meßwerte längs der U-Achse verschieben,
- Achsen vertauschen (nur für digitale Messungen),
- eine Fourier-Analyse durchführen (nur für analoge Messungen) und
- Datenfiles lesen und beschreiben.
Schauen Sie hierzu im Kapitel 7 nach.

Sie können an dieser Stelle jede Taste außer der Reset-
Taste drücken. Haben Sie nicht eine der Ziffern 0 bis 7 gewählt, so wiederholt der Computer die Bitte nach einer richtigen Eingabe. Das Programm ist in dieser Hinsicht absturz-
sicher. Abstürze können höchstens dann erfolgen, wenn nicht
vorhandene Dateien gelesen werden sollen. Nutzt man die
IORESULT-Funktion, so kann auch dieses Problem gelöst werden.

3 Demonstration der Wandler

Mit diesem Programmteil kann sich der Benutzer mit der Handhabung des Systems vertraut machen. Nach Aufruf der "3" erscheint die entsprechende Menükarte:

```
Demonstration zur Anwendung der Wandler      Slot =2


Bitte wählen Sie:


0 - Ende


1 - Schaltungen


2 - Temperaturmessung


3 - Analog-Messungen über Port A - numerische Ausgabe


4 - Analog-Messungen über Port A - graphische Ausgabe


5 - Feste Spannungen über Port B ausgeben


6 - Funktionale Spannungen über Port B ausgeben


===>
```

Unter "1" (Schaltungen) erhalten Sie einen Schaltungsvorschlag. Schließen Sie zum Beispiel die Ausgänge der D/A-Wandler an die 10-V-Eingänge der A/D-Wandler an. Sie können somit die ausgegebenen Spannungen direkt wieder messen. Unter "2" können Sie mit dem im Kapitel 8 beschriebenen Temperaturfühler Temperaturen messen. "3" bis "5" gestatten das problemlose Messen und Einstellen zweier Spannungen.

Von besonderem Interesse ist der Auswahlpunkt "6". Hiermit
erhalten Sie einen kompletten Funktionsgenerator. Es stehen
zur Verfügung:

- Rechteckspannungen,
- Nadelimpulsspannungen,
- Sägezahnspannungen,
- Dreieckspannungen fallend und steigend und
- Sinusspannungen.

Sie können jeweils zwei verschiedene Spannungsarten über
die D/A-Wandler ausgeben und entweder über Voltmeter oder über
die beiden A/D-Wandler messen! Sie können zwischen diesen beiden Spannungen eine beliebige Phasenverschiebung einstellen.
Hierzu werden Sie nach der Eingabe der Spannungsfunktionen vom
System aufgefordert:

```
Ausgabe einer variablen Spannung über Port B


Phasenlage der beiden Schwingungen:


0     = beide Schwingungen sind in Phase
90    = 2. Schwingung läuft um 90 Grad hinter der ersten her
359   = 2. Schwingung läuft um 359 Grad hinter der ersten her


===>
```

Geben Sie eine entsprechende Zahl zwischen 0 und 359 ein!

Die Ausgabe der festen oder funktionalen Spannung erfolgt
erst nach der Eingabe "3" oder "4", mit der der Meßvorgang
startet. Die Messung ist relativ langsam, weil zur Demonstration das Ergebnis sofort auf dem Bildschirm erscheinen soll.
Mit dieser Anordnung lassen sich Schwingungsvorgänge um 1 Hz
besonders gut darstellen.

4 Schnelle analoge Messungen

4.1 Die Menükarte für schnelle analoge Messungen

In diesem Kapitel sollen nur schnelle analoge Messungen
durchgeführt werden. Schnell bedeutet hier, daß maximal ca.
20 000 Messungen in einer Sekunde erfolgen (dies läßt sich
noch auf 50 000 Messungen/s steigern). Hierbei ist der Zeit-
abstand zwischen zwei Messungen frei wählbar und wohldefiniert.

Als Eingang für diese Messung wird immer der +5-V- bzw. der
+10-V-Eingang und "Ground" des linken A/D-Wandlers benutzt. Dieser Wandler wird mit x bezeichnet. Sollten Sie aus Versehen
eine 10-V-Spannung auf den 5-V-Eingang legen, so hat dies keine Folgen. Der Eingang ist gegen Überspannungen und Verpolung
abgesichert.

Wählen Sie bitte in der Hauptmenükarte "4" für schnelle analoge Messungen. Sie sehen nach kurzer Zeit die Menükarte für
schnelle analoge Messungen auf dem Bildschirm.

```
Meßwerterfassung mit Echtzeituhr mit dem VIA 6522
Triggerpunkt: 5    Anzahl Messungen/s: 10 000
Zeitintervall: 100 µs      Slot = 2


Bitte wählen Sie:     Bitte A/D-Wandler an Port A anschließen!


0 - Ende


1 - Festlegung der Meßbedingungen
2 - Echtzeit-Messung


3 - Graphikparameter festlegen
```

```
    4 - Graphik

    5 - Ausgabe der Meßergebnisse auf dem Bildschirm
    6 - Ausgabe der Meßergebnisse auf dem Drucker
    7 - Ausgabe der Graphik auf dem EPSON FX-80

    8 - Meßdaten auf Diskette schreiben
    9 - Meßdaten von der Diskette lesen

    A - Schaltung
    B - Ausgabe der Schaltung auf dem EPSON FX-80

    ===>
```

Alle Parameter für die Messung sind im Programm schon vorbe-
setzt, so daß man sofort zu messen anfangen kann. Der normale
Ablauf ist: "2" für Echtzeitmessung und anschließend "4" für
Graphik.

Die Punkte 5 - 9 und A, B erklären sich von alleine. Es sei
nur erwähnt, daß, wenn mehrere Schaltungen hintereinander ausgegeben werden, zur Fortsetzung des Programms jeweils eine beliebige Taste gedrückt werden muß.

Je nach Versuch können die Meß- und Graphikparameter verändert werden. Die für bestimmte Versuche günstigsten Parameter
werden in der Beschreibung des Versuches jeweils angegeben.
Wie verändern Sie Parameter?

  Es sollen die Meßparameter
- Zeit zwischen zwei Messungen und der
- Triggerpunkt verändert werden.

Wählen Sie "1". Sie sehen dann außer der Titelzeile:

```
  Meßdauer und Anzahl Meßpunkte/s für 1024 Messungen:

  -------------------------------------------------------------

  65535 µs -        16 Messungen/s   - 65,536 s Meßdauer
    100 µs - 10 230 Messungen/s   -  0,102 s Meßdauer
     50 µs - 20 460 Messungen/s   -  0.051 s Meßdauer



  Meßintervall            (50 ... 65 535) ? ===>
```

Wählen Sie eine Zahl zwischen 50 und 65535. 50 bedeutet eine
sehr schnelle Messung, 65 000 eine sehr langsame. Benutzen Sie
nur die Zifferntasten, da das Programm sonst abstürzt. Das Ergebnis Ihrer Wahl wird wieder ausgegeben:

```
  Anzahl Meßpunkte/s: 500   gewähltes Zeitintervall: 2 000 µs


  Sie müssen jetzt die Triggerschwelle wählen. Es bedeutet:
    0 - Das Meßprogramm startet sofort nach Aufruf.
   10 - Das Meßprogramm wartet, bis der zu messende Wert von
        unten kommend den Wert 10 erreicht.
  -10 - Das Meßprogramm wartet, bis der zu messende Wert von
        oben kommend den Wert 10 unterschreitet. Hierbei liegen
        die Meßwerte immer im Bereich 0 bis 255.
        Die übrigen Werte 0 bis 255 gelten entsprechend.


  Triggerschwelle (-255 .. 255  <0:neg. Flanke  >0:pos. Flanke)?


  ===>
```

Geben Sie bitte die gewünschte Zahl ein.

   Es sollen die Graphikparameter
- automatische Skalierung,
- Einblendung des Koordinatensystems und
- Anzahl der Graphikseiten verändert werden.

```
    Wählen Sie "3" und Sie sehen außer der Titelzeile:


            Graphikparameter

            ================


    automatische Skalierung zwischen Min und Max (j/n):


    Anzahl Seiten    1 - 2 - 4                            :


    Koordinatensystem  einblenden (j/n)                   :
```

Sie können die Ausgabe der Graphik so gestalten, daß die
Meßwerte den gesamten Bildschirm ausfüllen (automatische Skalierung). Dies ist für fast alle Darstellungen geeignet. Geben
Sie daher in diesem Fall ein "j" oder "J" ein. Es werden insgesamt 1024 Meßpunkte bei einer Messung aufgenommen. Auf einer
Graphik-Bildschirmseite können jedoch nur ca. 256 Meßpunkte
dargestellt werden. Statt 4 aufeinanderfolgender Seiten, können
Sie jeden 4. Meßwert nehmen (es wird kein Mittelwert gebildet)
und die gesamte Messung graphisch auf einer Bildschirmseite
darstellen. Geben Sie in diesem Fall eine "4" ein. Sie können
entsprechend eine "1" oder eine "2" eingeben.

Sie können wählen, ob Sie ein Koordinatensystem einblenden
lassen.

Falls Sie nicht die automatische Skalierung gewählt haben,
müssen Sie den kleinsten und größten darzustellenden Meßwert
angeben. Die entsprechenden Meßwerte werden Ihnen angezeigt.

```
    Minimum:= 0
    Maximum:= 255
        Minimum  ===>
        Maximum  ===>
```

Nach dem Start der Messung wartet das Programm darauf, daß
die Triggerbedingung erfüllt ist. Danach werden 1024 Meßpunkte
aufgenommen. Anschließend müssen die Meßwerte aus bestimmten
Speichern herausgezogen und in ein Meßfeld gepackt werden.
Gleichzeitig wird der größte und kleinste Meßwert gesucht.
Hierzu benötigt der Rechner Zeit. Sie sehen:

```
Messung - bitte ......  ms warten...


Ich suche Extrema - bitte 3 s warten...
```

4.2 Schnelle analoge Messungen in der Elektrizitätslehre

4.2.1 Prellen und Entprellen eines Tasters

Jeder einfache Taster (oder Schalter) prellt beim Einschalten. Der bewegliche Teil des Tasters schwingt. Hierbei wird der Kontakt in kurzer Zeit mehrfach geschlossen und geöffnet.

Mikro-Schalter bzw. Mikro-Taster prellen einige Male innerhalb einer Millisekunde. Dies ist für den Analogrecorder gerade noch erfaßbar. "Günstiger" ist es jedoch, einfach die Enden

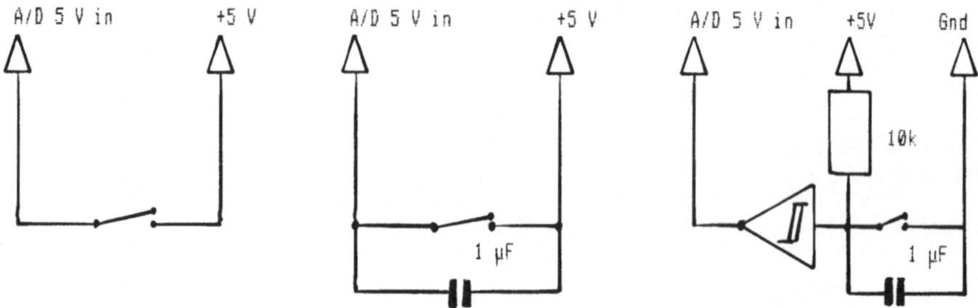

Bild 4.1   Prellen eines Tasters - Schaltung

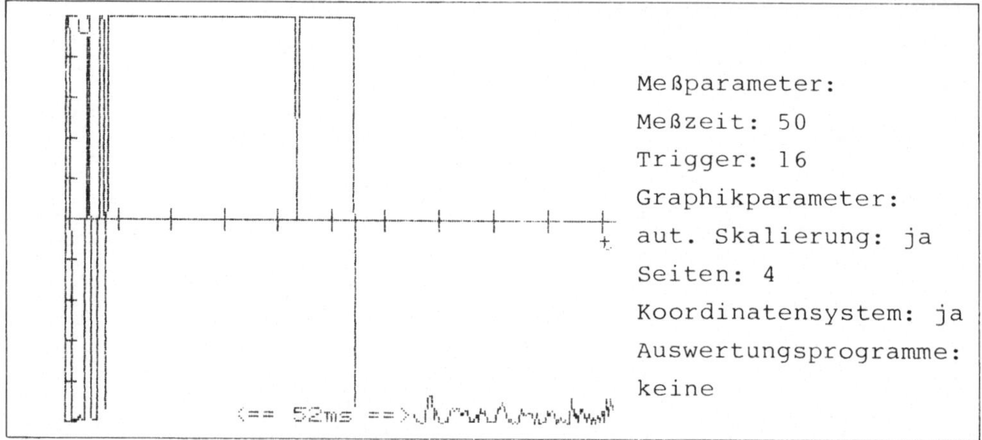

Meßparameter:
Meßzeit: 50
Trigger: 16
Graphikparameter:
aut. Skalierung: ja
Seiten: 4
Koordinatensystem: ja
Auswertungsprogramme:
keine

Bild 4.2   Prellen eines Tasters - Messung

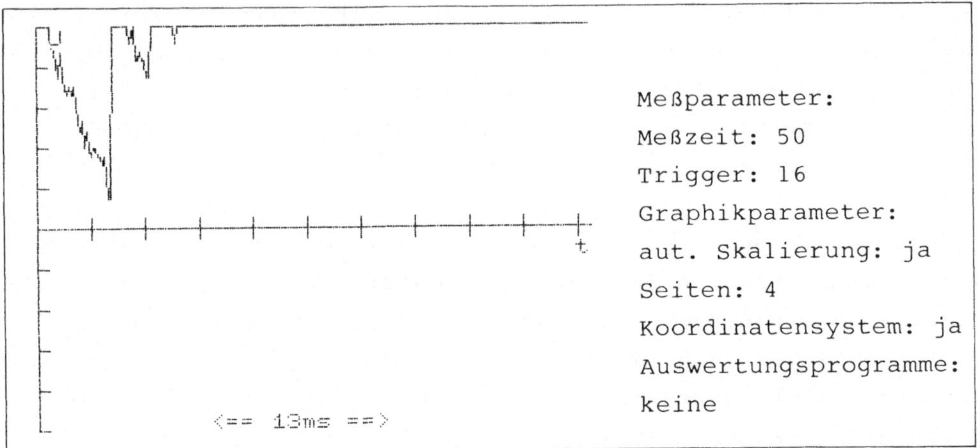

Bild 4.3   Entprellen eines Tasters - Messung 1

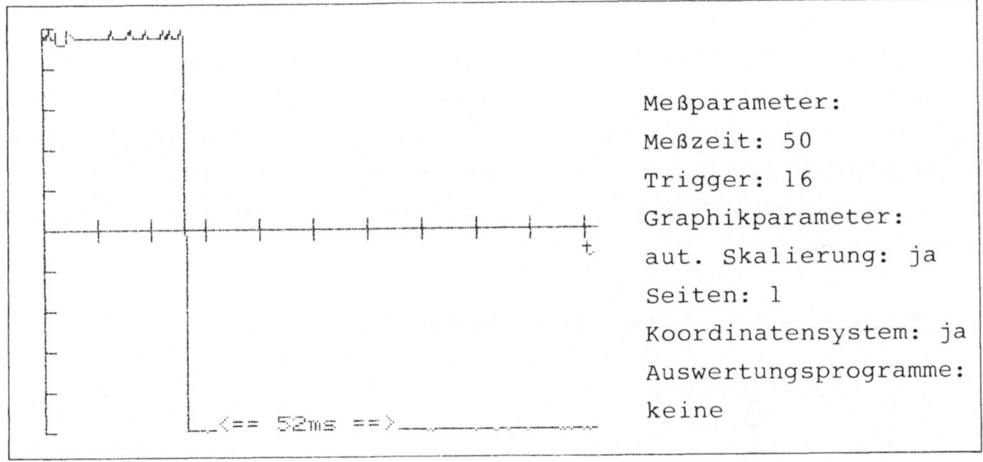

Bild 4.4   Entprellen eines Tasters - Messung 2

zweier Meßkabel schnell übereinander zu streichen. Hierbei ergeben sich einige hundert Prellimpulse während einiger Milli-
sekunden. Das Ergebnis bei einem Taster zeigt Bild 4.2.

Parallel zum Taster wird ein Kodensator geschaltet. Dieser
"integriert" die Spannungsimpulse. Der Taster prellt nur noch

in geringem Maße. Die Impulse reichen nicht mehr bis zur Null-
linie. Der Entladevorgang erfolgt über den hohen Eingangswiderstand der A/D-Wandler-Schaltung. Jedoch kann dieser Taster
nicht mehr beliebig schnell geöffnet oder geschlossen werden
(siehe Bild 4.3).

Noch günstiger wird der Impulsverlauf, wenn man hinter den
Taster einen Schmitt-Trigger legt. Da dieser die Signale inver-
tiert, muß der Eingang, der über einen 10-kOhm-Widerstand an
+5 V liegt, über den Taster an "Ground" gelegt werden. Der Kondensator liegt weiterhin parallel zum Taster. Es ergibt sich
jetzt ein einwandfreies Rechtecksignal, dessen Länge nur von
der Berührungszeit der Kontaktflächen abhängt (hier ca. 13 ms).
Die entsprechenden Ergebnisse zeigt Bild 4.4.

Ergebnis: Einfache Taster prellen. Durch Nachschalten eines
Schmitt-Triggers und Parallelschalten eines Kondensators lassen
sie sich entprellen. Hierbei wird jedoch die Schaltfrequenz her-
untergesetzt. Da mechanische Taster sich jedoch nicht bis zu
dieser Frequenz schließen und öffnen lassen, kann dies hinge-
nommen werden.

4.2.2 Laden und Entladen eines Kondensators

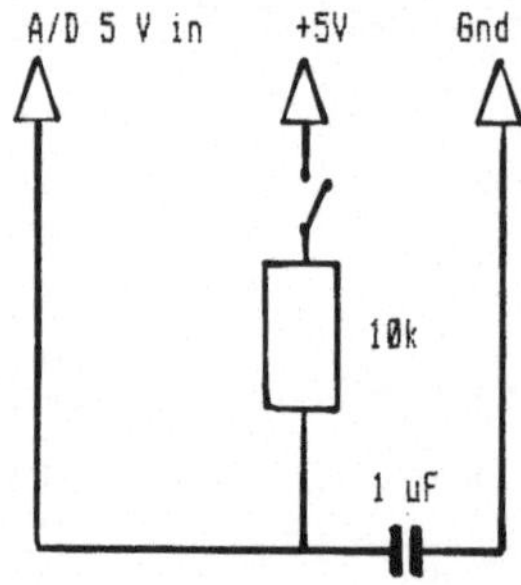

Bild 4.5   Laden und Entladen eines Kondensators - Schaltung

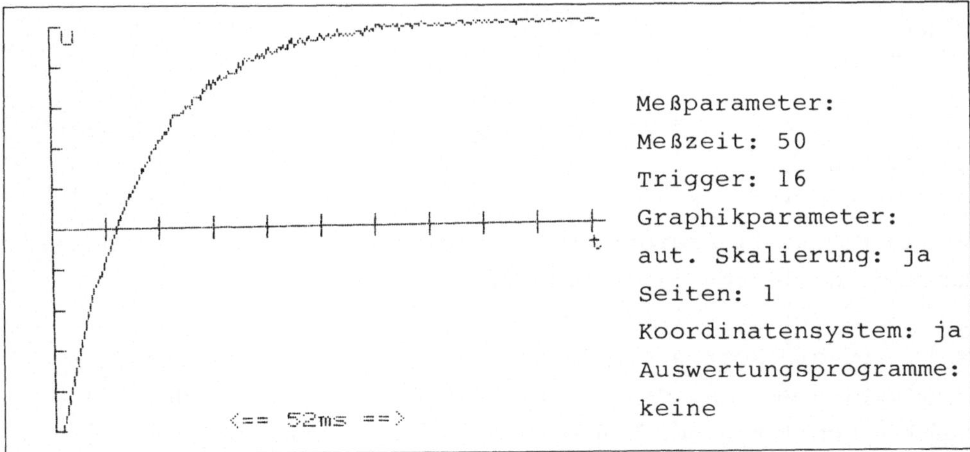

Bild 4.6   Laden eines Kondensators - Messung

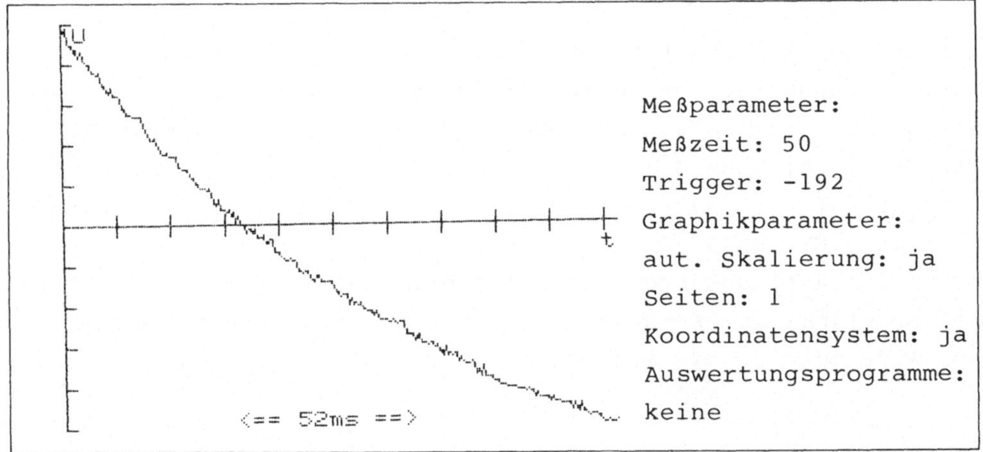

Bild 4.7   Entladen eines Kondensators - Messung

Der Kondensator C wird über den Widerstand R und dem geschlossenen Schalter aufgeladen. Ab dem Triggerpunkt 16 mißt der Analogrecorder die Spannung, die am Kondensator anliegt. In diesem Schaltkreis wirken drei Spannungen: Die Batteriespannung, die Kondensatorspannung und der Spannungsabfall am Entladewiderstand. Hieraus ergibt sich die Differentialgleichung

$$R * \frac{dI}{dt} + \frac{(I - I_0)}{C} = 0.$$

Die Lösung kann durch Differenzieren und Einsetzen überprüft werden:

$$U(t) = U_0 * (1 - e^{-t/R*C}).$$

Experimentell ergibt sich ebenfalls eine Kurve, die dieser
Funktionsgleichung gehorcht.

U_0 ist die Betriebsspannung, hier +5 V. Es muß darauf
hingewiesen werden, daß durch den Eingangswiderstand der A/D-
Wandler-Schaltung der Kondensator sich dauernd entlädt, so daß
seine Kapazität vergrößert erscheint. Der Innenwiderstand des
A/D-Wandlers läßt sich beim Entladevorgang bestimmen.

Wird der Kondensator entladen, so befinden sich nur noch
zwei Spannungsquellen im Kreis: der Kondensator und der Widerstand mit seinem Spannungsabfall. Es gilt die einfachere Differentialgleichung

$$R * \frac{dI}{dt} + \frac{I}{C} = 0.$$

Um die Entladekurve aufzuzeichnen, muß die Kurve bei abfallender Flanke gemessen werden. Der Triggerpunkt wird von mir
auf -192 gelegt. Die abfallende Kurve folgt der e-Funktion

$$U(t) = U_0 * e^{-t/R*C}.$$

Dies ergibt sich auch als Lösung der letzten Differentialgleichung.

Der Innenwiderstand der A/D-Wandler-Schaltung bildet gleichzeitig den Entladewiderstand des Kondensators.

Es sei hier jeder 16. Meßwert der Entladekurve wiedergegeben. Die Zeit zwischen zwei Meßwerten beträgt 50 µs, zwischen
jedem 16. Meßwert also 800 µs.

192 188 183 180 176 172 168 163 161 160 153 149 145 144 139
136 132 132 128 123 119 118 115 113 112 107 104 103 100 96
 96 96 90 87 87 84 84 81 81 80 75 75 71 70 70
 68 65 65 59 59 57 55 55 54 53 51 49 49 48 46
 45 44 42 41

Bildet man von beiden Seiten der Funktionsgleichung den natürlichen Logarithmus, so erhält man unter Benutzung der Logarithmengesetze

$$\ln U(t) = \ln U_0 - \frac{t}{R*C}.$$

Wie groß muß t gewählt werden, damit der Funktionswert auf 1/e des Anfangswertes absinkt? Dieser Wert ist willkürlich gewählt, jedoch sind dann die Rechnungen recht einfach. Die linke Seite muß dann den Wert -1 annehmen:

$$\ln \frac{U(t)}{U_0} = - \frac{t}{R*C} = - 1$$

oder $t = R*C$.

Aus den Daten ersieht man, daß nach 42*16 = 672 Meßwerten (dies entspricht 33,6 ms) die Spannung auf 71 abgesunken ist. 71 entspricht 192/e. Die dazugehörige Zeit wird als Zeitkonstante bezeichnet. In diesem Versuch beträgt die Zeitkonstante also R*C = 33,6 ms.

Der Fehler dürfte bei 2 bis 3% des berechneten Wertes liegen. Der Kondensator hat einen Kapazität von 1 µF. Dann beträgt der Gesamtinnenwiderstand der A/D-Wandler-Schaltung 33,6 kOhm. Da der Schaltung im Kapitel 9 zu entnehmen ist, daß ein 1,8-kOhm-Widerstand in Serie und ein 40-kOhm-Widerstand sowie eine Schutzdiode (Widerstand in Sperrichtung 150 kOhm) parallel zum A/D-Wandler geschaltet sind, ergibt sich für diese Schaltung ohne Innenwiderstand des A/D-Wandlers ein Gesamtwiderstand von 33,6 kOhm.

Damit ist der Innenwiderstand des A/D-Wandlers gegenüber unserer Meßmethode praktisch unendlich groß (Datenblatt: 1 MOhm bis 1 GOhm).

Trägt man die Meßwerte auf halblogarithmischem Papier auf, erhält man eine Gerade. Bei halblogarithmischem Papier ist eine Achse im linearen, die andere im logarithmischen Maßstab eingeteilt. Auf der logarithmischen Achse gibt es naturgemäß keinen Nullpunkt. Dieses spezielle Papier wird benutzt, um nachzuweisen, daß bestimmte Zusammenhänge einer exponentiellen Zuordnung unterliegen. Dies ist in Bild 4.8 dargestellt. Aus der Steigung kann man ebenfalls die Zeitkonstante bestimmen. Es ergibt sich:

$$\frac{1}{R*C} = \frac{\ln 192 - \ln 41,5}{51,2 \text{ ms}}$$

$$R*C = 33,4 \text{ ms oder}$$

$$R \quad = 33,4 \text{ kOhm.}$$

Da dieses Ergebnis auf einer Ausgleichsgeraden für alle Meßwerte beruht, ist es i.a. dem Ergebnis aus einem Einzelwert vorzuziehen. Hier stimmen die experimentellen Ergebnisse sehr gut mit den berechneten überein.

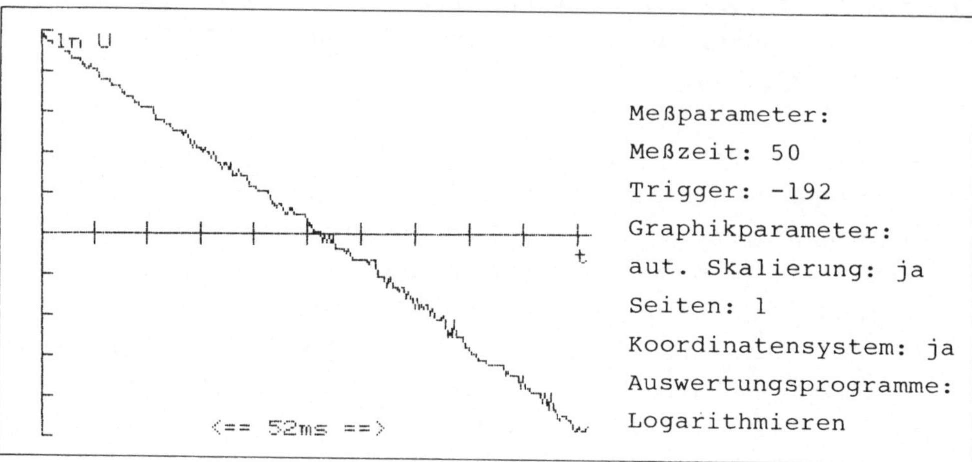

Bild 4.8   Halblogarithmische Darstellung (Entladen)

Als Kondensator habe ich eine Kapazitätsdekade WPA N44 mit
5% Fehlerbereich verwendet. Der Fehlerbereich der Widerstände
dürfte in der gleichen Größenordnung liegen.

Die Kurve in Bild 4.9 wird durch Benutzung der Auswertungsprogramme "Subtrahiere Meßwerte vom maximalen Meßwert" und anschließendem "Logarithmieren" gewonnen. Die Abweichungen im unteren Meßbereich von der Geraden sind typisch, wenn der maximale Wert falsch gewählt wird. Die statistischen Schwankungen
sind ebenfalls normal, denn aus einem geladenen Kondensator
kann man durch Messen der zufließenden Ladungen nicht auf die
Kapazität schließen (Auswertungsprogramme siehe Kapitel 8).

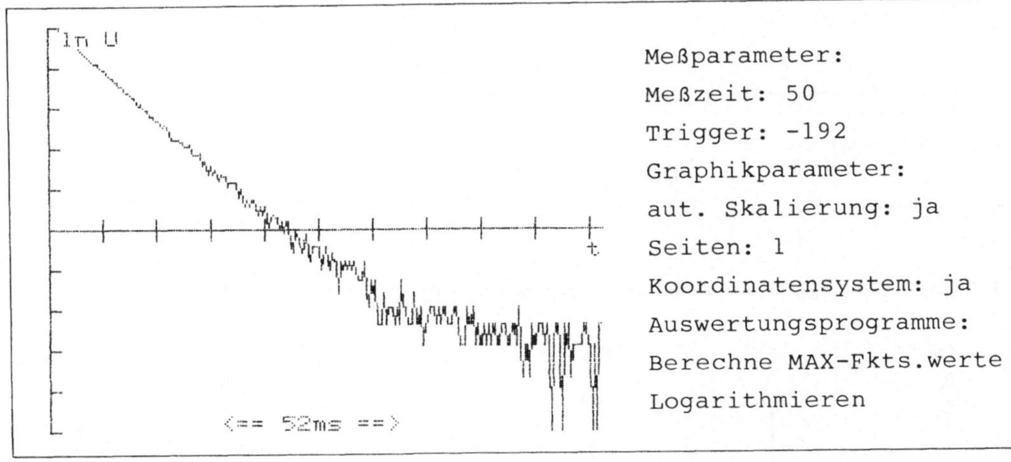

Bild 4.9   Halblogarithmische Darstellung (Aufladen)

Die Fläche unter der Kurve in Bild 4.7 ist ein Maß für die
Ladung, die vom Beginn der Messung bis zu ihrem Ende vom Kondensator abgeflossen ist.

Es gilt:

$$\Delta Q = \int_{0}^{51,2ms} I(t)\,dt$$

$$= \frac{1}{R} \int_{0}^{51,2ms} U(t)\,dt$$

$$= \frac{1}{33,4k} * 101973 * \frac{5\ V}{255} * 50\ \mu s$$

$$= 3,0\ \mu C.$$

Eine Überprüfung durch die Kondensatorgleichung liefert:

$$\Delta Q = C*U_2 - C*U_1 = C*(U_2 - U_1)$$

$$= 1\ \mu F*(192-41,5)*\frac{5}{255}\ V$$

$$= 3,0\ \mu C.$$

Die in 51,2 ms vom Kondensator abgeflossene Ladung beträgt $Q = 3,0\ \mu C$. Nach dieser Zeit ist der Kondensator noch nicht völlig entleert.

Der Energieinhalt des Kondensators läßt sich durch

$$\Delta W = \frac{1}{2}*C*(U_2^2 - U_1^2)$$

bestimmen.

4.2.3 Gedämpfte elektrische Schwingungen

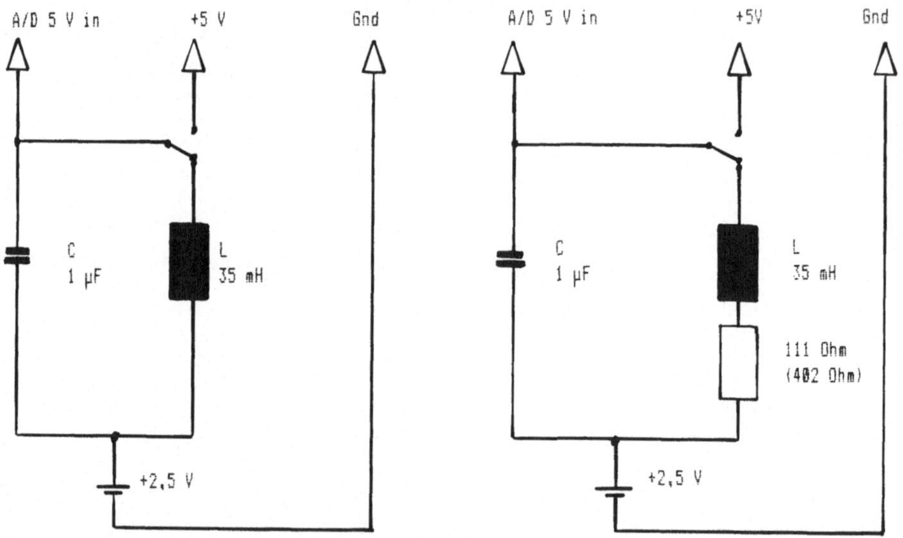

Bild 4.10   Gedämpfte elektrische Schwingungen - Schaltung

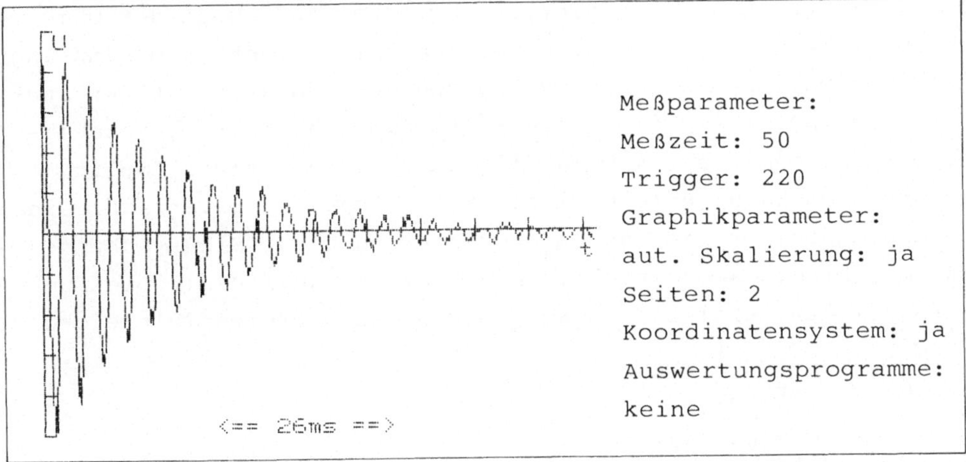

Bild 4.11   Gedämpfte elektrische Schwingung - Messung

Unregelmäßigkeiten am Anfang werden durch das Prellen des Wechselschalters bewirkt (s. Abschnitt 4.2.1).

Der Kondensator C wird auf +5 V geladen. Nach dem Umschalten des Wechselschalters entlädt er sich über die

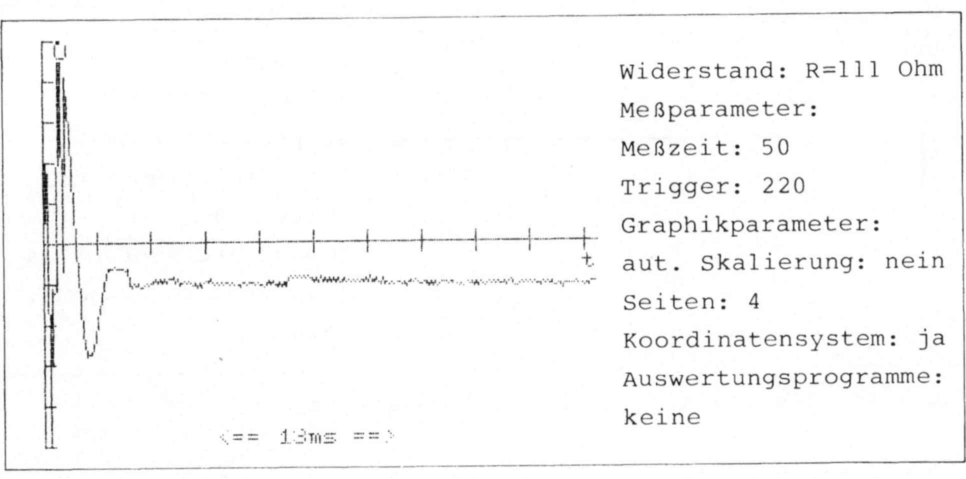

Bild 4.12   Starke Dämpfung - Messung

Spule. Es tritt eine gedämpfte Schwingung auf, wenn der Ohmsche Widerstand in einem bestimmten Bereich liegt. Die Dämpfung
hängt vom Ohmschen Widerstand und von der Induktivität der Spule ab. Es muß eine Batterie in Serie zum Schwingkreis geschaltet werden, damit der A/D-Wandler auch die negativen Amplituden erfassen kann. Bild 4.11 zeigt den Schwingungsverlauf. Die
Schwingung ergibt sich durch Überlagerung einer Sinus-Schwin-
gung mit einer exponentiellen Dämpfung (Einhüllende). Die Funktionsgleichung ergibt sich als Lösung der Differentialgleichung:

$$L\frac{d^2I}{dt^2} + R\frac{dI}{dt} + \frac{I}{C} = 0$$

$$U(t) = U_0 * e^{-R*t/2*L} * \sin(w*t) \text{ mit}$$

$$w^2 = \frac{1}{L*C} - \frac{R^2}{4*L^2}.$$

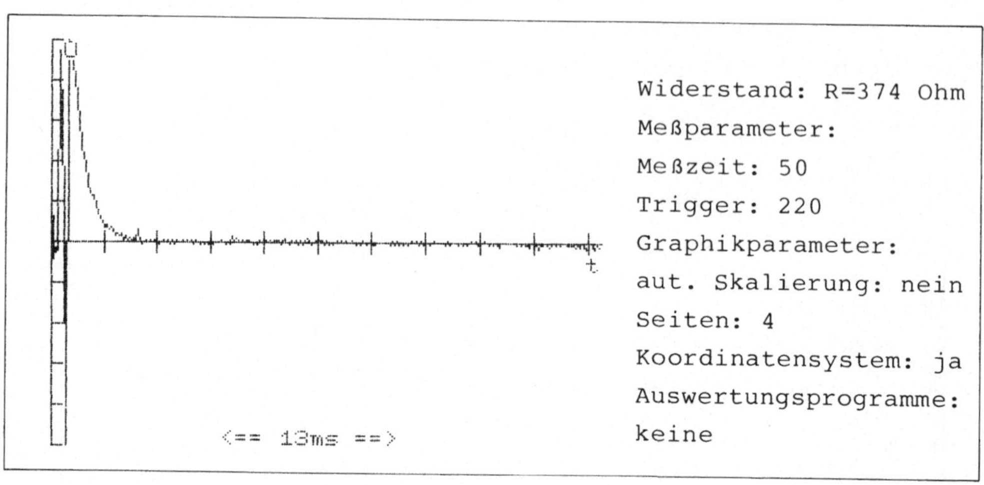

Bild 4.13   Aperiodischer Grenzfall - Messung

Die Phase hängt vom Einschwingvorgang und vom Triggerpunkt
ab und braucht hier nicht berücksichtigt zu werden. Schaltet
man in Serie zur Spule einen Widerstand R, so kann je nach Grö-

ße des Widerstandes eine starke Dämpfung oder sogar der aperiodische Grenzfall eintreten (Bild 4.12 und Bild 4.13).

Bei einer großen Dämpfung kann keine Sinusschwingung mehr auftreten, da es keine reelle Lösung für w gibt:

$$\frac{R^2}{4*L} \;>>\; \frac{1}{L*C} \quad ==> \quad \frac{R}{2*L} \;>>\; \frac{1}{L*C}.$$

Im Grenzfall gilt (Bild 4.13):

$$\frac{1}{L*C} = \frac{R}{2*L}.$$

Ich habe in diesem Versuch folgende Geräte benutzt:

Spule: Leybold 44 mH, n = 1000, R_{Spule} = 9,5 Ohm
Kondensator: WPA N44 1 µF.

Zuerst möchte ich die Angaben über die Spule und den Kondensator durch mehrere Impedanzmessung zwischen 200 Hz und 1 kHz überprüfen. Diese Messung liefert folgende Ergebnisse:

L = 35 mH ± 6%
R_{Spule} = 9,4 Ohm ± 1%
$R_{Kabel,Schalter etc.}$ = 1 Ohm

C = 1,0 µF ± 3%.

Man kann den Angaben auf der Spule nicht unbedingt trauen... Die ersten 23 Amplituden aus Bild 4.11 haben folgende Werte:

n	1	2	3	4	5	6	7	8	9	10	11	12
t	0	10,5	22,5	33	44	56	67	78,5	90	105	112	124,5
U_*	241	32	224	48	212	68	195	80	185	88	176	96
U	106	-103	89	-87	77	-67	60	-55	50	-47	41	-39

n	13	14	15	16	17	18	19	20	21	22	23
t	135	146	157	170	182	190	203,5	214	225	237	249
U_*	170	103	164	107	160	115	160	119	153	121	148
U	35	-32	29	-28	25	-20	25	-16	18	-14	7

Der Mittelwert der Meßwerte liegt bei 135. Hieraus wird der Wert U^* gewonnen: $U^* = U - 135$. (Meßwerte digital 0 bis 255, $255 \cong 5$ V, Zeiten in 50 µs). Hieraus ergibt sich:

1. Die gedämpfte Schwingung:

$$\frac{1}{L*C} = 28,6*10^6 \; s^2 \pm 7\%$$

$$\frac{R^2}{4*L^2} = 0,02*10^6 \; s^2$$

$$w = 5343 \; \text{Hz} \pm 4\%$$
$$f = 851 \; \text{Hz} \pm 4\%$$
$$T = 1,18 \; \text{ms} \pm 4\%$$

Das Experiment liefert eine Schwingungsdauer von

$$T = \frac{249}{22}*2*50 \; \text{µs} = 1,13 \; \text{ms} \pm 2\%$$

Da $\frac{R^2}{4*L^2} << \frac{1}{L*C}$ ist, hängt die Schwingungsdauer hier nicht von der Dämpfung ab. Die Fourier-Analyse liefert für die Grundschwingung $T = 22,5*50$ µs $= 1,125$ ms.

2. Der aperiodische Grenzfall:

$$\frac{R^2}{4*L^2} = \frac{1}{L*C} = 28,6*10^6 \; s^2 \pm 7\%$$

$$R^2 = \frac{4*L}{C} = 140 \; 000 \; \text{Ohm}^2 \pm 7\%$$

$$R = 374 \; \text{Ohm} \pm 3\%.$$

3. Das logarithmische Dekrement λ

Die Dämpfung erfolgt exponentiell. Nimmt man zwei aufeinanderfolgende Amplituden, so wird

$$\lambda = \ln \frac{U(T_2)}{U(T_1)} = \frac{R*T}{2*L}$$

als logarithmisches Dekrement bezeichnet.

$$\lambda = \frac{104*1,18}{2*35} \cdot$$

$$= 0,175 \pm 7\%.$$

Experimentell ergeben sich für λ Werte zwischen 0,17 und 0,19, z.B.

$$\lambda = \frac{\ln\ (106/18)}{10} = 0,1777.$$

Ergebnis: Die experimentellen Werte stimmen innerhalb der Fehlergrenzen mit den theoretischen überein. Es lassen sich daher mit dem A/D-Wandler ohne Schwierigkeiten gedämpfte Schwingungen im 1-kHz-Bereich messen und mit dem Analogrecorder auswerten.

4.2.4 Induktionsversuch

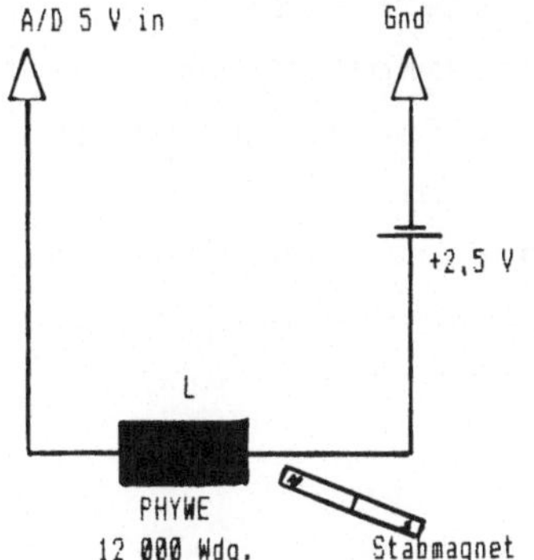

Bild 4.14 Induktionsversuch - Schaltung

Ein Stabmagnet wird in eine Spule getaucht (PHYWE 12 000 Windungen). Je nach Geschwindigkeit und Richtung des Magnetfeldes ergeben sich unterschiedliche Kurven. Es muß für die Auswertung nur darauf geachtet werden, daß der Stabmagnet vor dem Ende der Meßzeit vollständig aus der Spule herausgezogen ist.

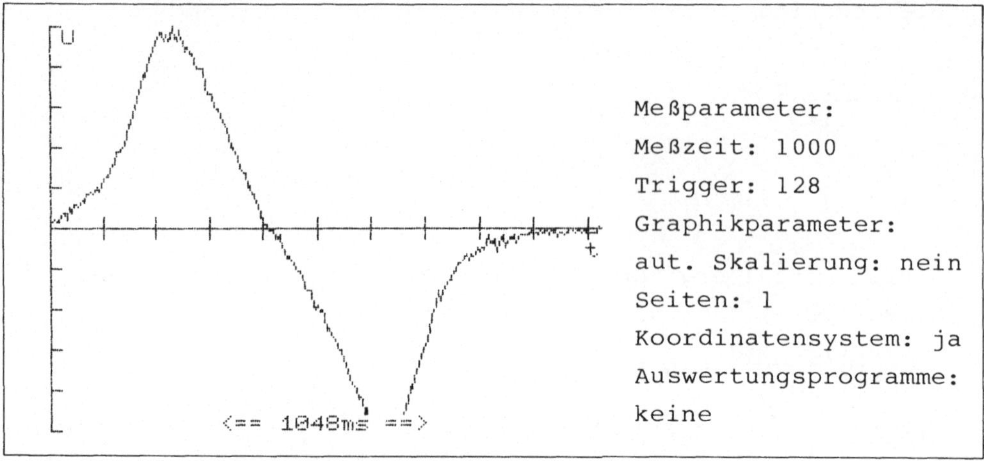

Meßparameter:
Meßzeit: 1000
Trigger: 128
Graphikparameter:
aut. Skalierung: nein
Seiten: 1
Koordinatensystem: ja
Auswertungsprogramme:
keine

Bild 4.15 Induktionsversuch - Messung 1

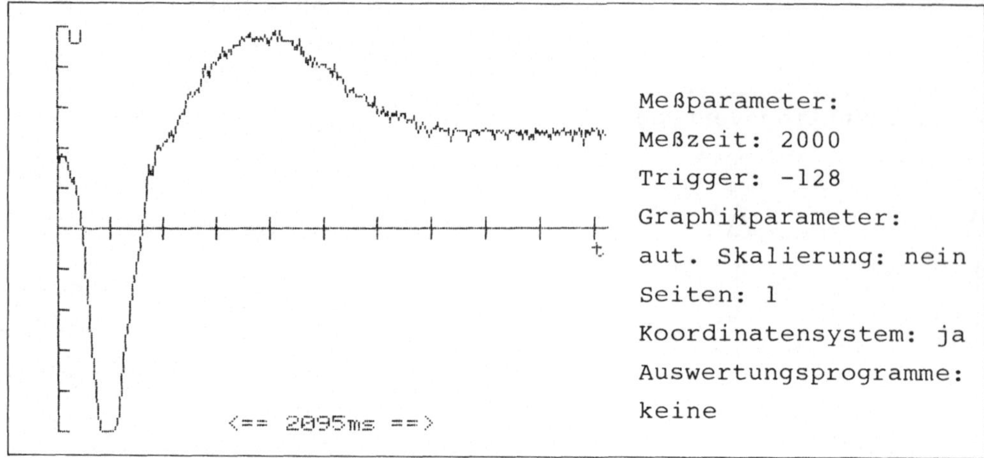

Meßparameter:
Meßzeit: 2000
Trigger: -128
Graphikparameter:
aut. Skalierung: nein
Seiten: 1
Koordinatensystem: ja
Auswertungsprogramme:
keine

Bild 4.16 Induktionsversuch - Messung 2

Vor der Messung mit dem Stabmagneten muß ein Vorversuch
ohne Magnet und mit dem Triggerpunkt 0 durchgeführt werden.
Dieser Versuch liefert einen Mittelwert 1, der mit dem Mittelwert 2 des Auswertungsprogramms "Mittelwert" verglichen
wird. Diese beiden Mittelwerte weichen in den beiden gezeigten
Versuchen Bild 4.15 und Bild 4.16 um weniger als 1% voneinander

ab. Hieraus folgt: Die Summe aller Spannungsimpulse ist gleich Null. Anders ausgedrückt: Die Flächen "unterhalb der Kurve" und "oberhalb der Kurve" bis zum Mittelwert 1 sind gleich.

$$\int_0^\infty U\, dt = 0.$$

Das Ergebnis ist in jedem Fall unabhängig von der Geschwindigkeit, mit der der Stabmagnet eingetaucht wird.

4.2.5 Selbstinduktion

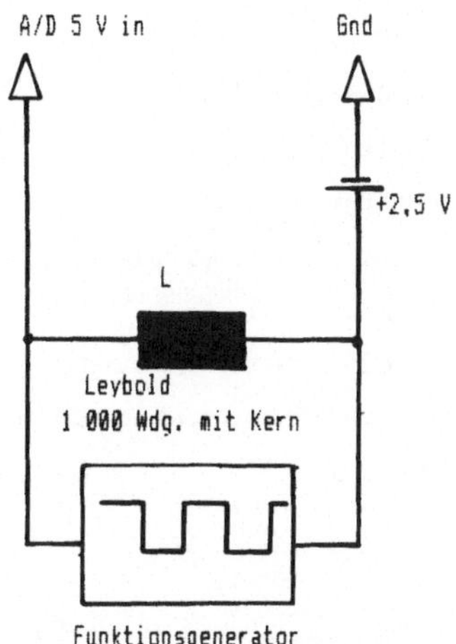

Bild 4.17   Selbstinduktion - Schaltung

Eine Spule wird durch die Rechteckspannung eines Funktionsgenerators gespeist. Durch die Induktivität der Spule wird eine Gegenspannung (Lenzsche Regel) erzeugt, die langsam abklingt. Je nach dem Pegel der Rechteckspannung gelten die Differentialgleichungen

$$L\frac{dI}{dt} + RI = 0 \qquad \text{(niedriger Pegel der Rechteckspannung)}$$

$$L\frac{dI}{dt} + RI = U_0 \qquad \text{(hoher Pegel der Rechteckspannung).}$$

Diese haben die Lösungen

$$U(t) = U_0 * e^{-R*t/L} \quad \text{(niedriger Pegel der Rechteckspannung)}$$
$$U(t) = U_0 * (1 - e^{-R*t/L}) \quad \text{(hoher Pegel der Rechteckspannung)}.$$

Bild 4.18 zeigt die benutzte Rechteckspannung (20 Hz) und
Bild 4.19 das Meßergebnis. Die Ankopplung des Funktionsgenerators erfolgt über einen Gleichstromausgang mit 600 Ohm Aus-
gangswiderstand. Über diesen Widerstand erfolgt die Energieaufnahme und -abgabe der Spule.

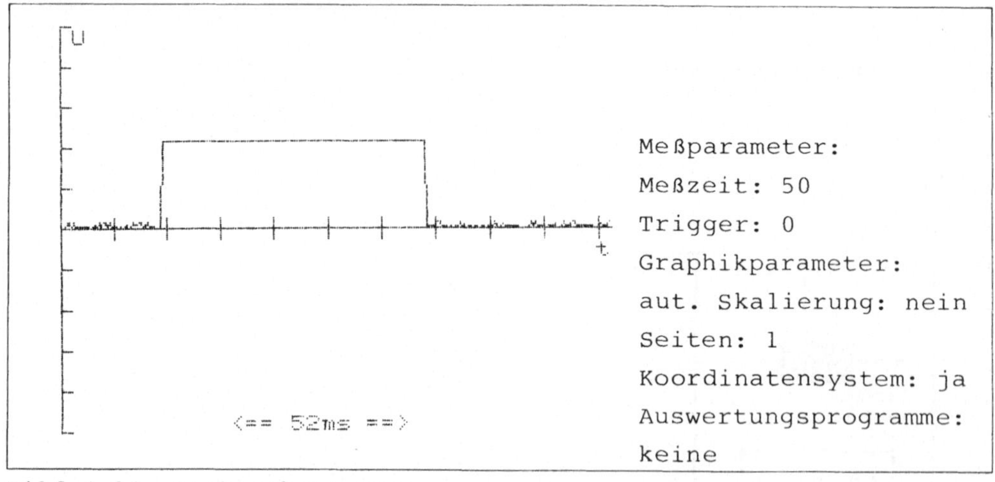

Bild 4.18   Rechteckspannung

Die Bilder 4.20 und 4.21 zeigen die halblogarithmische Darstellung der beiden Vorgänge. Im unteren Bereich zeigt sich
die typische Aufspaltung bei halblogarithmischen Darstellungen
kleiner Meßwerte. Bild 4.20 wird durch Verschiebung längs der
U-Achse um -130 und anschließendem Logarithmieren gewonnen.
Bei Bild 4.21 werden die Meßwerte um +135 längs der U-Achse
verschoben. Wegen der "Aufladung" der Spule werden anschließend vom Maximum die Funktionswerte abgezogen und logarithmiert.

Benutzte Spule: Leybold n = 1000 mit Kern und Joch. Das Joch wird lose aufgelegt. Durch eine Impedanzmessung bei 20 Hz wird die Induktivität der Spule zu L = 1,5 H ± 3% festgestellt. Zur Auswertung seien hier die Meßwerte in den beiden interessierenden Bereichen wiedergegeben.

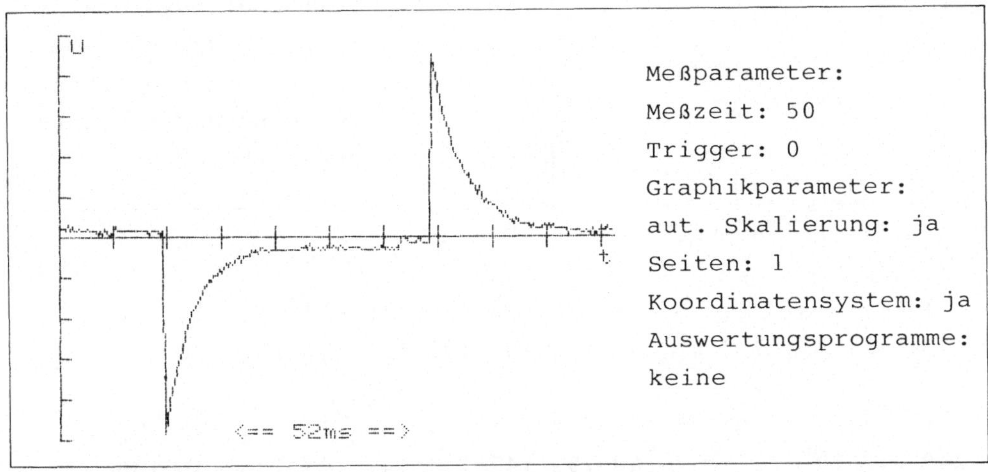

Bild 4.19   Selbstinduktivität - Messung

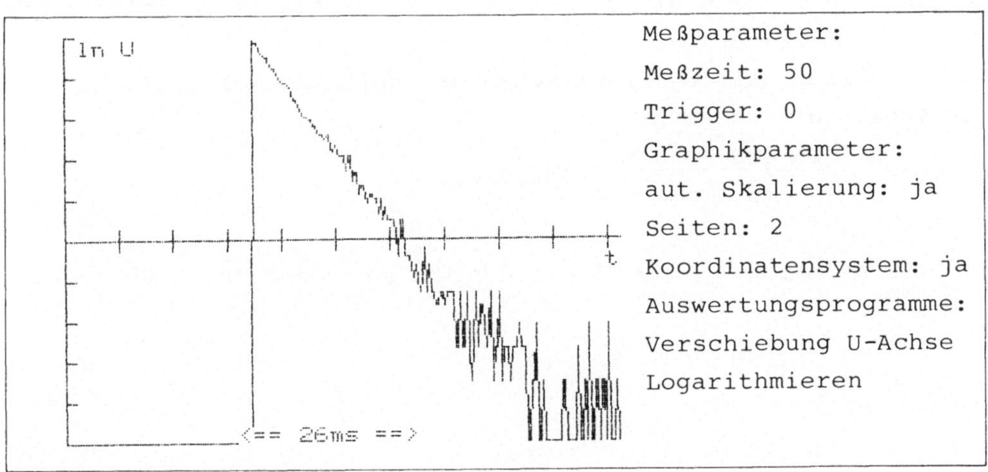

Bild 4.20   Selbstinduktivität "Entladen"

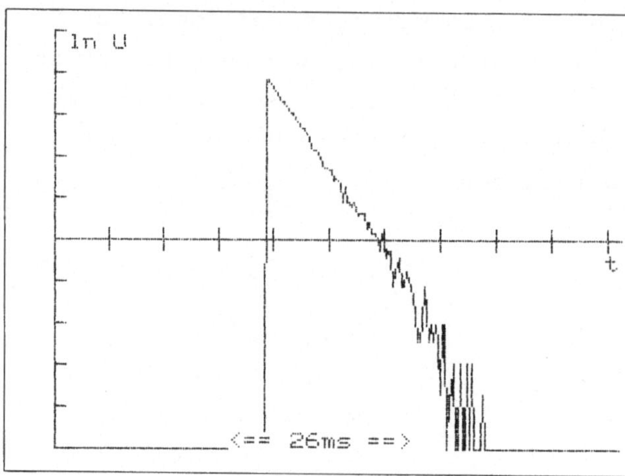

Bild 4.21   Selbstinduktivität "Laden"

t	1	2	3	4	5	6	7	8	9	10	11	12	13	14
U	1	32	56	77	88	97	104	107	112	115	116	120	120	120

t	1	2	3	4	5	6	7	8	9	10	11	12	13	14
U	249	218	191	177	167	160	151	147	144	140	137	136	136	136

(Meßwerte digital 0 bis 255, 255 $\widehat{=}$ 5 V, Zeiten in 50 µs)

Aus beiden halblogarithmischen Darstellungen läßt sich
die Steigung entnehmen:

$$m = \frac{R}{L} = \frac{\ln 108 - \ln 8}{6,4 \text{ ms}} = 406,7/\text{s}.$$

Dies stimmt bis auf ± 1% mit den Werten von R und L überein.

4.2.6 Temperaturverhalten verschiedener Widerstände

Immer wenn ein Strom durch einen Widerstand fließt, wird elektrische Energie in Wärme umgewandelt. Der Widerstand reagiert je nach Beschaffenheit unterschiedlich auf diese Erwärmung. Erhöht er seinen Widerstand, so spricht man von PTC-Widerständen (positiver Temperaturkoeffizient). Verringert er seinen Widerstand, so liegt ein NTC-Widerstand (negativer Temperaturkoeffizient) vor. Ohmsche Widerstände sind (theoretisch) temperaturunabhängig.

Es ist sehr schwer, die Temperatur des Widerstandes zu bestimmen, es sei denn, man wählt ein aufwendiges Wasserbad. Es soll hier nur das prinzipielle Verhalten bei niedrigem Versuchsaufwand untersucht werden. Ich gehe dabei von folgender Vorstellung aus: Die Stromwärme führt zu einer Temperaturerhöhung des Bausteins. Die Temperaturerhöhung ist in gewissen Grenzen der zugeführten Energie proportional. Da der untersuchte Baustein versucht, mit der Umgebungstemperatur ins Gleichgewicht zu kommen, ist die Temperaturerhöhung (natürlich nicht exakt) der Zeit proportional.

Es werden drei Widerstände untersucht:
1. Eine Glühlampe 6V, 50 mA,
2. ein Halbleiter mit 47 Ohm bei Zimmertemperatur und
3. eine Halbleiterdiode OA174 in Durchlaßrichtung.

Es wird die Spannung am zu untersuchenden Widerstand in Abhängigkeit von der Zeit gemessen:

$$U(t) = U_{Batterie} - R*I(t).$$

Der Vorwiderstand ist so dimensioniert, daß er sich nur un-

merklich erwärmt. Da der Strom sich nur in geringen Grenzen
ändert, ist U(t) ein Maß für den Widerstand des Bausteins. Mit
$\vartheta \sim$ t folgt mit erheblichen Einschränkungen:

R(ϑ) $\sim$ U(t).

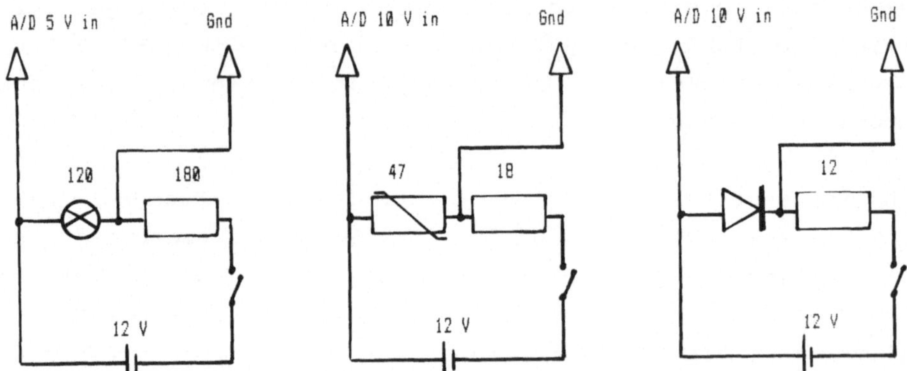

Bild 4.22   Temperaturverhalten einiger Bausteine - Schaltung

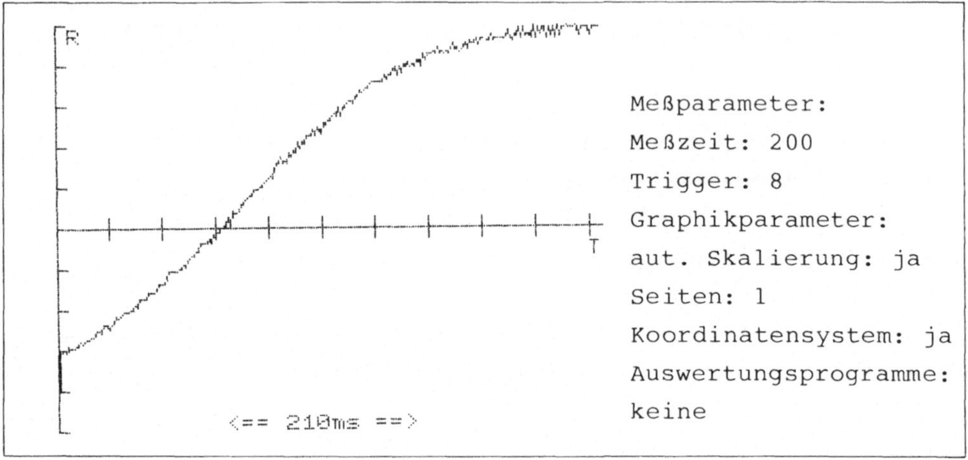

Bild 4.23   Temperaturverhalten einer Glühlampe - Messung

Die Glühlampe verhält sich wie ein PTC-Widerstand. Direkt
nach dem Einschalten ist ihr Widerstand gering. Bei Er-

wärmung steigt durch die Bewegung der Elektronen der Widerstand der Glühlampe an. Ein- und Ausschalten führt zu einer kürzeren Lebensdauer der Glühlampe.

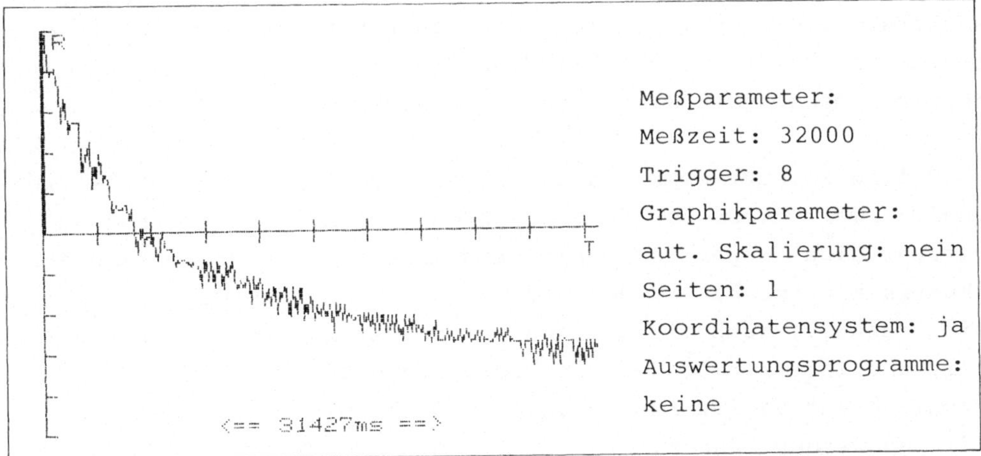

Bild 4.24 Temperaturverhalten eines Halbleiters - Messung

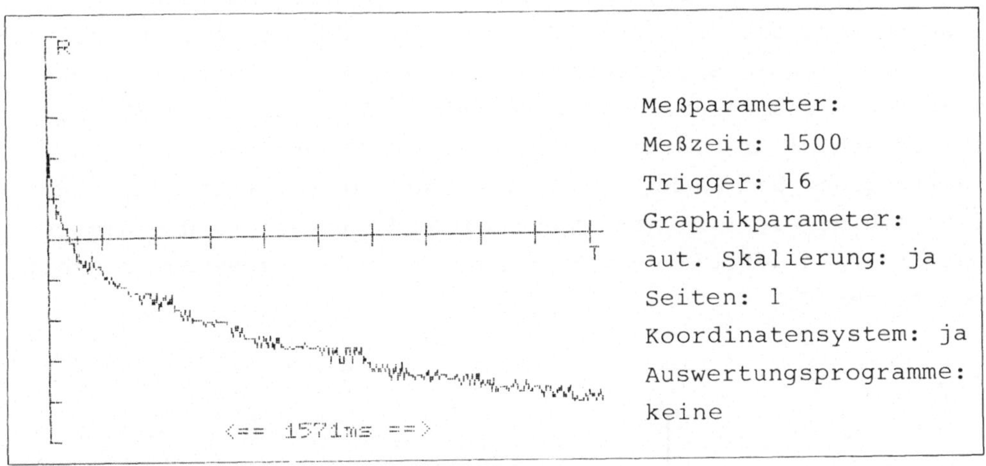

Bild 4.25 Temperaturverhalten der Diode OA174 - Messung

Bei Halbleitern sinkt mit wachsender Temperatur der Widerstand. Durch die thermische Bewegung können - je nach Dotierung - Elektronen bzw. Löcher die Energielücke zwischen Valenz- und Leitungsband überspringen.

4.3 Schnelle analoge Messungen in der Akustik

Die Akustik fristet in der Physik häufig ein karges Leben.
Es gibt einige Versuche, die mit Hilfe eines Oszilloskops bzw.
Zählers gute Ergebnisse trotz einfachen Versuchsaufbaus liefern:
Bestimmung der Schallgeschwindigkeit durch Laufzeitmessung, In-
terferenzmessungen, Klangfiguren und Schwebungen.

Völlig zu kurz kommen die menschliche Stimme, Geräusche und
Knalle, weil diese Vorgänge unperiodisch und nicht reprodu-
zierbar sind. Wegen der hohen Frequenzen können Ergebnisse der
Akustik auch nicht auf den Plotter übertragen werden. Es lohnt
sich deshalb, auch mit dem Analogrecorder Messungen zur Lauf-
zeit und Interferenz des Schalls durchzuführen, weil die Ergebnisse auf Papier festgehalten und für die Schüler verviel-
fältigt werden können.

Untersucht man die menschliche Stimme, wird man schnell
feststellen, daß dies ein sehr komplexes Gebiet ist. Von ein
und derselben Person gesprochene gleiche Wörter unterscheiden
sich von Versuch zu Versuch. Ein höheres Auflösungsvermögen,
sprich schnellere Umwandlungszeit des A/D-Wandlers, und höhere
Taktfrequenz des Rechners wären wünschenswert. Trotzdem lassen
sich einige signifikante Unterschiede feststellen, die dieses
Gebiet wegen der individuellen Ausrichtung interessant erscheinen lassen.

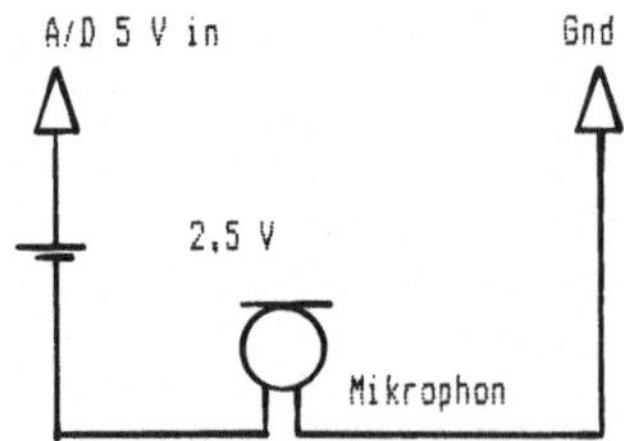

Bild 4.26 Schaltung des Mikrophons

Als Mikrophon benutze ich ein Kohlemikrophon der Fa. Leybold,
wie es in fast jeder Schule vorhanden ist. Das Mikrophon liefert Signale im positiven und negativen Spannungsbereich. Der
A/D-Wandler verarbeitet jedoch nur Spannung im Bereich 0 V bis
5 V bzw. 10 V. Deshalb wird in Serie zum Mikrophon eine 2,5-V-
Spannung geschaltet.

4.3.1 Ein Geräusch

Das Bild 4.27 gibt den Schalleindruck einer elektrischen
Bohrmaschine wieder. Man kann keine Systematik im Frequenz-
spektrum erkennen. Geräusche bestehen aus einer Summe unab-
hängiger Schwingungen verschiedener Frequenzen und Amplituden.

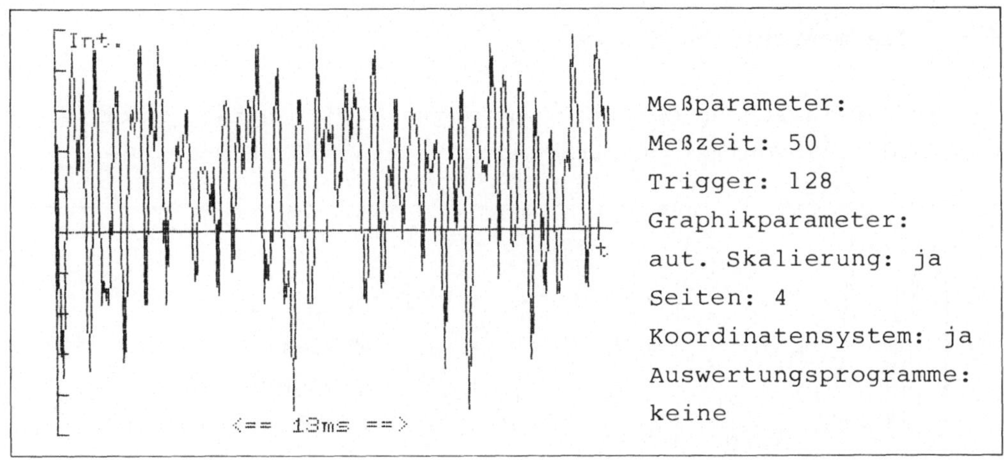

Bild 4.27   Geräusch einer Bohrmaschine

4.3.2 Ein Knall

Ein Knall zeichnet sich durch seinen kurzen Verlauf und
durch die Vielzahl verschiedener Frequenzen und Oberwellen
aus. Ich habe in diesem Fall kräftig in die Hände geschlagen.

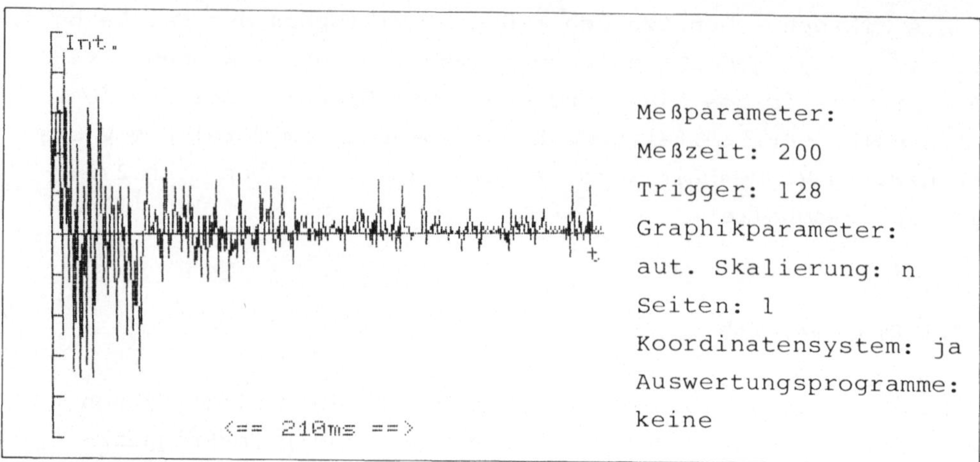

Bild 4.28   Ein Knall

4.3.3 Die menschliche Stimme

Zur Vereinfachung der Stimmenanalyse will ich zwei Vokale
("a" und "i") von mir und von meinem achtjährigen Sohn ge-

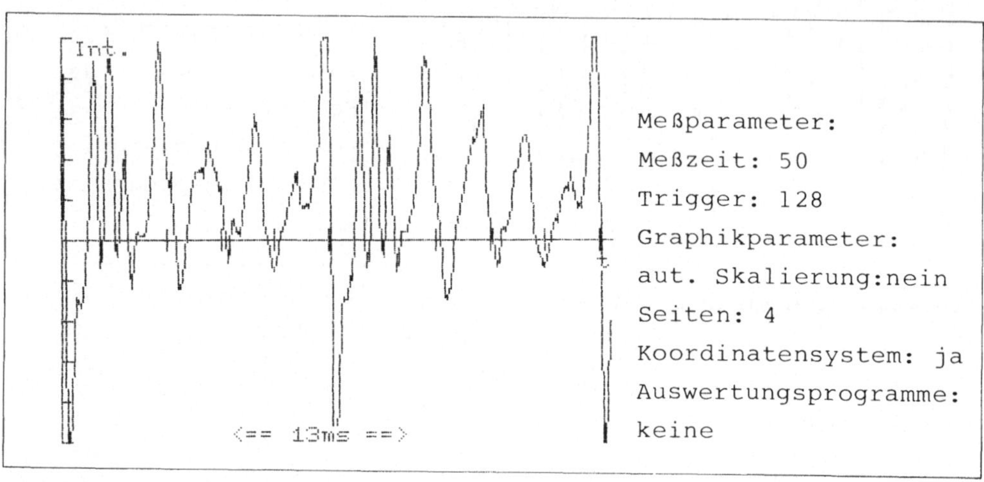

Bild 4.29   Stimme eines Mannes: "a"

sprochen wiedergeben. Es zeigen sich deutliche Unterschiede in
der Frequenz und in der Anzahl der Oberwellen. Konsonanten werden vom Mikrophon nur schlecht aufgenommen.

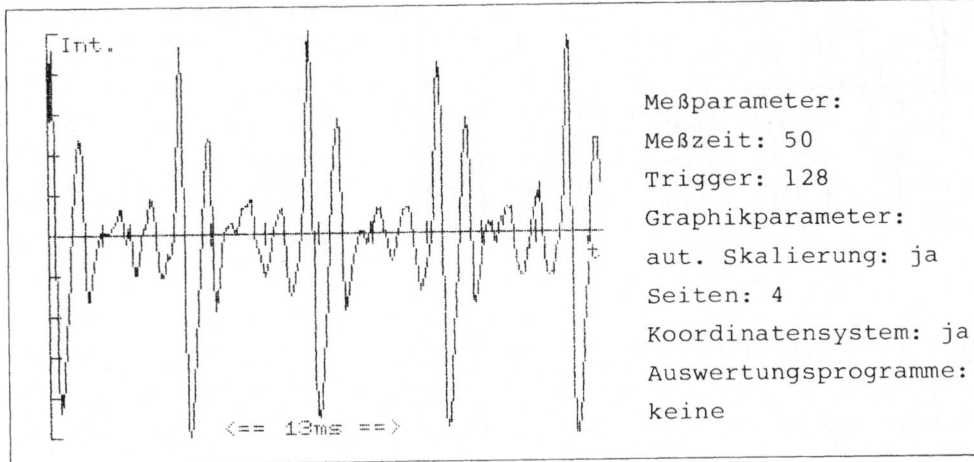

Bild 4.30   Stimme eines Kindes: "a"

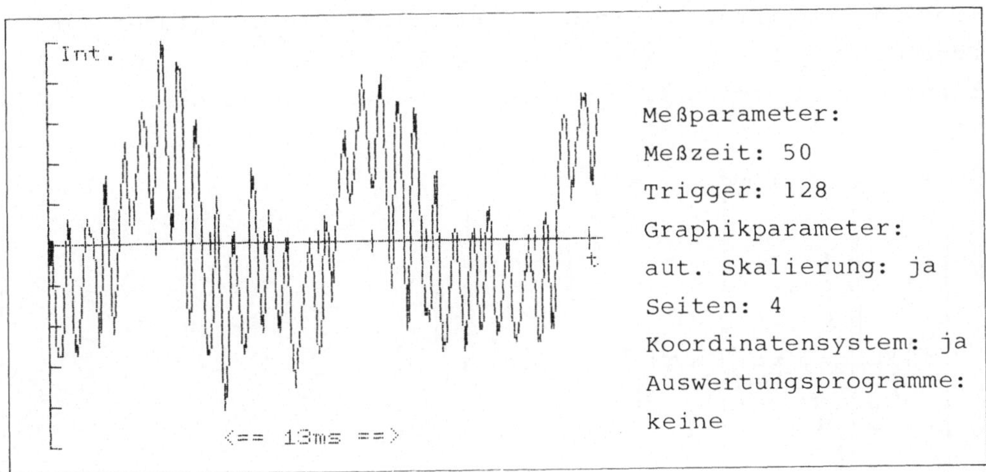

Bild 4.31   Stimme eines Mannes: "i"

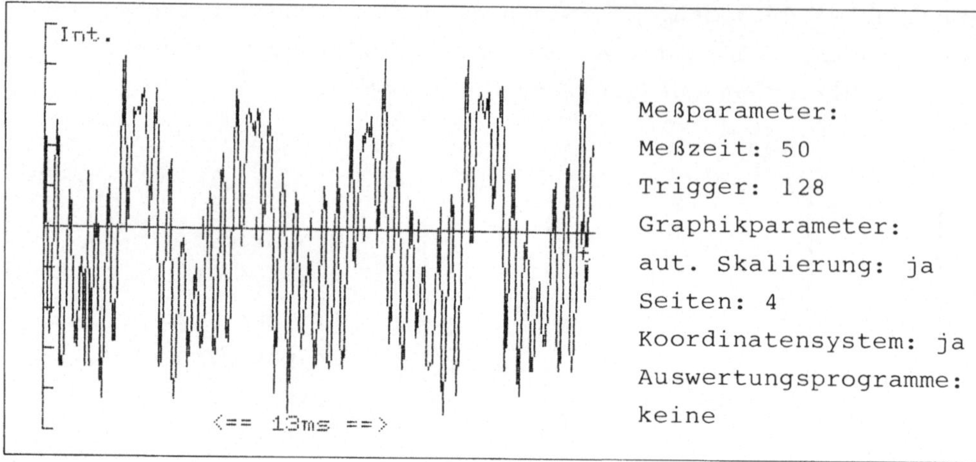

Bild 4.32   Stimme eines Kindes: "i"

   Die Sprache läßt sich mit Hilfe der Fourier-Analyse un-
tersuchen. Nach Fourier läßt sich jede periodische Schwingung
durch eine Summe von Sinus- und Cosinusfunktionen einer Grundfrequenz und ihrer Vielfachen darstellen. Die Amplituden der
Oberwellen geben den Klang der Sprache wieder. So muß ein "a"
eines Kindes anders als das eines Erwachsenen klingen.

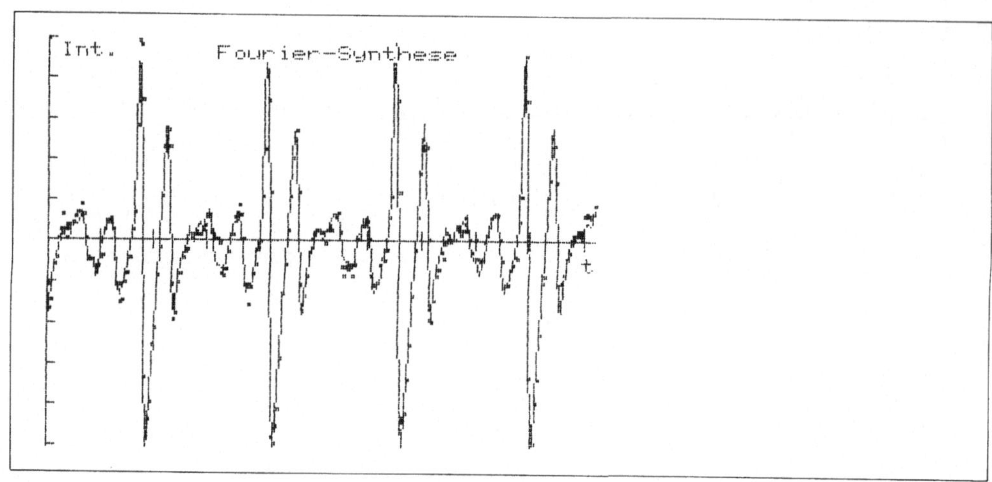

Bild 4.33   Fourier-Analyse und anschließende -Synthese ("a")

Bild 4.33 zeigt, wie durch die Fourier-Analyse die Amplituden bestimmt und anschließend durch eine Fourier-Synthese die Meßwerte durch eine mathematische Funktion angenähert dargestellt werden können. Das Bild zeigt einen Ausschnitt von Bild 4.30 ("a" eines Kindes). Die Punkte geben die Meßwerte, die ausgezogene Linie die berechneten Werte wieder.

Die Fourier-Analyse liefert die in der Tabelle wiedergegebenen Amplituden. $A(n,sin)$ sind die Amplituden der Sinusfunktionen der n. Oberwelle, $B(n,cos)$ die entsprechenden Amplituden der Cosinusfunktionen. Die Werte sind auf 100% normiert.

Ton		f/Hz	Phase/Pkt.	Ton		f/Hz	Phase/Pkt.
Mann	"a"	160,26	32	Kind	"a"	335,01	23
	"i"	196,33	81		"i"	377,36	31

	Mann "a"		Mann "i"		Kind "a"		Kind "i"	
n	A(sin)	B(cos)	A(sin)	B(cos)	A(sin)	B(cos)	A(sin)	B(cos)
1	7	1	48	3	7	2	46	-10
2	6	2	7	-28	2	7	-6	-17
3	-2	9	3	-4	-12	-8	-5	2
4	-12	-6	-5	-4	22	-23	-1	-1
5	3	-32	-1	-2	14	24	0	-4
6	-7	-7	-2	-6	-16	5	1	1
7	4	14	-3	-1	4	-4	-10	13
8	-23	9	0	-5	-1	9	13	19
9	0	-9	-1	-2	-13	-6	-13	26
10	16	-1	4	2	8	-6	10	6
11	7	8	-3	2	0	4	1	-1
12	-13	2	23	41	-1	-2	0	0

Auffällig sind die schwachen Grundfrequenzen beim "a" (sehr
stark beim "i") und die zahlreichen Oberwellen beim "a".

Nimmt man einzelne Vokale auf, so sind diese unter Beibe-
haltung der individuellen Charakteristika sehr gut wiederhol-
bar. Bei der Aufnahme von ganzen Wörtern zeigen sich die Grenzen des Systems. Entweder reicht das Auflösungsvermögen von
50 µs zwischen zwei Messungen, dann kann jedoch kein ganzes
Wort aufgenommen werden, weil nur 1024 Meßpunkte zur Verfügung
stehen. Nimmt man ein ganzes Wort auf, reicht das Auflösungsvermögen nicht mehr aus.

4.3.4 Schwingung einer Saite

Die Aufnahme der Schwingung einer Saite zeigt, daß das Verhältnis der Oberwellen zur Grundschwingung sich zur Grundwelle
verschoben hat. Der tiefste Tonteil, der Grundton, bestimmt
die subjektiv empfundene Klanghöhe. Der Anteil der Oberwellen
verändert die Klangfarbe eines Tones. Ich habe für die Aufnah-
men ein Viertelcello mit den Klängen "C" und "D" benutzt.

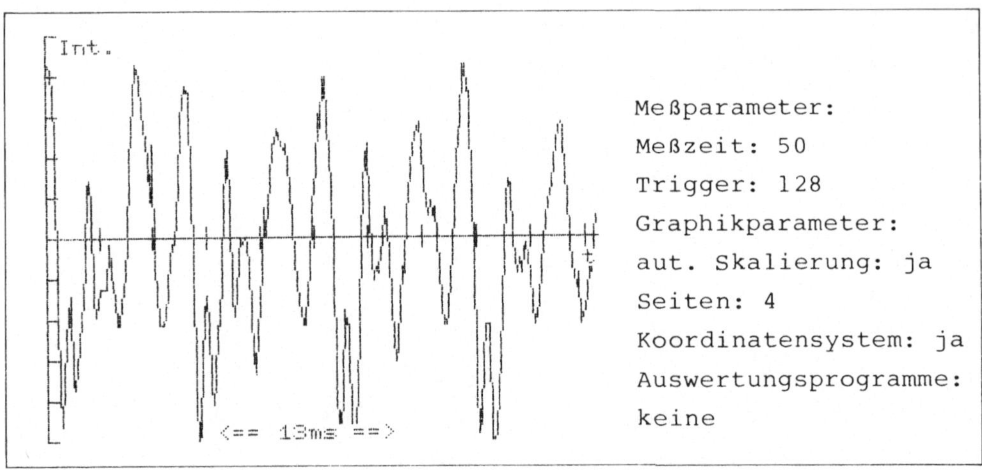

Bild 4.34   Schwingung der Saite eines Cello "D"

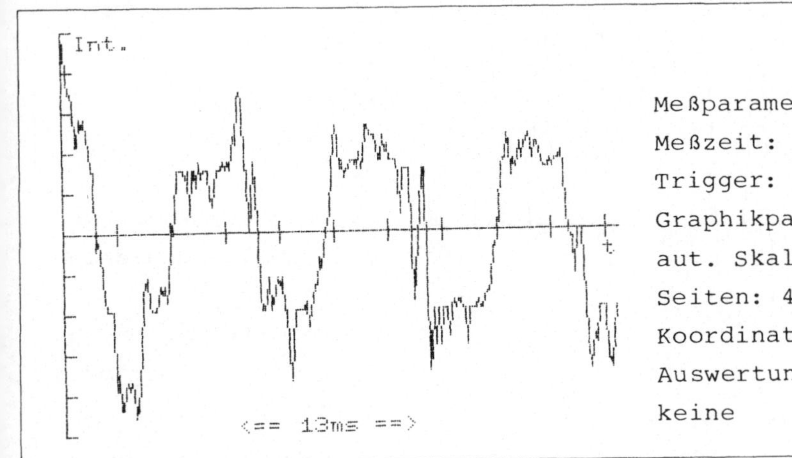

Bild 4.35   Schwingung der Saite eines Cello "C"

Ton	f/Hz	Phase/Pkt	Ton	f/Hz	Phase/Pkt.
D	307,27	31	C	277,78	52

Ton	D		C		n	D		C	
n	A(sin)	B(cos)	A(sin)	B(cos)		A(sin)	B(cos)	A(sin)	B(cos)
1	42	-7	72	6	7	-22	-5	1	7
2	4	8	-10	35	8	10	-9	-1	-4
3	-3	-37	6	-2	9	-5	4	3	0
4	7	7	2	7	10	0	0	-1	6
5	-3	-3	1	7	11	3	1	1	-5
6	-10	17	-1	-16	12	-1	2	-1	5

4.3.5 Schwebungen

Zwei Sinusschwingungen unterschiedlicher Frequenz werden gemeinsam auf den Eingang des A/D-Wandlers gelegt. Durch Addition der Elongationen ergibt sich die Resultierende. Bild 4.36 und Bild 4.37 zeigen die beiden Einzelschwingungen, Bild 4.38 zeigt die Resultierende.

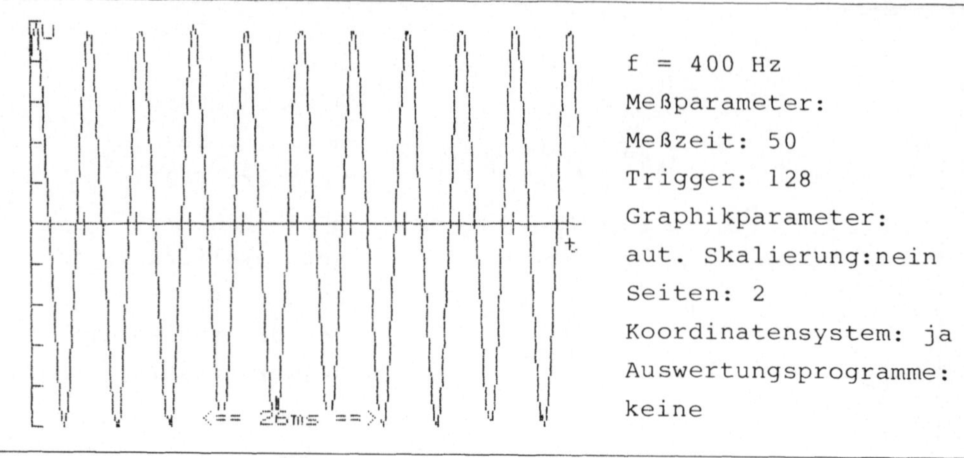

Bild 4.36 Schwebungen - 1. Schwingung

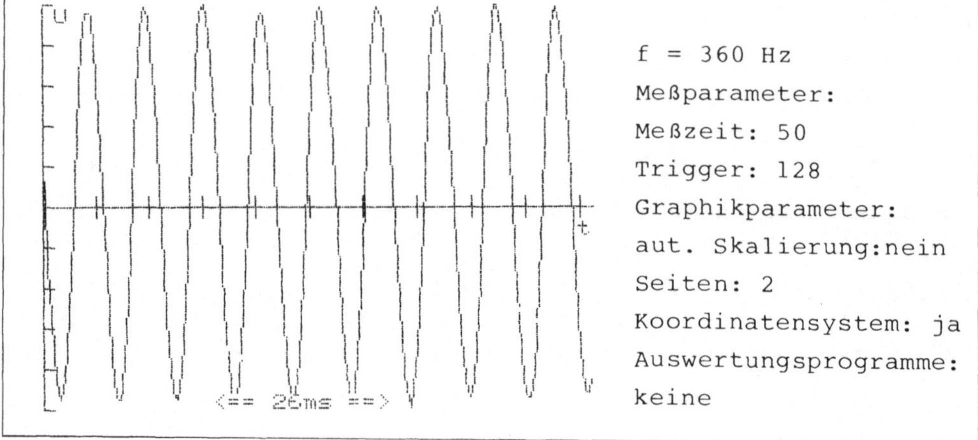

Bild 4.37 Schwebungen - 2. Schwingung

Zwischen den beiden Sinusschwingungen besteht keine feste
Phasenlage. Daher muß eine der beiden Darstellungen auf der
Zeitachse verschoben werden. Bild 4.38 ergibt sich, wenn man
die Schwingung in Bild 4.36 um einige Meßpunkte verschiebt und
die Elongationen beider Messungen addiert.

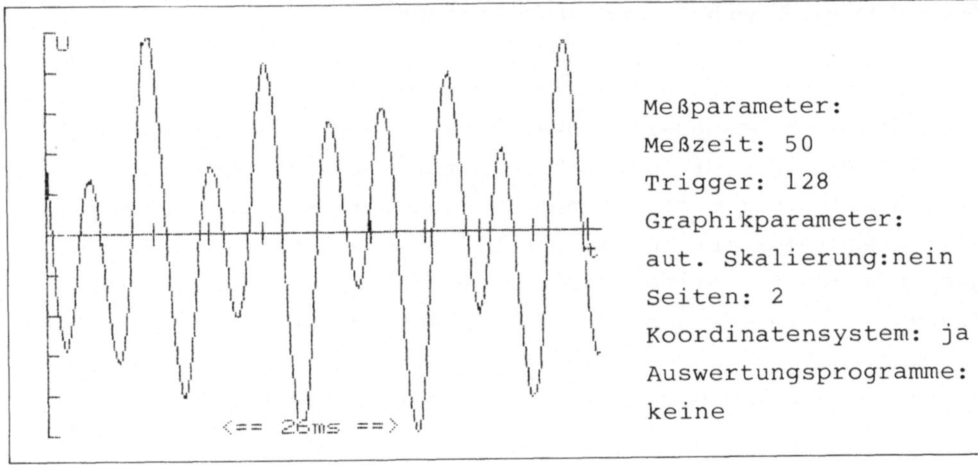

Bild 4.38 Schwebungen - Resultierende

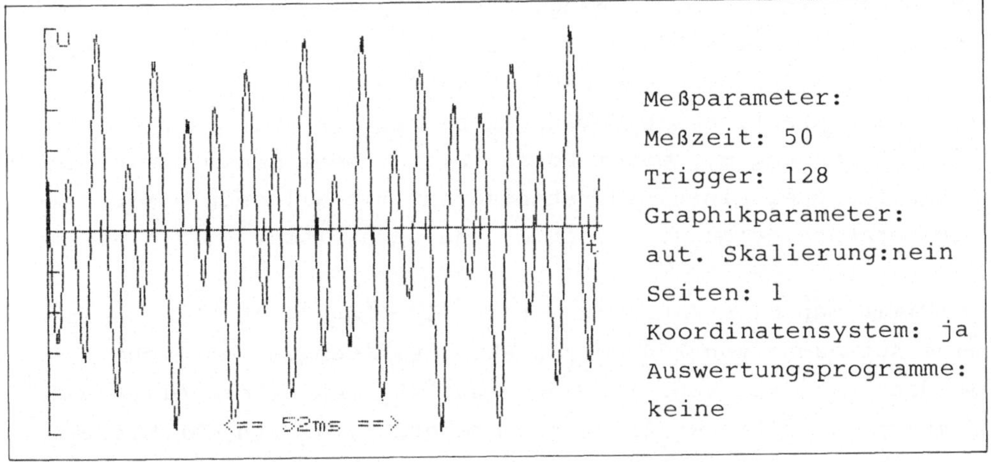

Bild 4.39 Schwebungen - Resultierende gestaucht

Schwebungen ergen sich, wenn die beiden sich überlagernden Schwingungen nur einen geringen Frequenzunterschied aufweisen (hier 10%). Die Schwebungsfrequenz beträgt

$$f_s = f_2 - f_1 = 400 \text{ Hz} - 360 \text{ Hz} = 40 \text{ Hz}.$$

Bild 4.38 (auf die Hälfte gestaucht) zeigt eine Schwebungszeit von 25 ms. Dies entspricht einer Frequenz von 40 Hz.

4.4 Schnelle analoge Messungen in der Mechanik

Der Bedarf an schnellen analogen Messungen ist besonders
groß und auch besonders schwer zu erfüllen. Stellen wir uns
nur die Versuche mit der Fahrbahn vor. Im einfachsten Fall
werden mit einem mechanischen Kontakt Durchschnittsgeschwin-
digkeiten vom Start des Wagens bis zu einem zwar variablen,
jedoch ansonsten festen Punkt gemessen. Mit zwei Kontakten
lassen sich in gewissen Grenzen Momentangeschwindigkeiten bestimmen. Mit Hilfe von Schleifern kann man auch 1/100-s-Mar-
kierungen anbringen, die dann jedoch mühselig erfaßt werden
müssen.

Das Problem bei allen mechanischen Messungen besteht in der
Zuordnung Ort-Analogspannung. Im Idealfall müßte die Entfer-
nungsmessung optisch ("Radar") erfolgen und das optische Signal in eine Spannung umgewandelt werden. Dem Autor ist zur
Zeit kein praktikables Verfahren hierzu bekannt. Es bleibt nur
die Übertragung mit einem Potentiometer oder einem elektrischen
Schleifer über einen Widerstandsdraht mit all seinen Nachtei-
len: erhöhte Reibung, Aussetzer und mechanische Anfälligkeit.

Nimmt man eine Fahrbahn mit ca. 2 m Länge, so kann damit
eine Auflösung von 200 cm/256 Pkt = 0,78 cm/Pkt erreicht
werden. Dies ist hinreichend genau. Als Schleifer sollte ein
Kontakt von alten Relais genommen werden, die in der Mitte
zweigeteilt sind. Hierdurch lassen sich Abheber zum größten
Teil vermeiden. Wenn möglich sollte der Widerstandsdraht unter
einer Abdeckung liegen.

Bei Schwingungsvorgängen sollte ein gutes lineares Potentiometer mit ca. 1 bis 5 kOhm benutzt werden. Der Drehwinkel
sollte je nach Anwendung 90 bis 270 Grad betragen. Das Poten-

tiometer kann mit eigenen Hilfsmittel relativ einfach einge-
baut werden: Im Versandhandel können billige Kugellager mit
3 bis 5 mm Innendurchmesser bezogen werden. Die Innenteile
zweier Kugellager werden im Abstand von ca. 3 cm durch eine
entsprechende überstehende Schraube mit vier Muttern fest an-
gezogen. Das Potentiometer sollte einen Drehschaft aus Kunst-
stoff besitzen. In diesen wird ein Innengewinde geschnitten,
das überstehende Teil der Schraube hineingedreht und durch
eine Mutter gesichert. Über die beiden Kugellager wird stramm
ein Plastikrohrstück (Kabelleerrohr) bis zum Topf des Potentiometers gezogen und mit Isolierband am Topf befestigt. Das
Plastikrohr kann jetzt mit einer in der Mechanik üblichen
Spannklemme eingeklemmt werden. Am Kopf der Schraube kann z.B.
ein Aluminiumpendel befestigt werden oder je nach Bedarf der
entsprechende Oszillator.

Für Drehbewegungen benötigen wir ein Spindelpotentiometer
mit ca. 25 Umdrehungen von Anschlag zu Anschlag. Zwei Kugellager werden wie oben beschrieben befestigt. Auf der einen Seite (Kopf der Schraube) ist entweder ein Mitnehmer oder ein Rad
mit Rille für einen Faden befestigt. Die andere Seite der
Schraube wird mit einer Feile wie ein Schraubenzieher ange-
spitzt. Diese Spitze greift in den Antrieb des Spindelpoten-
tiometers. Da die Spindelpotentiometer i.a. an den Enden mit
einer Art "Rutschkupplung" ausgestattet sind, ergeben sich me-
chanisch an den Enden keine Probleme durch Überdrehen.

Mit diesen drei Anordnungen lassen sich fast alle Versuche
in der Mechanik durchführen. Für diese Versuche gilt:
   $s(t) \sim U(t)$.

Das Hauptproblem in der Auswertung aller Versuche liegt in
der nicht zu vernachlässigenden Reibung. Durch eigene Auswertungsprogramme muß die Reibung eliminiert werden.

4.4.1 Das Pendel

Eine Aluminiumstange von 50 bis 100 cm Länge wird an ein
Potentiometer befestigt. Die Lagerung erfolgt über zwei Kugellager (s. Abschnitt 4.4).

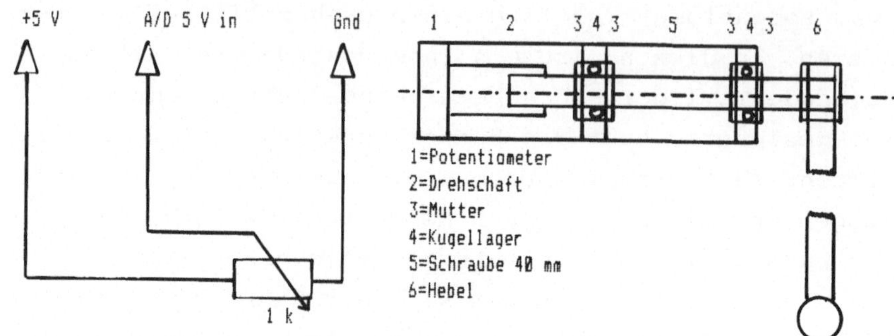

Bild 4.40   Das Pendel - Schaltung - Aufbau

In den Pendelstab können Löcher in bestimmten Abstand an-
gebracht werden, an denen sich Gewichte befestigen lassen.
Es sind folgende Untersuchungen durchführbar:
- Schwingungsdauer in Abhängigkeit von der Pendelstablänge,
- Schwingungsdauer in Abhängigkeit vom Gewicht und
- Schwingungsdauer in Abhängigkeit von der Dämpfung.

Für die ungedämpfte Pendelbewegung gilt das Gleichgewicht
der Drehmomente ($ß$=Auslenkwinkel)

$$ml^2 \frac{d^2 ß}{dt^2} = - mgl*\sin ß.$$

Dies führt auf die Differentialgleichung

$$\frac{d^2 ß}{dt^2} + \frac{g}{l}*\sin ß = 0.$$

Die Integration liefert die exakte Schwingungsdauer

$$T = 2*pi \sqrt{\frac{l}{g}}*(1 + \frac{1}{16} ß_0^2 + \frac{1}{3072} ß_0^4 +...)$$

oder angenähert

$$T = 2*pi \sqrt{\frac{l}{g}}.$$

Für physikalische Pendel, bei denen die Pendelmassen nicht
in einem mathematischen Punkt zusammen passen, muß die Schwerpunktslänge

$$s = \frac{\sum_i \Theta_i * l_i}{\sum_i \Theta_i}$$

benutzt werden (Θ = Trägheitsmoment des Körpers bezüglich der
Drehachse, s = Abstand des Schwerpunktes von der Drehachse).

Es ergeben sich gedämpfte Schwingungen. Die Auswertung dieser Schwingungsart erfolgte bereits im Abschnitt 4.2.3. Das
einzige Problem, das bei diesen Messungen auftreten kann, ist
eine Nichtlinearität des Potentiometers, die vorher genau bestimmt, bzw. durch Benutzen eines guten Potentiometers vermie-
den werden sollte. Bild 4.41 zeigt das Ergebnis bei einem
nichtlinearen Potentiometer.

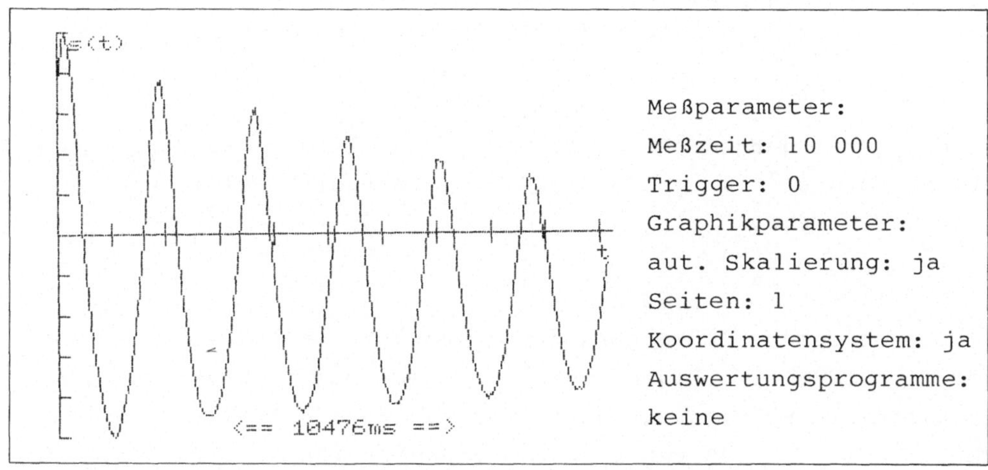

Bild 4.41   Nichtlineares Potentiometer (Pendel)

Die Graphik liefert in diesem Beispiel bei einer Pendel-
länge l = 73 cm und einer Auslenkung von ca. 60 eine Schwingungsdauer von T = 1724 ms. Vorausgesetzt wird, daß die Masse
des Pendelstabes (Aluminium) gering ist gegenüber der Pendelmasse. Eine genauere Betrachtung muß die folgenden Berechnungen

berücksichtigen. Gemessene Größen (St=Stab, Ku=Kugel):

$$m_{St} = 61,8 \text{ g} \qquad \Theta_{St} = m_{St} * l_{St}^2 / 6$$

$$l_{St} = 71,5 \text{ cm} \qquad m_{Ku} = 37,5 \text{ g} \qquad m_{ges} = 99,3 \text{ g} \qquad l_{Ku} = 73 \text{ cm}$$

Hieraus lassen sich die Trägheitsmomente errechnen:

$$\Theta_{Ku} = m_{Ku} * l_{Ku}^2 = 2 * 10^{-4} \text{ kgm}^2$$

$$\Theta_{St} = m_{St} * l_{St}^2 / 6 = 0,527 * 10^{-4} \text{ kgm}^2$$

$$\Theta_{ges} = 2,527 * 10^{-4} \text{ kgm}^2$$

Bestimmung der Schwerpunktslänge:

$$s = \frac{l_1 * \Theta_1 + l_2 * \Theta_2}{\Theta_1 + \Theta_2}$$

$$= \frac{35,75 * 52,7 + 73 * 200}{252,7} \text{ cm}$$

$$= 65,2 \text{ cm}.$$

Mit der Schwerpunktslänge und der Gravitationskonstante läßt sich die Schwingungsdauer des Stabpendels berechnen:

$$T^* = 2 * pi \sqrt{\frac{s}{g}}.$$

Die Schwingungsdauer hängt von der Amplitude der Schwingung ab. Bei $\beta = 60^0 = 2*pi/6 = 1,047$ beträgt der Fehler $\beta_0^2 / 16 = 6,85$ %.

$$T = 1,0685 * T^* = 1,73 \text{ s}.$$

Die gemessene Schwingungsdauer beträgt T = 1,724 s. Grundsätzlich läßt sich sagen, daß die Schwerpunktskorrektur, die zu kleineren Schwingungsdauern führt, und die Amplitudenkorrektur, die zu größeren Schwingungsdauern führt, sich gegenseitig aufheben. Das *logarithmische Dekrement (Dämpfung)* wird hauptsächlich durch den Schleifer des Potentiometers bestimmt. Aus der Graphik ergibt sich

$$\lambda = -\ln \frac{s(T_2)}{s(T_1)} = 0,2...0,1.$$

4.4.2 Die Schraubenfederschwingung

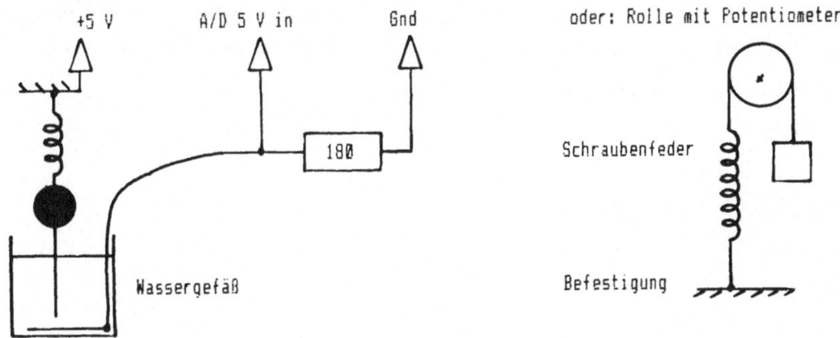

Bild 4.42   Schraubenfederschwingung - Schaltung

An das Massestück, das an eine Schraubenfeder gehängt werden soll, wird eine Stricknadel aus Stahl, die mit einem Ge-
winde versehen wird, geschraubt. Am Boden eines zylindrischen
Gefäßes liegt eine Metallplatte. Der Zylinder wird mit norma-
lem Leitungswasser gefüllt. Die Bodenplatte und die Schraubenfeder mit Stricknadel bilden einen variablen Widerstand. Die
Dämpfung dieser Anordnung ist weitaus geringer als beim Pendelstab. Mit den Meßdaten läßt sich leicht nachweisen, daß die
Schwingung sinusförmig ist, auch wenn dies auf den ersten

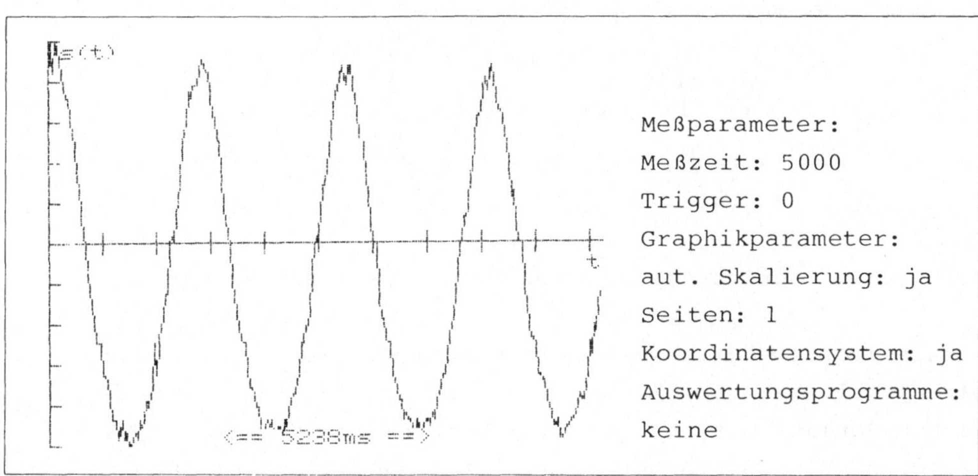

Meßparameter:
Meßzeit: 5000
Trigger: 0
Graphikparameter:
aut. Skalierung: ja
Seiten: 1
Koordinatensystem: ja
Auswertungsprogramme:
keine

Bild 4.43   Schwingung einer Schraubenfeder

Blick nicht so aussieht. Die Fourier-Analyse (s. Bild 4.44)
läßt nur die Grund- und zwei Oberschwingungen erkennen. Alle
anderen Oberschwingungen tragen einzeln weniger als 1% und zusammen 6% zur Gesamtamplitude bei.

T = 1,34 s

Phase = 215 Pkt.

n	A(sin)	B(sin)
1	79	1
2	0	12
3	2	0

Bei gründlicher Ausrichtung des Pendelkörpers läßt sich auch
eine reine Grundschwingung erreichen.

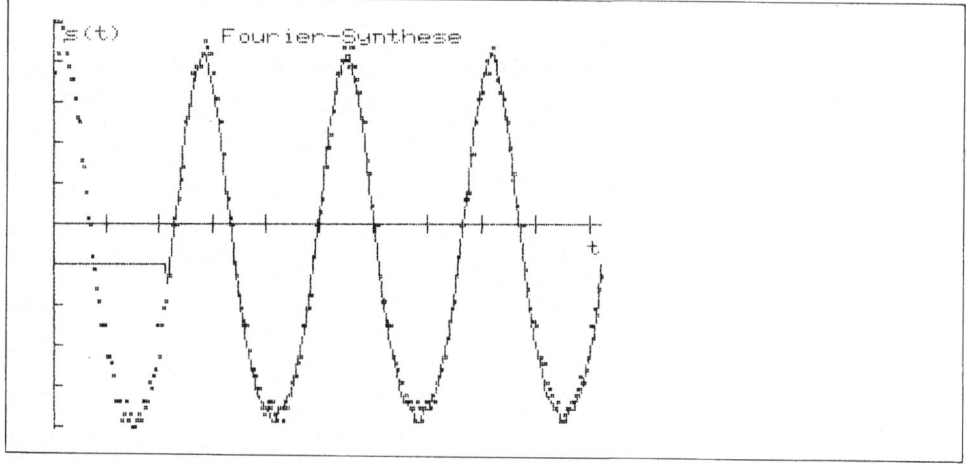

Bild 4.44   Fourier-Analyse und -Synthese - Schraubenfeder

Als zweite Möglichkeit bietet sich an, einen Faden über
eine kugelgelagerte Umlenkrolle, die mit der Achse eines einfachen Potentiometers verbunden ist, laufen zu lassen. Hier
lassen sich in einfacher Weise die Pendelmasse, die Feder-
konstante und die Reibung variieren.

4.4.3 Die Blattfederschwingung

Auf eine Blattfeder wird eine Glühlampe gelötet. Die Stromversorgung erfolgt über die Blattfeder und über ein dünnes
Kabel. Die Blattfeder mit der Glühlampe befindet sich vor
einem Fototransistor. Die schwingende Blattfeder erzeugt im
Fototransitor einen sinusförmigen Fotostrom. Die Helligkeits-
schwankungen basieren einmal auf dem sinusförmigen Weg-Zeit-
Gesetz der Blattfeder und andererseits auf dem 1/r*r-Gesetz
einer punktförmigen Lichtquelle. Es gilt daher angenähert:

$$U(t) = \frac{U_0}{(1+A_0 *\sin\ wt)^2}$$

$$\sim U_0 *(1 - A_0 *\sin\ wt)^2 \qquad A_0 \ll 1$$

$$\sim U_0 *(1 - 2*A_0 *\sin\ wt)$$

$$= U_0 - U_0^* *\sin\ wt.$$

Für eine einseitig eingespannte Blattfeder der Länge l,
der Breite b, der Höhe h und dem Elastizitätsmodul E gilt

$$F = \frac{E*b*h^3}{4*l^3} *s.$$

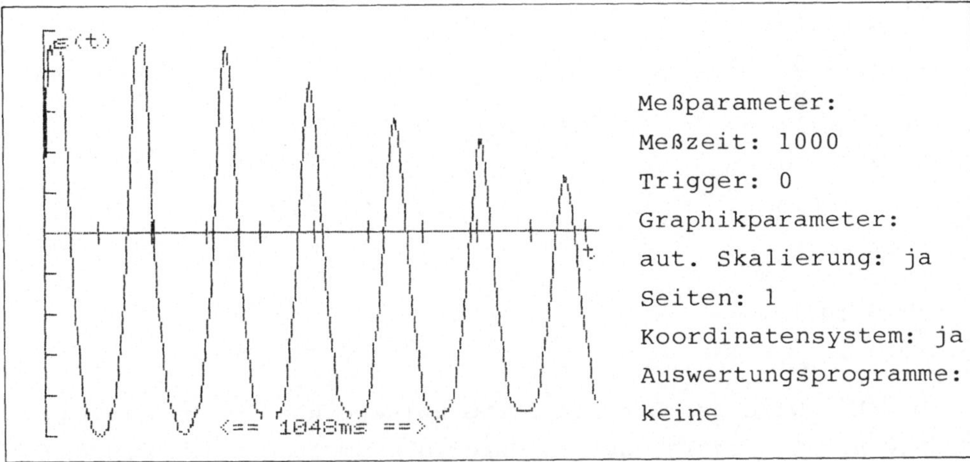

Bild 4.45 Blattfederschwingung - 20,8 cm Länge

Die rücktreibende Kraft F ist also der Elongation s des
Blattfederendes proportional und es gelten entsprechende Gesetze wie bei der Schraubenfeder. Die Daten zeigen, daß keine
exakte Sinuskurve vorliegt.

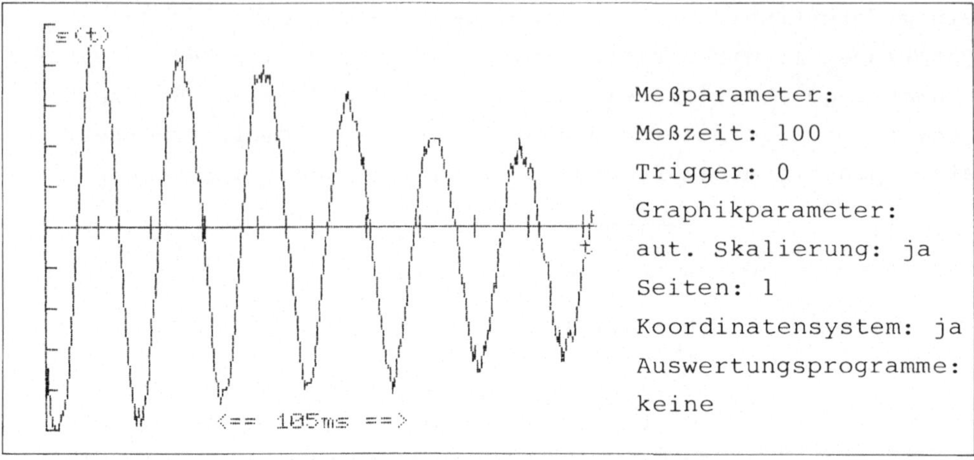

Bild 4.46   Blattfederschwingung - 5,0 cm Länge

Die Messungen erlauben die Auswertung sehr schneller Schwingungen, wie sie sonst mit herkömmlichen Mitteln nicht möglich
sind. Aus den beiden Messungen kann man bereits die Abhängigkeit $T \sim \sqrt{l^3}$ erahnen:

$$T_1 = 0,16 \ \text{s}$$
$$T_2 = 0,016 \ \text{s}$$
$$l_1 = 20,8 \ \text{cm}$$
$$l_2 = 5,0 \ \text{cm}$$

$$\sqrt{\frac{l_1^{\,3}}{l_2^{\,3}}} = 8,5$$

$$\frac{T_1}{T_2} = 10.$$

Hierbei wird der Einfluß der Glühlampe und der Zuleitungs-
drähte nicht berücksichtigt. Unter diesem Aspekt ist die Abweichung akzeptabel.

4.4.4 Das Pohlsche Rad

Mit Hilfe eines Mitnehmers wird das Potentiometer an das
Pohlsche Rad befestigt. Wegen der durch den Schleifer ent-
stehenden Reibung können nur Versuche zur Dämpfung und zum
aperiodischen Grenzfall durchgeführt werden. Versuche zu

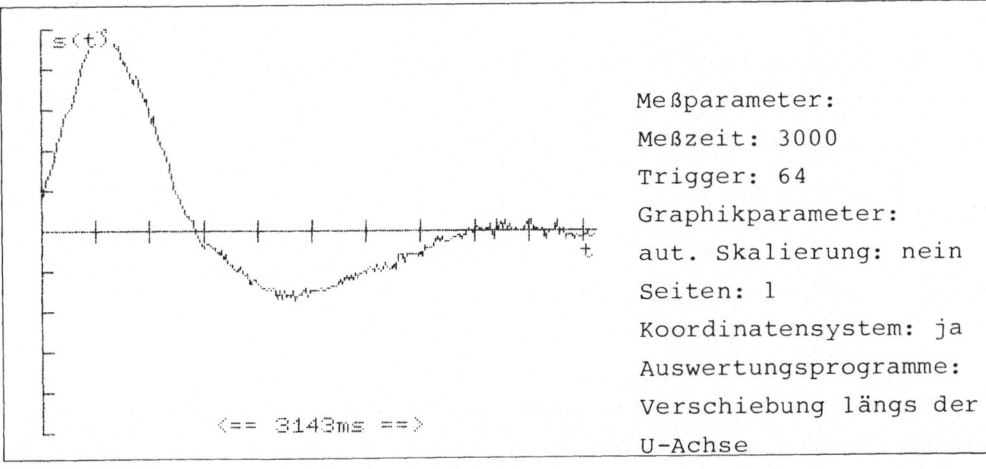

Bild 4.47   Pohlsches Rad - starke Dämpfung

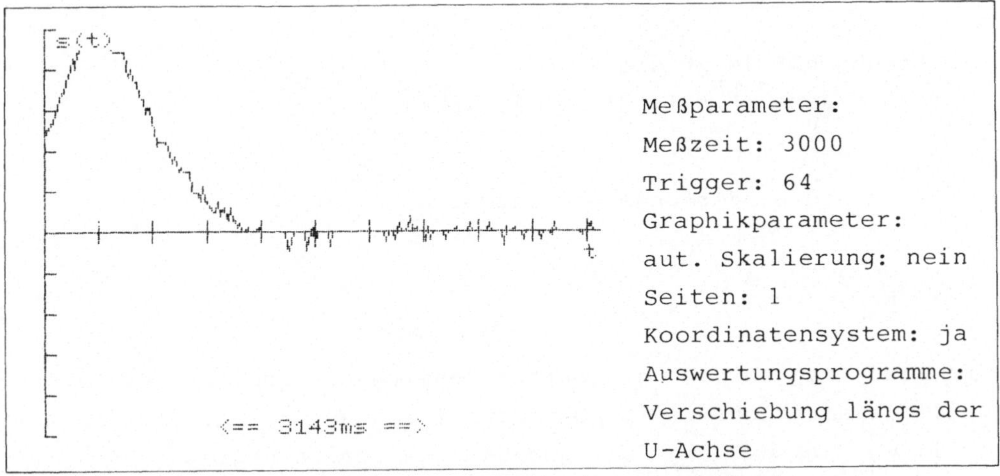

Bild 4.48   Pohlsches Rad - aperiodischer Grenzfall

(fast) ungedämpften Schwingungen werden bei den digitalen
Messungen behandelt, da dort durch die Lichtschranken eine
berührungsfreie Messung erfolgt.

Das Rad mit dem Trägheitsmoment Θ erzeugt bei einer Winkelbeschleunigung α ein Drehmoment $M_T = \Theta * \alpha$. Durch die rückstel-
lende Feder ergibt sich das Drehmoment

$$M_F = -D * \beta$$

(β=Auslenkwinkel). Aus dem Gleichgewicht der Kräfte

$$M_T = M_F$$

ergibt sich die Differentialgleichung

$$\frac{d^2\beta}{dt^2} + \frac{D}{\Theta} * \beta = 0.$$

Diese Gleichung hat die Lösung

$$\beta(t) = \beta_0 * \sin(w_0 * t - \varphi).$$

Für die gedämpfte Schwingung ergibt sich ein weiteres Drehmoment durch die Reibung:

$$\frac{d^2\beta}{dt^2} + \frac{f}{\Theta}\frac{d\beta}{dt} + \frac{D}{\Theta} * \beta = 0.$$

Die Lösung hat jetzt die Form

$$\beta(t) = \beta_0 * e^{-\delta t} * \sin(w * t - \varphi), \text{ wobei}$$

$$\delta = \frac{f}{2 * \Theta} \text{ die Dämpfungskonstante und}$$

$$w = \sqrt{w_0^2 - \delta^2}$$

die Kreisfrequenz der gedämpften Schwingung sind. Die einzelnen
Fälle lassen sich wie im Abschnitt 4.2.3 unterscheiden.

1. $w_0 \gg \delta$ ==> fast ungedämpfte Schwingung
2. $w_0 > \delta$ ==> gedämpfte Schwingung
3. $w_0 = \delta$ ==> aperiodischer Grenzfall
4. $w_0 < \delta$ ==> Es ist keine Schwingung mehr möglich.

Bild 4.48 läßt sich duch die halblogarithmische Darstellung
(s. Bild 4.49) auswerten. Im aperiodischen Grenzfall gilt

$$\delta = w_0 .$$

Aus der Graphik kann man entnehmen (maximaler Wert digital 58,
minimaler Wert digital 2):

$$\delta = \frac{\ln 58 - \ln 2}{1,05 \text{ s}}$$

$$= 3,2 \text{ Hz} .$$

$$T_0 = \frac{2 * pi}{w_0}$$

$$= 1,96 \text{ s} .$$

Die Eigenschwingungsdauer des Pohlschen Rades beträgt je
nach Amplitude 2 s (s. digitale Messungen). Aus dem Abfall der
Meßkurve im aperiodischen Grenzfall kann die Übereinstimmung
des Experiments mit der Lösung der Differentialgleichung recht
gut nachgewiesen werden.

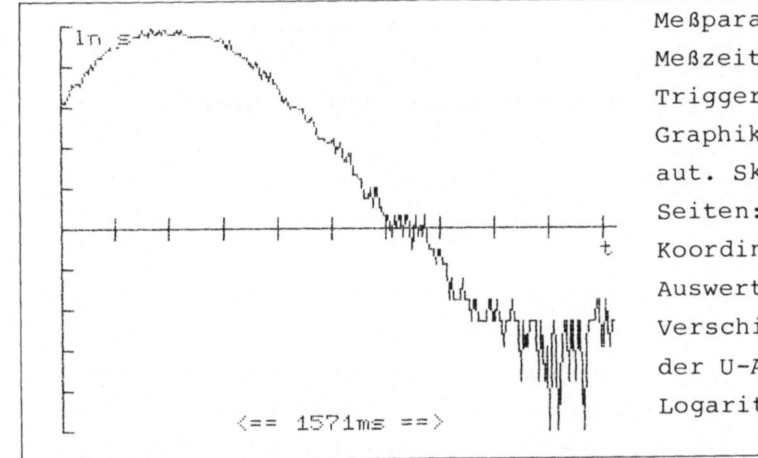

Bild 4.49   Halblogarithmische Darstellung Pohlsches Rad

4.4.5 Drehbewegungen

Ein Drehrad (Radius r=25,8 cm), das mit verschiedenen Ge-
wichten in unterschiedlichen Abständen zur Drehachse behangen
werden kann, wird über eine Umlenkrolle (u=6,13 cm) durch ein
Gewichtstück an einem Faden angetrieben. Über einen Mitnehmer
wird ein Trimmpotentiometer mit 24 Umdrehungen von Anschlag zu
Anschlag verändert. Diese 24 Umdrehungen entsprechen digital
255 und einer Weglänge von s = 24*6,13 cm = 147,1 cm. Die Fallstrecke beträgt 73,6 cm.

Für die Drehbewegung gelten folgende Gesetze:

Winkelgeschwindigkeit: $w = \dfrac{d\beta}{dt}$

Umfangsgeschwindigkeit: $v = r*w$

Winkelbeschleunigung: $\alpha = \dfrac{dw}{dt}$

Drehmoment: $M = \Theta * \alpha$.

Ganz allgemein tritt an Stelle der Masse das Trägheitsmoment und an die Stelle der Kraft das Drehmoment. Im ersten
Versuch wird nur das Drehrad beschleunigt (Bilder 4.50 und
4.51). Dieser Versuch dient dazu
- zu zeigen, daß eine gleichmäßig beschleunigte Bewegung vorliegt und
- das Gesamtträgheitsmoment Θ_{Rad} für den zweiten
  Versuch zu bestimmen.

Das Antriebs-Gewichtsstück hat eine Masse von m = 210 g und
erzeugt eine Gewichtskraft von 2,06 N. Dies führt zu einem
Drehmoment $M = \Theta * \alpha = F*r = 2,06$ N*0,258 m = 0,532 Nm. In der
Zeit t = 1,05 s ändert sich der digitale Meßwert um 128. Dies
entspricht 12 Umdrehungen des Potentiometers oder s = 73,6 cm.

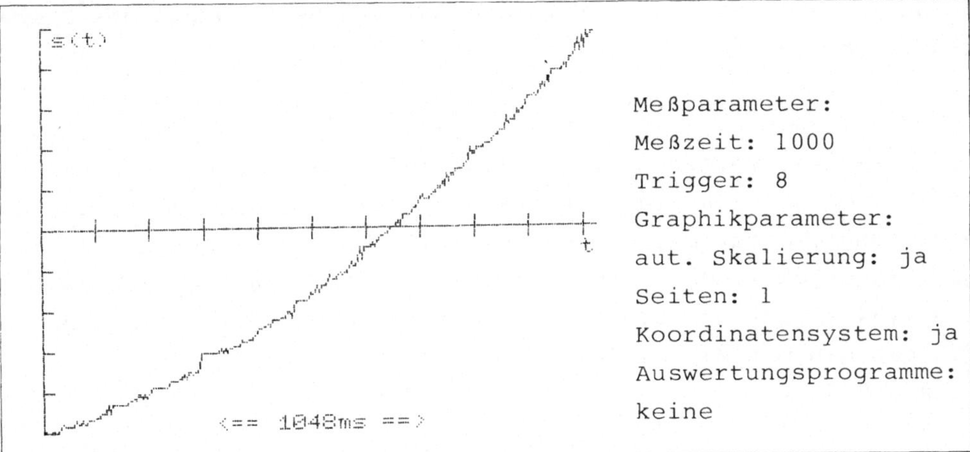

Bild 4.50   Beschleunigte Drehbewegung

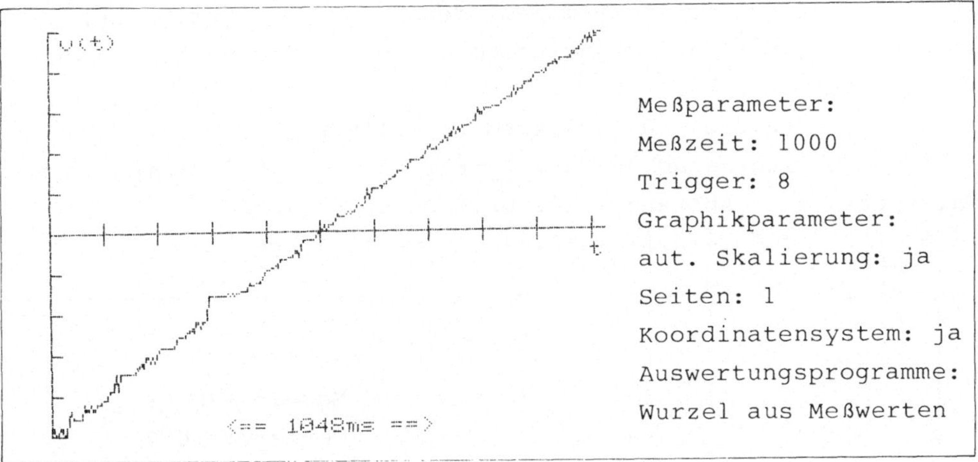

Bild 4.51   Beschleunigte Drehbewegung - Geschwindigkeit

Hieraus ergibt sich eine Beschleunigung von

$$a = \frac{2*s}{t^2} = 1,334 \ \frac{m}{s^2}.$$

Am Ende der Meßzeit beträgt dann die Winkelbeschleunigung

$$\alpha = \frac{a}{r} = 5,17 \ \frac{1}{s^2}.$$

Aus diesem Wert kann nun das Gesamtträgheitsmoment des Drehrades berechnet werden:

$$\Theta_{Rad} = \frac{M}{\alpha} = 0{,}103 \ kg{*}m^2 .$$

Im zweiten Versuch (Bilder 4.52 und 4.53) werden zwei Massestücke von je 1,065 kg im Abstand R = 24,5 cm gegenüberliegend aufgehängt. Jetzt beträgt die Fallzeit beim gleichen Antriebsgewichtsstück wiederum für eine Fallstrecke von s = 73,6 cm t = 1,54 s. Durch entsprechende Berechnungen ergibt sich dann für das Rad mit Massestücken

$$a = 0{,}62 \ m/s^2$$

$$\alpha = 2{,}40 \ Hz$$

$$\Theta_{Rad+Masse} = 0{,}222 \ kg{*}m^2 .$$

Zieht man das Trägheitsmoment des Drehrades hiervon ab, so verbleibt für das Trägheitsmoment der beiden zusätzlichen Massestücke

$$\Theta_{Masse} = (0{,}222 - 0{,}103) \ kg{*}m^2 = 0{,}119 \ kg{*}m^2 .$$

Nach dem Steinerschen Satz beträgt das Trägheitsmoment eines Massepunktes im Abstand R zur Drehachse

$$\Theta_{Masse} = m{*}R^2 = 2{,}13 \ kg{*}0{,}245 \ m^2 = 0{,}128 \ kg{*}m^2 .$$

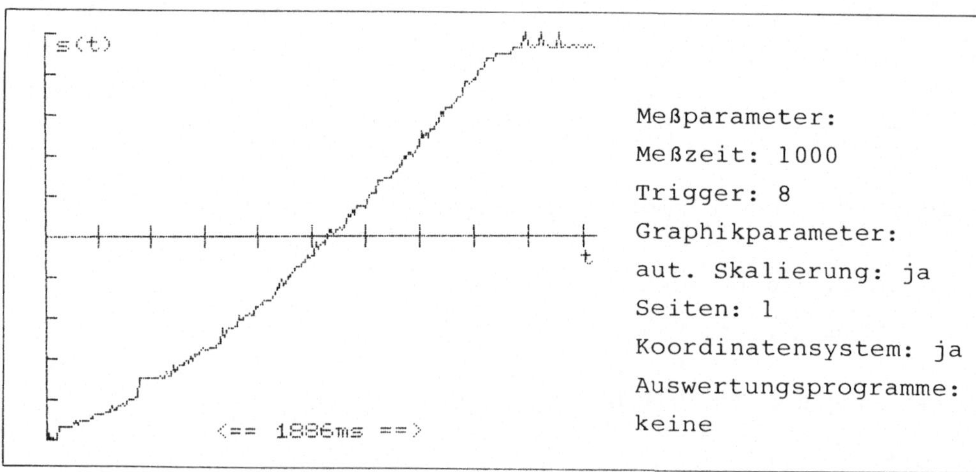

Bild 4.52   Beschleunigte Drehbewegung mit Zusatzmassen

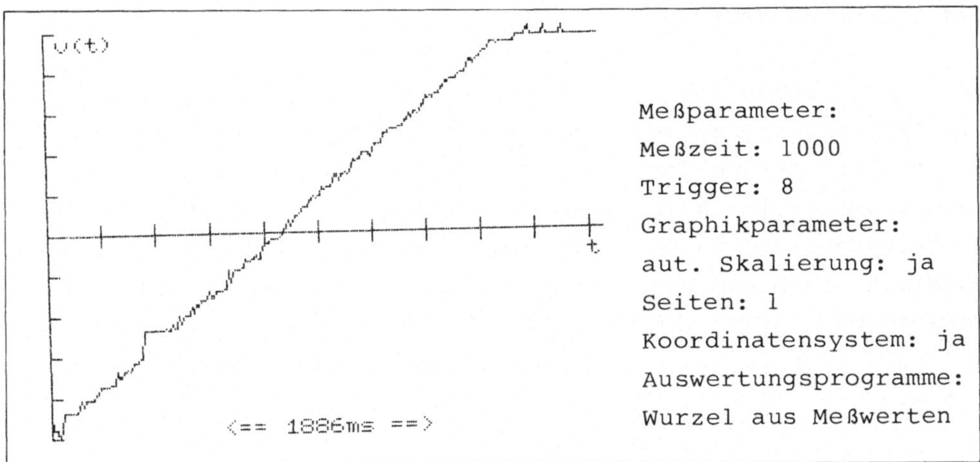

Bild 4.53   Beschleunigte Drehbewegung - Geschwindigkeit

Die Abweichung hiervon beträgt 7%. Dies dürfte im Rahmen
der Meßgenauigkeit liegen, da alleine die Zeit t mit der 2.
Potenz eingeht und zwei Trägheitsmomente subtrahiert werden.

Es sei eine kleine Anmerkung zu den Zacken im unteren Teil
der Bilder 4.50 bis 4.53 erlaubt. Ich habe als Umlenkrolle
ein Kunststoffrad mit Zahnrädern benutzt, wie ich sie bei den
digitalen Messungen benötige. Wenn der Faden an einem Zahn
hängenbleibt, gibt es diese Zacke. Sie unterstreicht eigentlich erst die Regelmäßigkeit der Messung. Es sei noch einmal
darauf hingewiesen, daß bei allen Darstellungen mit der Angabe "Seite: 1" immer nur 256 von 1024 Meßwerten wiedergegeben
werden. Zwischen 2 gezeichneten Punkten befinden sich also
3 nicht eingezeichnete. Über diese Meßwerte wird nicht gemit-
telt. Tut man dies, so werden alle Meßkurven stark geglättet.
Dies habe ich nicht getan, damit in den graphischen Darstellungen direkt die Meßwerte und nicht bereits behandelte Daten
erscheinen.

4.4.6 Fahrbahnversuche

Eine Fahrbahn wird in beliebige Position gebracht. Fällt
die Fahrbahn ab, so muß durch ein kleines Gewichtsstück ein
Faden über eine Umlenkrolle mit angeschlossenem 24gängigen
Potentiometer lediglich gespannt werden. Bei horizontaler oder
ansteigender Fahrbahn muß dieses Gewichtsstück den Wagen zusätzlich beschleunigen. Der Wagen kann mit unterschiedlichen
Massestücken beladen werden. Die Umlenkrolle mit einem Umfang
von 6,13 cm erlaubt bei 24 Umdrehungen Fahrbahnlängen von ca.
1,5 m.

Es werden von mir drei Versuche durchgeführt:
1. beschleunigte Bewegung bei beliebiger Fahrbahnausrichtung
   (Bilder 4.54 und 4.55). Durch Variation der Masse können
   unterschiedliche Beschleunigungen erzielt werden;
2. gleichförmige Bewegung, wobei die Fahrbahn per Augenschein
   durch ein geringes Gefälle reibungsfrei gestellt wird
   (Bild 4.56) und
3. Simulation des "schrägen Wurfes" (Bilder 4.57 bis 4.59).

1. Gleichförmige Beschleunigung

Es soll gezeigt werden, daß die Beschleunigung einer Masse
bei gleicher Antriebskraft der Masse umgekehrt proportional ist.
Die Bilder 4.54 und 4.55 zeigen das Weg- und das Geschwindigkeits-Zeit-Diagramm eines Wagens mit der Masse 1470 g bei einer
Zugmasse von 210 g. Die Fahrbahn ist etwa horizontal ausgerichtet. Aus der Graphik ergibt sich im Zusammenhang mit den
Meßwerten eine Wegstrecke von digital 146. Dies entspricht
einer Strecke von 83,9 cm. Für diese Strecke benötigt der Wagen 1,57 s. Hieraus kann die Beschleunigung zu $a = 0,68 \text{ m/s}^2$
berechnet werden. Läßt man nun die Reibung und das Antriebsgewicht konstant, so kann durch Veränderung der Zusatzmassen

ohne Probleme der antiproportionale Zusammenhang hergeleitet
werden.

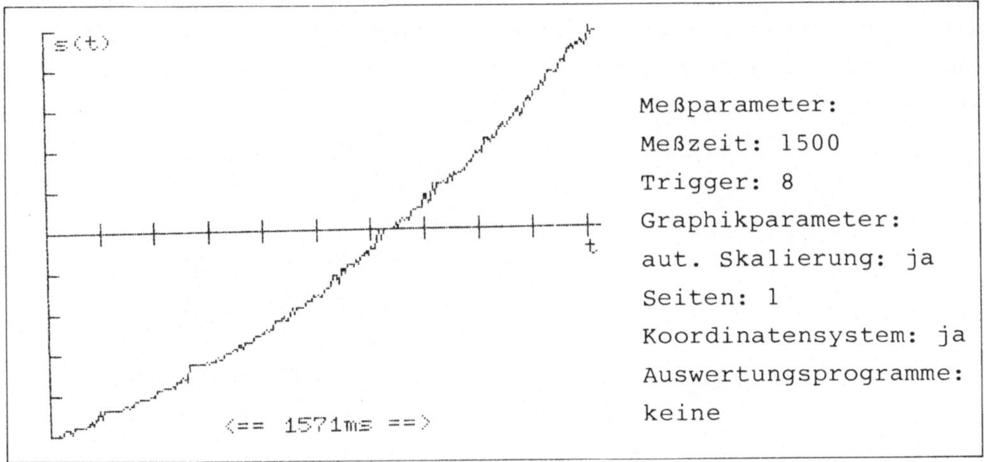

Bild 4.54   Fahrbahnversuch - beschleunigte Bewegung

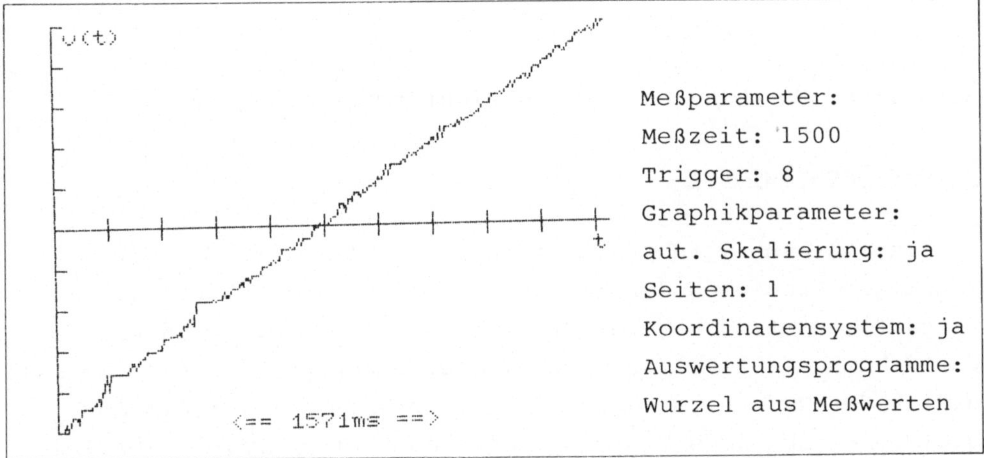

Bild 4.55   Fahrbahnversuch - Geschwindigkeit

2. Gleichförmige Bewegung

Die Fahrbahn wird per Augenschein durch mehrmaliges leich-
tes Anstoßen des Wagens reibungsfrei ausgerichtet. Der Wagen

wird mit der Hand einmal kräftig angestoßen, so daß er frei
weiterläuft. Hierbei muß das Gewichtsstück den Faden stramm
halten, die Umlenkrolle drehen und doch nur die Reibung aus-
gleichen. Bild 4.56 zeigt die gleichförmig geradlinige Bewegung. Der Triggerpunkt muß in diesem Versuch höher gewählt
werden.

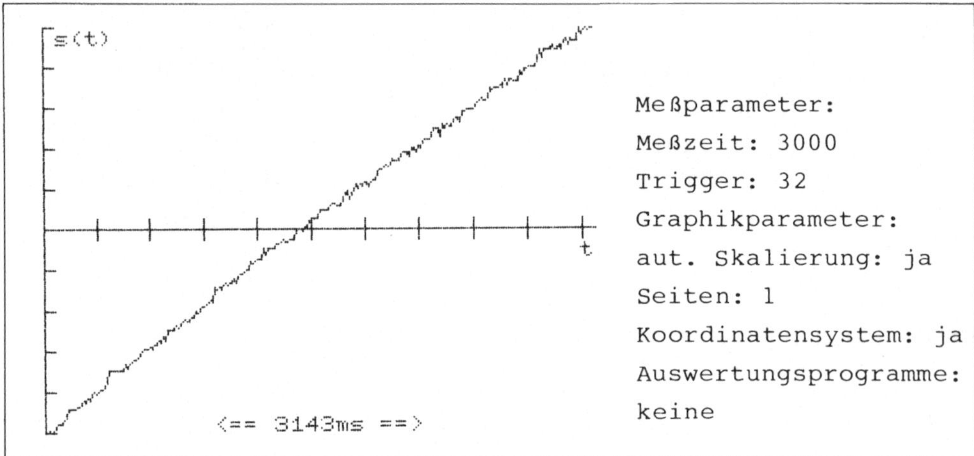

Bild 4.56   Fahrbahnversuch - gleichförmige Bewegung

3. Der "schräge Wurf"

Die Fahrbahn wird stark steigend eingestellt. Mit einem
kräftigen Stoß wird der Wagen in Richtung der Umlenkrolle
bergauf gestoßen (höherer Triggerpunkt !). Kurz vor dem Ende
der Fahrbahn sollte der Wagen wieder umkehren. Da der Aus-
gleich der Reibung bergauf nicht identisch ist mit dem Aus-
gleich bergab, kann keine symmetrische Kurve erzielt werden.
Der Versuch entspricht daher nicht dem senkrechten Wurf, sondern dem schrägen Wurf. Um das Geschwindigkeits-Zeit-Diagramm,
das hier besonders interessant ist, zu bekommen, muß zuerst
das Hilfsprogramm "U(max)-U(t)" benutzt werden, danach kann
erst die Wurzel aus den Meßwerten gezogen werden. Die Bilder
4.57 bis 4.59 zeigen die einzelnen Auswerteschritte.

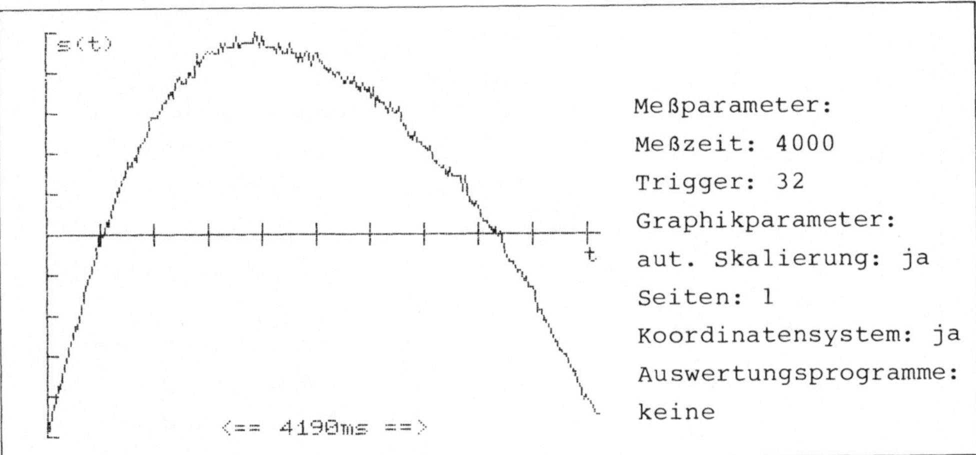

Bild 4.57   Der "schräge Wurf" - Meßwerte

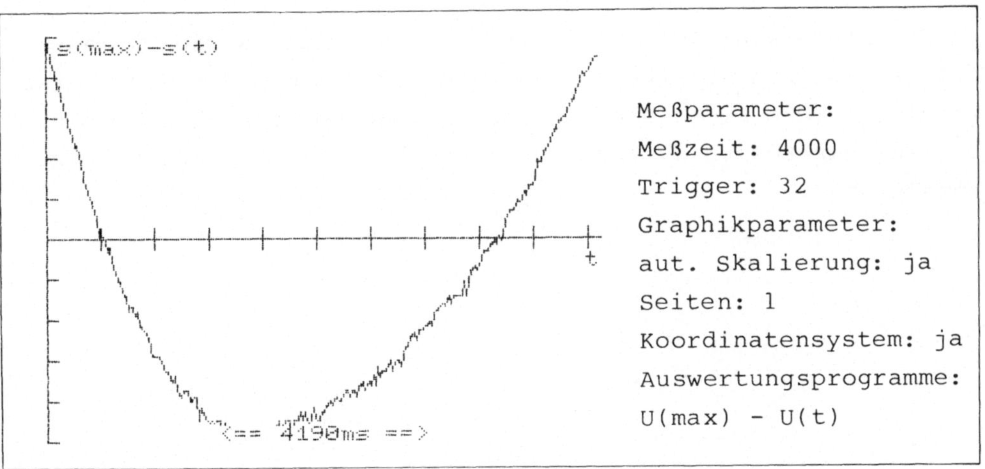

Bild 4.58   Der "schräge Wurf" - s(max) - s(t)

Die Meßwerte dürfen nicht direkt dem Wurzelprogramm unter-
zogen werden, weil das Weg-Zeit-Gesetz die Form

$$s(t) = s_0 - g*t^2/2$$

hat und es kein Gesetz für Wurzeln über Differenzen gibt.

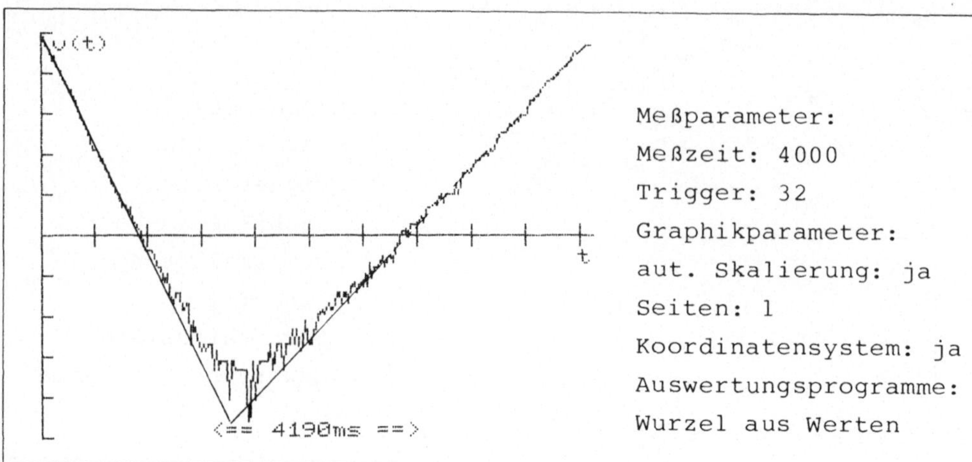

Bild 4.59   Der "schräge Wurf" - Geschwindigkeit

Es ist denkbar, die Geschwindigkeits-Zeit-Gesetze für andere angreifende Kräfte zu bestimmen, indem man den Wagen etwa
an eine weiche Feder hängt. Stoßversuche sollten ebenfalls nur
mit weichen Federn durchgeführt werden, damit die Wagen nicht
entgleisen.

4.4.7 Der freie Fall

Ich werde hier zwei Versuche vorstellen: Einmal rollt ein
Gewichtsstück über einen Faden und einer Rolle ab, die mit
einem Spindelpotentiometer verbunden ist. Im zweiten Versuch
gleitet ein Massestück mit einem Schleifer eine Rundstange mit
Widerstandsdrähten hinab. Bild 4.60 zeigt die beiden Versuchs-
aufbauten. Bild 4.61 zeigt die Schaltung zum Versuchsaufbau mit
Schleifern.

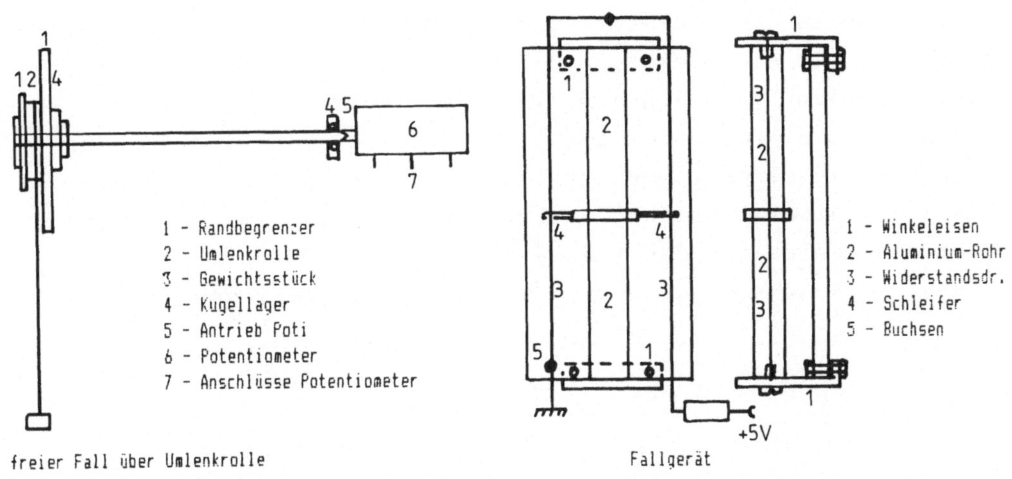

Bild 4.60   Aufbau der Versuche zum freien Fall

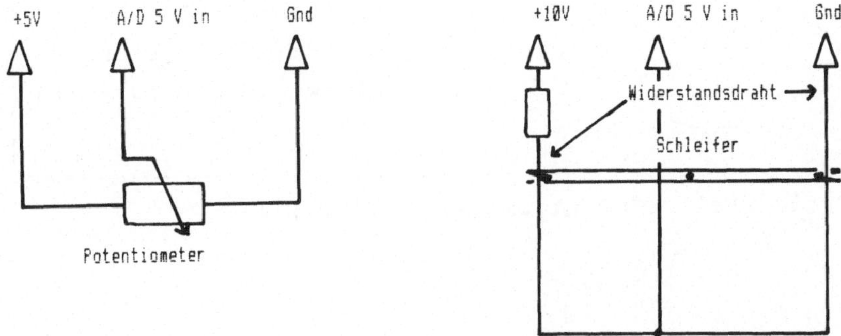

Bild 4.61   Freier Fall - Schaltung

Ein Massestück (m=210 g) an einem Faden rollt über eine
Umlenkrolle mit einem 24gängigem Potentiometer ab. Auf der
anderen Seite der Rolle wird der Faden durch ein zweites klei-
neres Massestück (m=27 g) straff gehalten. Bild 4.62 zeigt
das Weg-Zeit-Diagramm. Die Fallhöhe beträgt digital 245, dies
entspricht 141,4 cm. Die Anwendung des Auswertungsprogramms
"Wurzelziehen" ergibt Bild 4.63. Im ersten Teil erhalten wir
eine Gerade für die beschleunigte Fallbewegung. Im rechten
Teil ergibt sich jedoch eine starke Abflachung durch die Reibung (zu hohe Geschwindigkeit) und durch das Aufsetzen des Ge-
wichtsstückes. Extrapoliert man die Gerade, so wird für die gesamte Strecke eine Zeit von 0,7 s benötigt. Hieraus ergibt sich
eine Beschleunigung von a = 5,77 m/s^2. Mehr ist auf Grund
der Reibung im Potentiometer nicht zu erreichen. Vielleicht
kann man mit einem kommerziellen Produkt 9 m/s^2 erreichen.
Bei der digitalen Messung entfällt dieses Problem. Es verbleibt
dort als Fehler nur das Trägheitsmoment der Umlenkrolle. Die
gemessene Beschleunigung wird dort also höher liegen.

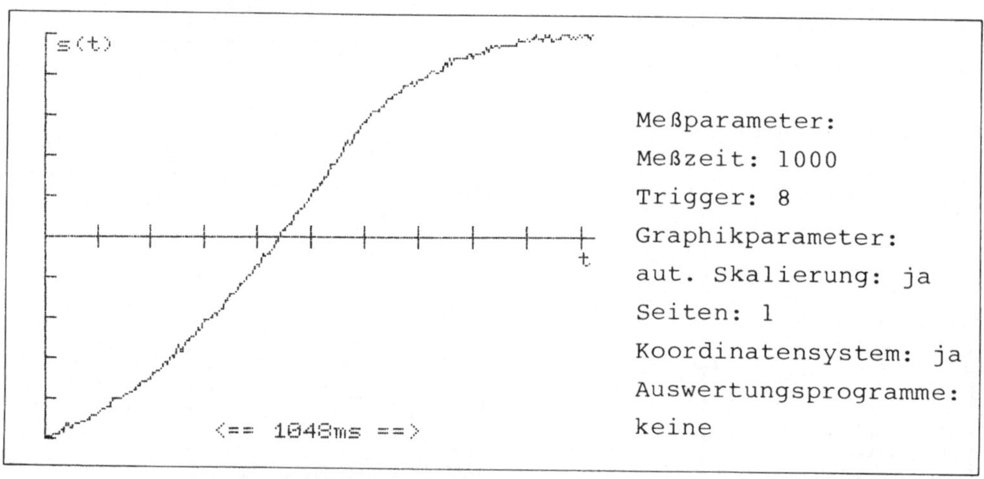

Bild 4.62   Freier Fall (Potentiometer) - Messung

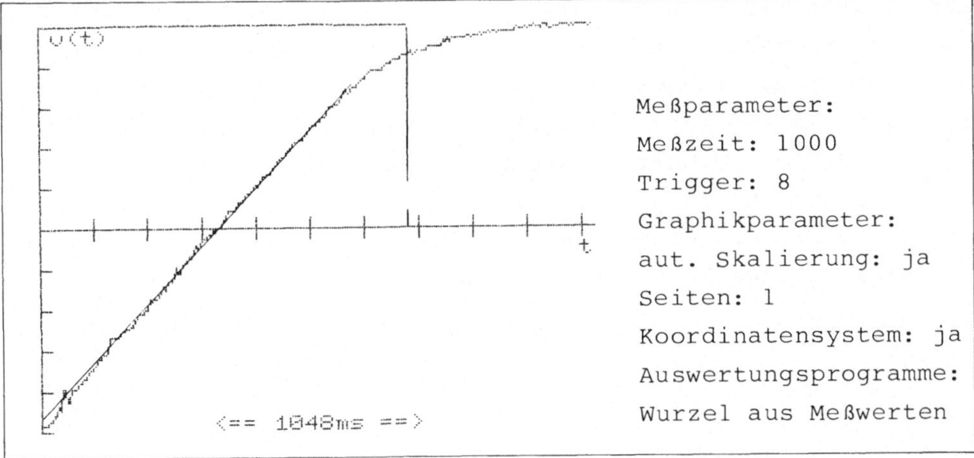

Bild 4.63   Freier Fall (Potentiometer) - Geschwindigkeit

Beim freien Fall ohne Reibung gilt die Differentialgleichung

$$\frac{d^2 s}{dt^2} = \text{const.}$$

Zweimalige Integration liefert

$$s(t) = \frac{1}{2}*g*t^2 + v_0*t + s_0 .$$

Berücksichtigt man eine zur Geschwindigkeit proportionale Reibungskraft, so ergibt sich aus dem Gleichgewicht der Kräfte

$$F_{Grav} - F_{Reib} = F_{Träg}$$

$$m*g - \alpha \frac{ds}{dt} = m\frac{d^2 s}{dt^2}$$

mit der Lösung

$$s(t) = \frac{g*m}{\alpha}*t + k_1 *\frac{\alpha}{m}*e^{-\alpha t/m} + k_2 .$$

Eine zweite Möglichkeit, das Fallgesetz zu ermitteln, kann mit dem Fallgerät realisiert werden, wie es im rechten Teil des Bildes 4.60 beschrieben ist. Ein ca. 50 cm langes Aluminium-Rohr ist an einer Plexiglasplatte befestigt. Rechts und links

davon laufen Widerstandsdrähte. Ein durchbohrter Eisenblock
(oder Unterlegscheiben), an dem rechts und links zwei Schleifer
befestigt sind, kann das Rohr hinunterfallen. Die Schleifer
sind alten Relais entnommen. Sie sollten in der Mitte geteilt
sein, so daß der Widerstandsdraht nicht abheben kann. Die elektrische Schaltung kann Bild 4.61 entnommen werden. Das Gerät
ist so einfach aufgebaut, daß innerhalb einer Minute mehrere
Messungen durchgeführt werden können.

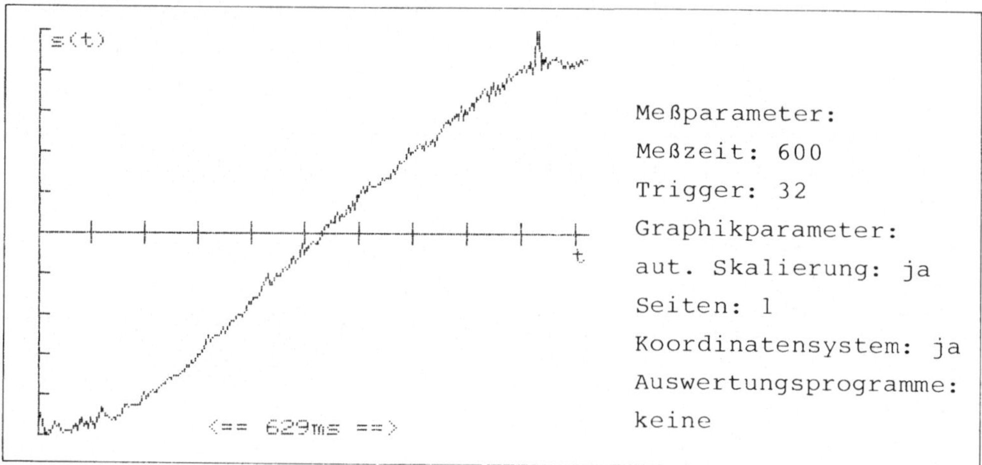

Bild 4.64   Freier Fall (Fallgerät) - Messung

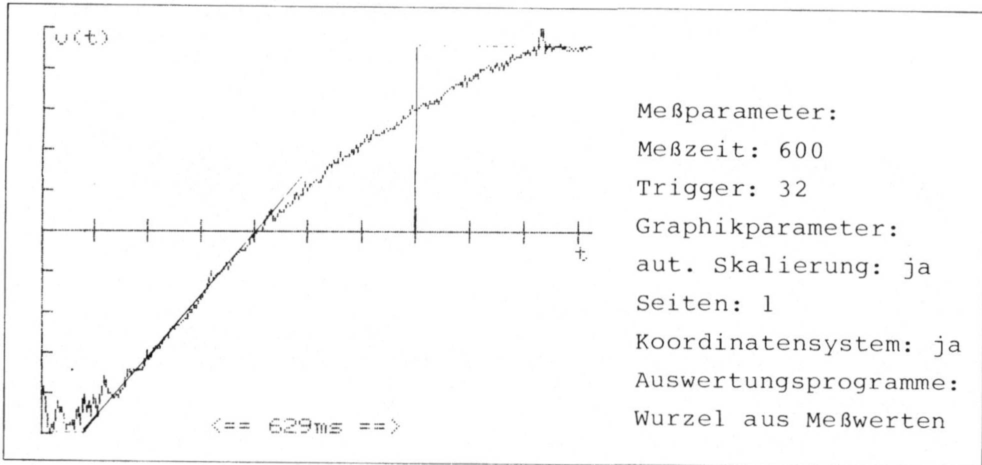

Bild 4.65   Freier Fall (Fallgerät) - Geschwindigkeit

Die Fallstrecke beträgt s = 60,5 cm. Ab der Hälfte der
Fallstrecke ist die Reibung nicht mehr zu vernachlässigen.
Der Kurvenverlauf läßt auch ohne genauere Analyse auf die
Lösung der Differentialgleichung schließen.

Extrapoliert man den linearen Teil, so beträgt die Fallzeit t = 0,377 s. Hieraus ergibt sich eine Beschleunigung von
a = 8,5 m/s^2 .

4.5 Schnelle analoge Messungen mit dem Fototransistor

Der Fototransistor zeichnet sich in dem hier benutzten Frequenzbereich gegenüber dem Fotowiderstand durch ein fast trägheitsloses Reaktionsvermögen aus. Im Hardware-Kapitel 8 finden Sie eine Schaltung für einen im Versandhandel erhältlichen Fototransistor, der im sichtbaren und infraroten Bereich zufriedenstellend arbeitet.

Fototransistoren zeichnen sich durch einen sehr geringen Stromverbrauch aus. Die Basisspannung wird duch den Lichteinfall reguliert. Die Fototransistoren haben i.a. eine Richtcharakteristik.

Die Lichtleistung einer Glühlampe

Eine Glühlampe wird über den Fototransistor gehalten. Er reagiert auf die von der Lampe emittierte Lichtleistung. Diese ist dem Quadrat der Sinus-Funktion proportional. Der Graphik Bild 4.66 kann die entsprechende 100-Hz-Frequenz entnommen werden.

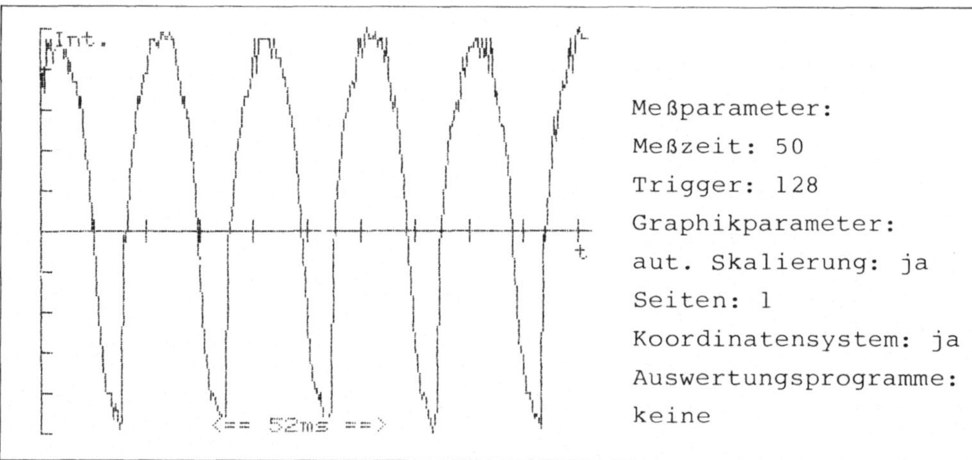

Bild 4.66   Emittierte Lichtleistung einer Glühlampe

Ein- und Ausschalten einer Glühlampe

Wie lange dauert es, bis eine Glühlampe nach dem Einschalten ihre maximale Lichtleistung erreicht? Wie lange dauert es, bis sie nach dem Ausschalten wieder abkühlt? Bild 4.67 gibt hierüber Aufschluß. Eine 60-W-Glühlampe wird eingeschaltet und sofort wieder ausgeschaltet. Man erkennt deutlich, daß beim Einschalten die 100-Hz-Netzfrequenz (doppelte Netzfrequenz) die emittierte Lichtleistung moduliert. Dies ist beim Ausschalten nicht mehr der Fall. Die Anstiegs- und Abfallszeiten betragen ca. 100 ms.

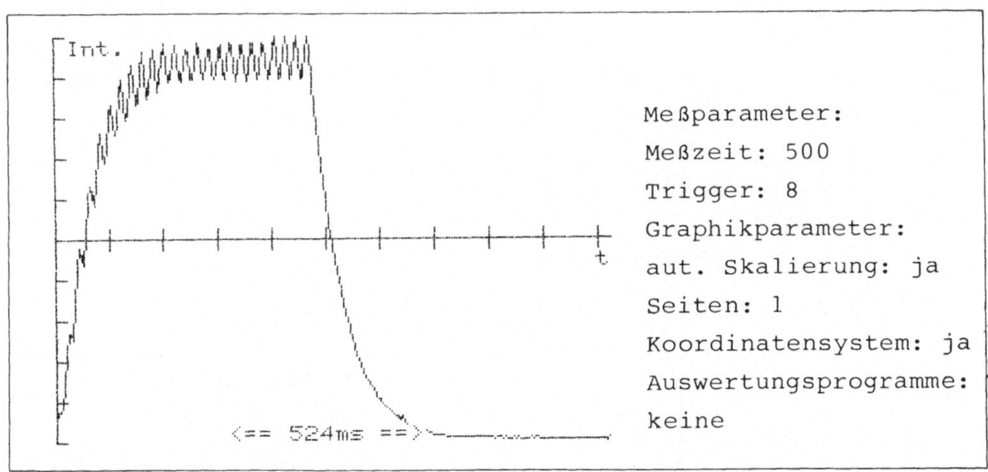

Bild 4.67 Anstiegs- und Abfallzeit einer Glühlampe

Zeilenfrequenz eines Fernsehgerätes oder eines Monitors

Der Fototransistor wird auf die Mattscheibe eines eingeschalteten Fernsehgerätes oder eines Monitors geklebt. Beim Monitor sollte eine Stelle gewählt werden, die sicher mit einer Schrift oder Graphik beschrieben wird. Beim Fernsehgerät sollte das Testbild gewählt werden. Bild 4.68 gibt die 50-Hz-Zeilen-Frequenz wieder. Wie lange leuchtet ein solcher Bild-

punkt nach? Bild 4.69 zeigt die Aufnahme von einem grün leuch-
tenden Monitor. Der Anstieg ist schneller als der Abfall, der
jedoch auch nur ca. 1 ms dauert.

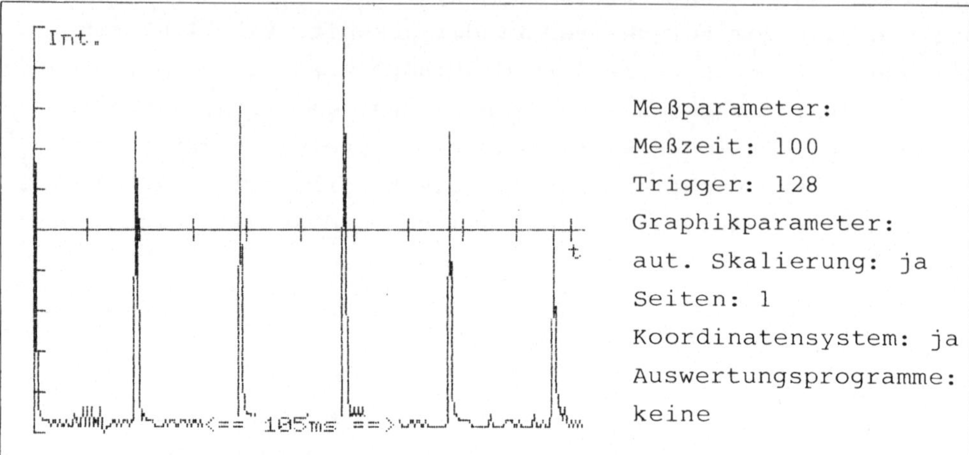

Bild 4.68 Zeilenfrequenz eines Monitors

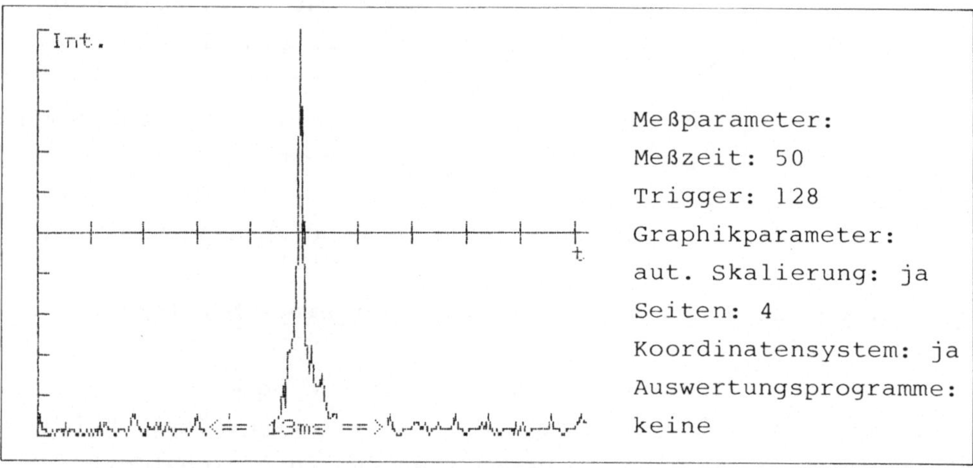

Bild 4.69 Nachleuchtdauer eines Monitors

Mit dieser Methode kann die Zeitbasis von Oszilloskopen überprüft werden. Computer-Bastler, die entweder in ihrem Computer keine Schnittstelle zur Verfügung haben oder sich nicht an ihren Computer herantrauen, können mit dieser Methode eine Schnittstelle bauen, die elektrisch nicht mit dem Computer verbunden ist (Opto-Koppler). Man befestige den Fototransistor an eine bestimmte Stelle des Bildschirms und sorge per Software dafür, daß diese Stelle im Takte der zu übertragenden Daten hell und dunkel erscheint. Es können sogar die Protokolle für eine serielle Schnittstelle (Start- und Stop-Bits) beachtet werden. Benutzt man die Schnittstelle mit dem VIA 6522, der zwei Timer enthält, so kann man sogar eine Echtzeit-Uhr für den Übertragungstakt benutzen. Dies kann dann natürlich nur theoretischen Zwecken dienen, denn der VIA 6522 enthält alle Schnittstellen.

Wenn man zum erstenmal mit einem Fototransistor arbeitet, so muß man unbedingt auf die spektrale Empfindlichkeit des Transistors achten. Will man z.B. die Leuchtdauer eines Blitzlichtes ausmessen, so muß man mit Überraschungen rechnen, wenn der Blauanteil des Blitzlichtes groß ist. Viele Fototransistoren haben ihr Maximum der spektralen Empfindlichkeit im infraroten Bereich.

4.6 Chaos in der Physik

Chaos in der Physik? Ausgerechnet in einem Buch über Computeranwendungen. Worum geht es? Wir alle wissen aus Erfahrung: Kleine Ursachen bewirken kleine Folgen. Es ist mit unserem Verständnis über Physik nicht vereinbar, daß gleiche Ursachen verschiedene Wirkungen zeigen können. Ich werde hier einige wenige Versuche aufzeigen, die bei absolut gleichen Voraussetzungen völlig entgegengesetzte Ergebnisse zeigen.

Es ist eigentlich erstaunlich, wie spät sich erst die Erkenntnis durchsetzt, daß zwar alle Vorgänge den bekannten Gesetzen unterliegen, sich die Folgen eines Vorganges in manchen Bereichen jedoch prinzipiell nicht vorhersagen lassen. Kleinste Änderungen in den Voraussetzungen (Parametern) eines Versuches können das Ergebnis umkehren. Sollte hier eine prinzipielle Voreingenommenheit der Physiker gegenüber Gebieten, in denen sie nicht deterministische Aussagen machen können, zeigen? Die Angst, unphysikalisch zu sein?

In der Theorie über chaotische Ereignisse spielt die Perioden- oder Frequenzverdopplung eine bedeutende Rolle. An einem bekannten Beispiel aus der Mathematik (Zufallszahlen) will ich aufzeigen, daß durch Frequenzverdopplung chaotische Ergebnisse eintreten können.

4.6.1 Frequenzvervielfachung

Man kann relativ einfach Pseudo-Zufallszahlen erzeugen: Man nehme eine Startzahl, bilde eine beliebige Potenz und die Restklasse zu einer großen Zahl. Nimmt man das Ergebnis wiederum als Startzahl, so bekommt man eine Folge von Pseudo-Zufallszahlen, die in einem bestimmten Bereich liegen. Sofern man für verschiedene Startzahlen sorgt, bekommt man für verschiedene Durchgänge unterschiedliche Folgen von Zahlen.

Je höher die Basis für die Restklasse liegt, um so zufälliger erscheinen die Zahlen.

Im ersten Beispiel möchte ich eine ansteigende Sägezahnspannung durch den Analogrecorder aufnehmen lassen. Die Frequenz der Sägezahnspannung liegt deutlich unter der Grundfrequenz, die der Analogrecorder verarbeiten kann. In zwei weiteren Messungen wird die Sägezahnfrequenz jeweils vervielfacht. Das Ergebnis erscheint immer chaotischer. Liegen die Wellenberge so dicht beieinander, daß kleinste Beeinflussungen bei der Messung zu einem beliebigen Meßwert führen, kann das Ergebnis nicht voraus berechnet werden.

Frequenzverdopplung kann zu chaotischen Ergebnissen führen, wenn die Grenzfrequenz des Meßgerätes überschritten wird.

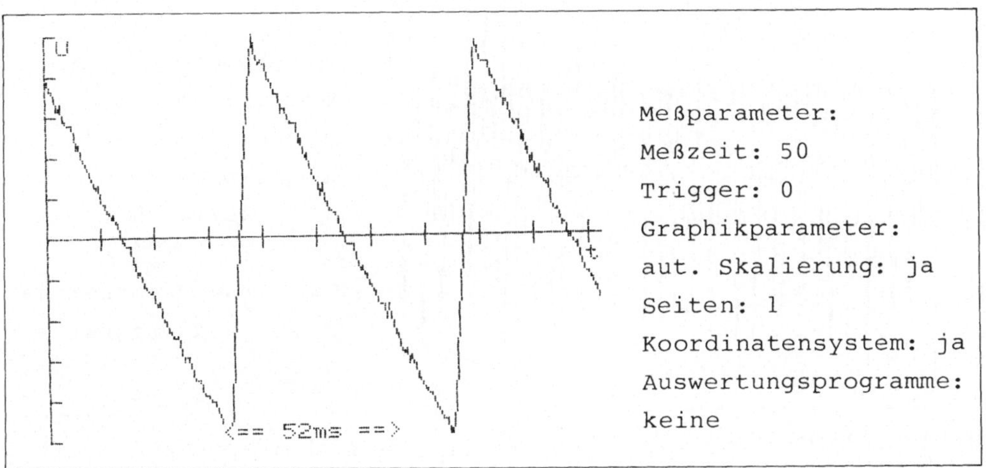

Bild 4.70   Messung einer Sägezahnspannung 50 Hz

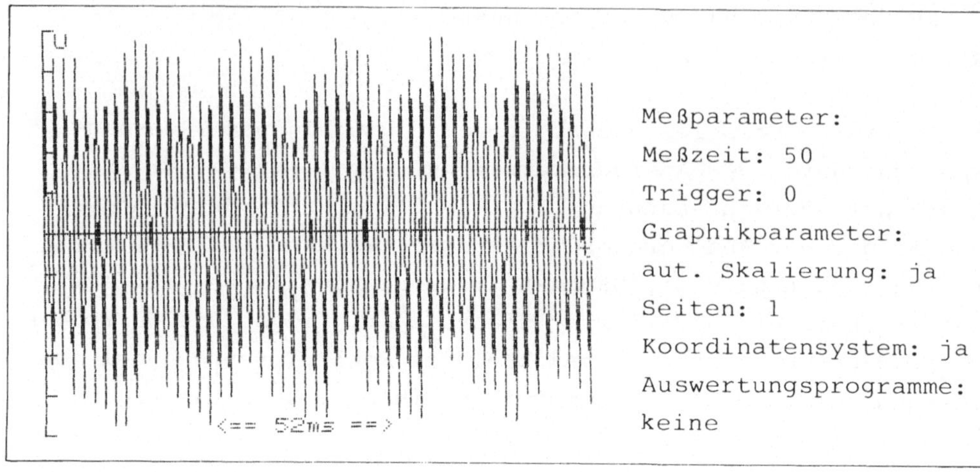

Bild 4.71   Messung einer Sägezahnspannung 1 kHz - Chaos

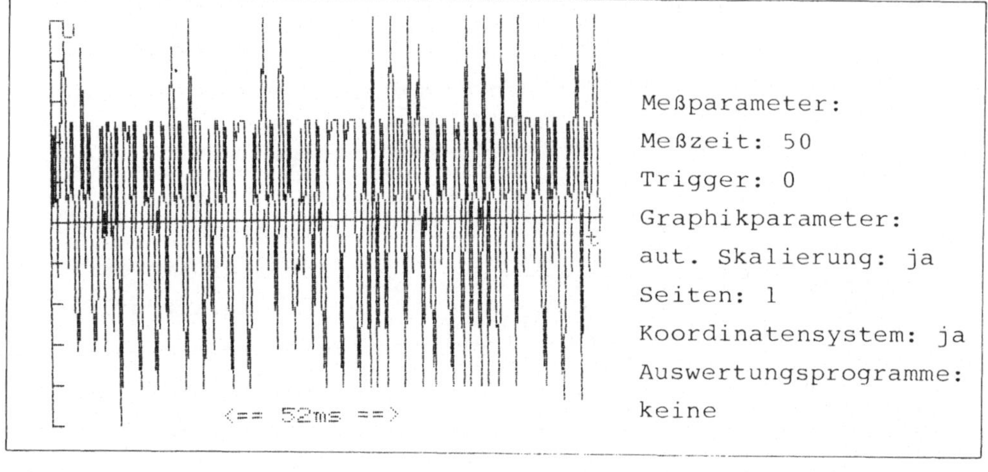

Bild 4.72   Messung einer Sägezahnspannung 20 kHz - Chaos

4.6.2 Chaotischer Schmitt-Trigger

Der gleiche Effekt tritt ein, wenn man einen Grenzbereich
zu stark einschränkt. Dieses Programm wird ausnahmsweise mit
dem Demonstrationspramm unter "3" der Hauptmenükarte durchgeführt, weil hier der Ausgang Port B auf einen bestimmten Wert

gesetzt werden kann. Das Verblüffende - und gerade der Computer
dient hier als Hilfsmittel - ist, daß bei absolut gleichen
Tätigkeiten des Computers dieser völlig verschiedene Werte mißt.

Der Ausgang Port B wird z.B. auf den digitalen Wert 28 (von
255) gesetzt. Dieser Wert muß dem benutzten Schmitt-Trigger angepaßt werden. Diese ca. 1,1 V große Spannung wird über einen
Schmitt-Trigger durch den Eingang Port A gelesen. Bild 4.73
zeigt das chaotische Ergebnis.

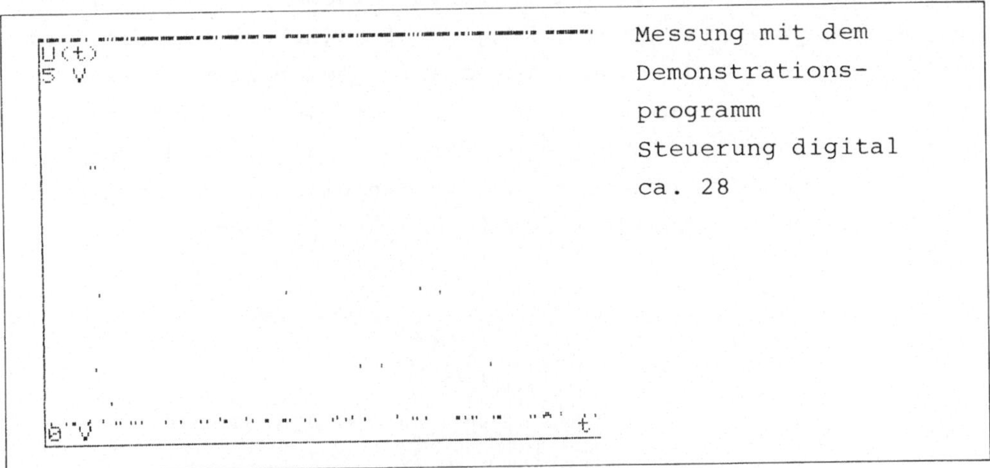

Bild 4.73   Schmitt-Trigger - chaotisches Verhalten

Würden Sie Ihr Vermögen darauf setzen, daß es prinzipiell
möglich wäre, wenn unsere Rechner nur groß genug wären, den
Ausgangszustand des Schmitt-Triggers zur Zeit t= 30 µs zu berechnen? Greift nicht der Computer durch seine Umwandlungszeit
selbst so stark in den Meßvorgang ein, daß er das Ergebnis
bestimmt?

4.6.3 Chaotische Leuchtstofflampe

Jedem von uns ist schon aufgefallen, daß Leuchtstofflampen
unterschiedliches Einschaltverhalten zeigen. Die gleiche Leucht-

stofflampe wird unter immer gleichen Bedingungen (Temperatur,
gleicher Ein-/Ausschalter) eingeschaltet. An dieser Stelle ist
schon einsichtig, daß das Prellen eines Schalters ein chaotischer Vorgang ist. Mit dem Fototransistor wird jeweils durch
Autotriggerung das Zündverhalten der Lampe gemessen. Kein Bild
sieht wie das andere aus. Es gibt absolut keinen Grund anzunehmen, daß wir bei dieser Lampe in der Lage wären zu berechnen,
ob die Lampe zur Zeit t = 2 s an ist oder nicht. Untersucht
man die Vorgänge im Gas während der Zündung, so ist klar, daß
eine lawinenartige Entladung so viele Teilchen mit verschiedenen Parametern mit Wechselwirkungen untereinander enthält, daß
der Vorgang nur statistisch, in Details jedoch niemals exakt
berechnet werden kann. Die Bilder 4.74 und 4.75 zeigen das Ergebnis zweier Einschaltvorgänge. Wer kann sagen, ob die Leuchtstofflampe nach 2 s gezündet hat? In den Bildern ist noch einmal die 100-Hz-Sinusquadrat-Schwingung der Lichtemission zu
sehen.

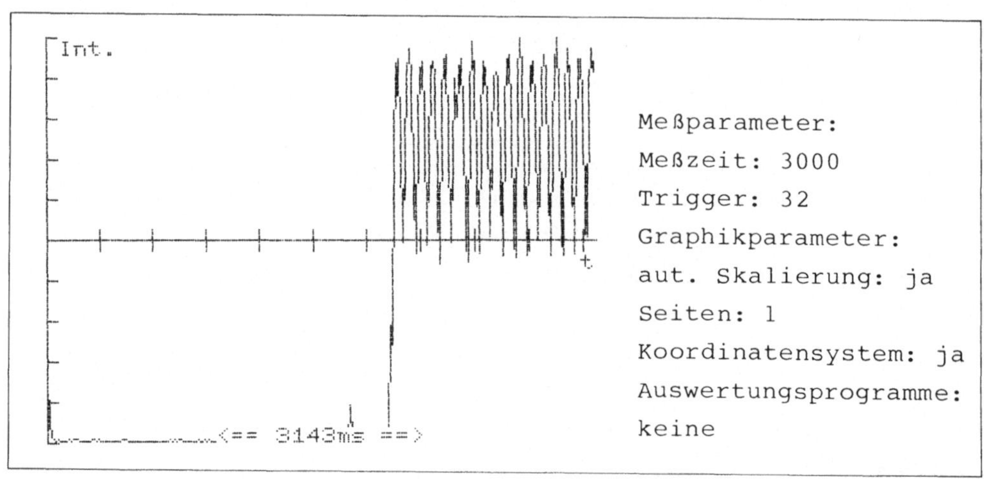

Bild 4.74   Zündung Leuchtstofflampe - Messung 1

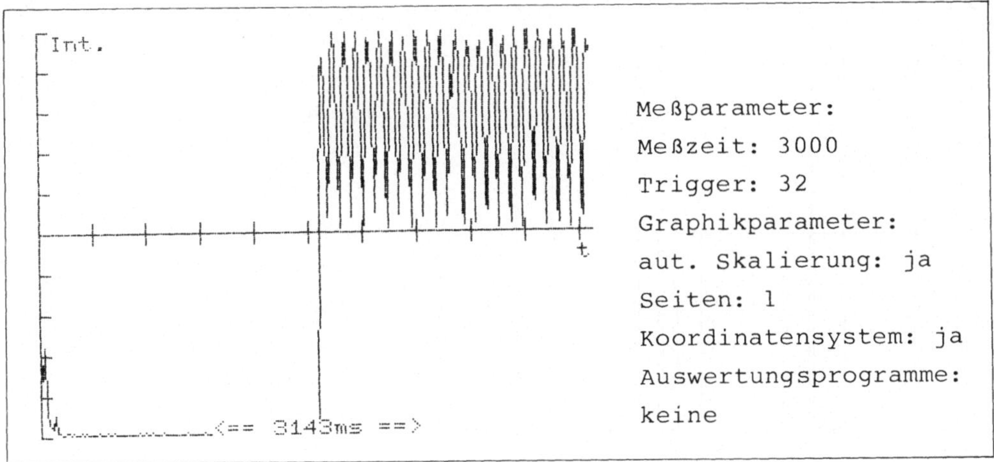

Bild 4.75   Zündung Leuchtstofflampe - Messung 2

4.6.4 Chaotische Wassertropfen

Ein dünner Wasserstrahl zerreißt durch die angreifenden
Kräfte in einzelne Tropfen. Die Größe, Form und der zeitliche
Abstand zweier Tropfen scheint keinen Gesetzen zu unterliegen.
Die Folge sind chaotische, d.h. unberechenbare Verhältnisse.
Kurz nach dem Strahl, ehe das Chaos eintritt, scheint eine
Periodenverdopplung einzutreten, indem zwei Tropfen direkt
nacheinander abperlen. Das Bild 4.76 scheint für eine Gruppen-
bildung zu sprechen. Die Meßwerte werden durch eine Licht-
schranke gewonnen. Der Bruch Tropfengröße/Fallgeschwindigkeit
kann dem Bild 4.77 entnommen werden. Sie beträgt in diesem
Fall ca. 2,3 ms.

Die Verwirbelung beweglicher Teilchen kann leicht in Windka-
nälen untersucht werden. Sie - und die Wetterforschung - gaben
den Anstoß für die Chaosuntersuchungen. Diese zeigen heute schon
Auswirkungen bis in den Bereich der Medizin (Herzflimmern).

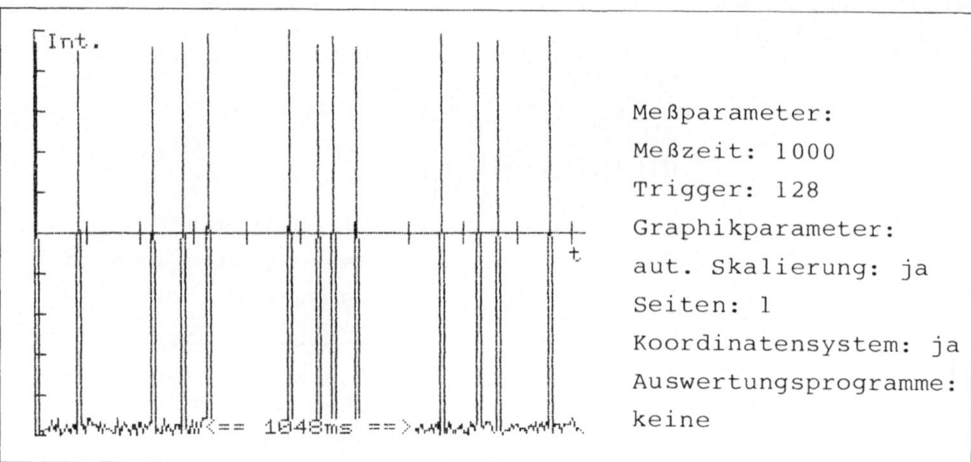

Bild 4.76   Wassertropfen - Gruppenbildung

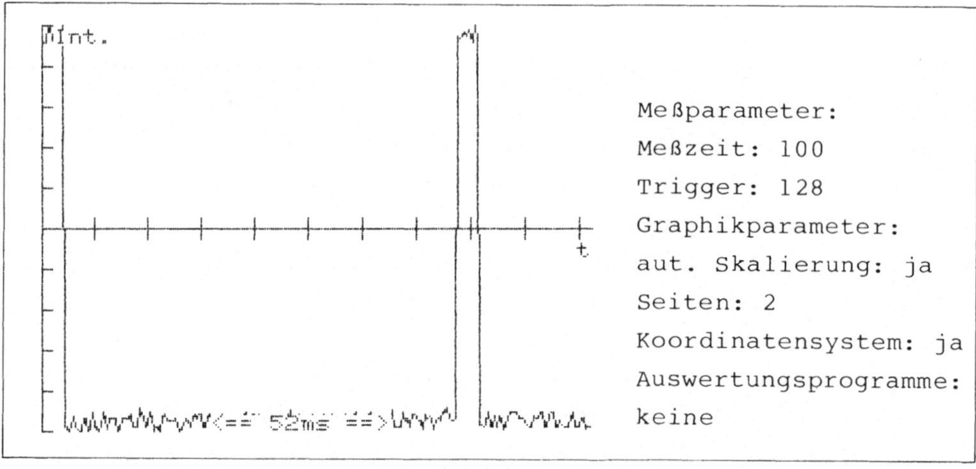

Bild 4.77   Wassertropfen - Tröpfchengröße/Fallgeschwindigkeit

Die Lichtschranke reagiert in diesem Fall auf Verdunklung.

5 Schnelle digitale Messungen

5.1 Die Menükarte für schnelle digitale Messungen

Der Eingang CA1 verarbeitet nur digitale Signale. Er interpretiert Spannungen im Bereich 0 V bis +0,7 V als "low" und Spannungen von +2,0 V bis zur Betriebsspannung von ca. +5 V als "high". Die Frequenz der Rechtecksignale kann in Pascal-Programmen in Verbindung mit dem zeitkritischen Teil in Assembler maximal ca. 22 kHz betragen. Näheres finden Sie im Software-Kapitel 9 und im Hardware-Kapitel 8. Sollte die Kurvenform des benutzten Signals nicht rechteckförmig sein, so kann das Signal durch den eingebauten Schmitt-Trigger verbessert werden.

Die digitalen Messungen in der Mechanik werden mit einer Gabellichtschranke durchgeführt, die in vielen Elektronik-Katalogen zu finden ist. Auch hier muß darauf geachtet werden, daß das Ausgangssignal TTL-kompatibel ist. Im Hardware-Kapitel 8 finden Sie eine geeignete Schaltung.

Von der Hauptmenükarte aus rufen Sie durch "5" die Menükarte für schnelle digitale Messungen auf. Unter der inversen Titelzeile finden Sie dann die folgenden Programmpunkte:

```
Messen digitaler Signale: Impulse und Frequenzen  bis 22 kHz
Slot = 2          Bitte den digitalen Eingang CA1 benutzen !


Bitte wählen Sie:
```

```
   0 - Ende

   1 - Schaltung
   2 - Impuls-Messungen
   3 - Frequenz-Messungen

   4 - Zeitmessungen zwischen digitalen Impulsen
   5 - Graphik zu 4

   6 - Ausgabe der graphischen Darstellung zu 4 auf dem FX-80
   7 - Ausgabe der Meßwerte zu 4 auf dem Drucker

   8 - Ausgabe der Meßwerte zu 4 auf dem Bildschirm

   9 - Daten von der Diskette lesen
   A - Daten zu 4 auf Diskette schreiben


   ===>
```

Die Punkte 1 und 5 bis A sind dem Benutzer schon vertraut.
Lediglich die Punkte 2 bis 4 bedürfen der Erläuterung.

Impuls - Messungen

Nach Aufruf des 2. Programmpunktes wird der Bildschirm ge-
löscht und es erscheinen unter der Titelzeile zwei Felder:

```
        ===>                    <===
Start ==> bitte Taste drücken.
```

Wenn Sie irgendeine Rechtecksignalquelle an die Eingänge
CA1 und "Ground" angeschlossen haben, so drücken Sie bitte eine
beliebige Taste.

In dem Feld ===>   <=== erscheint jetzt die ansteigende Zahl der einlaufenden Impulse. Die Impulse werden immer bei ansteigender Flanke gemessen. Sie können die Messung jederzeit durch Tastendruck unterbrechen. Es erscheint dann die Zeile

```
0 = Ende  1 = weiter   ===>
```

Sie können nun die Messung durch die Eingabe "0" beenden. Es erscheint dann wieder die Menükarte für schnelle digitale Messungen.

Frequenz-Messungen

Auf ähnliche Weise messen Sie Frequenzen. Sie müssen lediglich noch die Meßzeit festlegen. Sie können wählen:

```
Meßzeit:     1 - 64,38 ms
             2 .........

             ...........

             8 .........
             9 -  1,03 s

             0 - Ende


===>
```

Die Meßzeit kann variabel zwischen 64,38 ms und 1,03 s gewählt werden. Dadurch ist dieses Meßgerät komfortabler als herkömmliche digitale Zählgeräte. Es sei noch darauf hingewiesen, daß bei geringen Frequenzen natürlich Schwankungen auftreten, je nachdem, ob gerade noch ein Impuls erfaßt wird oder nicht. Zusätzlich zur Frequenz wird auch die Anzahl der in der Meßzeit erfaßten Impulse ausgegeben:

```
  Meßzeit            ===>  ....... ms
  Anzahl Impulse ===>  .......
  Frequenz           ===>  ....... Hz
```

   Durch Tastendruck können Sie die Frequenzmessung jederzeit
unterbrechen. Achten Sie einmal auf die Leuchtdiode PB7. Sie
zeigt die Funktion des internen Timers an. Die Messung erfolgt
in Echtzeit mit der Genauigkeit des Apple-Quartzes!

Zeitmessung zwischen digitalen Impulsen

   Bei Aufruf der "4" in der Menükarte für schnelle digitale
Messungen wird das Kernstück der digitalen Messungen benutzt.
Ein schnelles Assembler-Programm (siehe Software-Kapitel 9)
wartet auf den ersten einlaufenden digitalen Impuls. Wird er
registriert, so wird die interne Echtzeit-Uhr gestartet. Sie
mißt die Zeit bis zur Registrierung des nächsten Impulses. Die
Zeit wird als "Long Integer" in ein Feld abgeschrieben.

   Theoretisch könnten so Signale bis zu einer Frequenz von ca.
1 MHz registriert werden. Das Assembler-Programm benötigt jedoch genau 26,82 µs für einen Zyklus. Während dieser Zeit kann
das Programm keine einlaufenden Impulse registrieren. Dies entspricht in etwa der Totzeit eines Teilchendetektors!

   Die längste Zeit, die gemessen werden kann, beträgt ca. 17 s.
Wird diese Zeit überschritten, so fängt der Timer wieder bei
0 µs an zu messen.

   Das Assembler-Programm würde "hängen", wenn keine Impulse
mehr gemessen werden. Daher kann das Programm durch einen Tastendruck jederzeit abgebrochen werden. Insgesamt können 256
Impulse mit ihren Zeiten gemessen werden. Nach dem 256. Impuls

bricht das Programm ebenfalls ab. Das Assembler-Programm generiert als Ergebnis einer Messung mehrere einfache "Integer". Diese müssen in "Long Integer" umgewandelt werden, damit Meßzeiten über 32768 µs möglich werden. Das Programm sucht für die graphische Darstellung zusätzlich den kleinsten und größten Meßwert. Hierfür benötigt es etwa 15 s.

Wird in der Menükarte die "5" oder "6" aufgerufen, so werden die Meßwerte in folgender Form graphisch dargestellt:
- auf der horizontalen Achse wird die Anzahl der Impulse, also die Zahlen 1 bis 255 dargestellt;
- auf der vertikalen Achse wird die Zeit Δt aufgetragen. Δt ist die jeweils zwischen 2 Impulsen gemessene Zeit.

Diese Darstellung erfordert eine Umstellung in der üblichen Vorstellung graphischer Darstellungen. Wird die Anzahl der Rechteckimpulse etwa in der Mechanik durch ein Zahnrad gewonnen, so entspricht jeder Impuls eine bestimmte Wegstrecke. Auf der horizontalen Achse ist in diesem Fall also der Weg s und auf der vertikalen die Zeit $\Delta t(s)$ aufgetragen. An dieser Stelle sollten bei den graphischen Darstellungen die Achsen vertauscht werden, um die "normale" Darstellung, d.h. die Zeit auf der horizontalen Achse, zu erhalten.

Benutzt man zusätzlich das Auswertungsprogramm "Integrieren", das die Summe der Zeitintervalle bis zur Zeit t berechnet, also die Zeit t selber, erhält man das Weg-Zeit-Gesetz der Bewegung. Streckt man dann z.B. bei einer beschleunigten Bewegung die Zeit-Achse durch das Programm "Quadrieren", so gibt die graphische Darstellung das Geschwindigkeits-Zeit-Gesetz der Bewegung wieder.

Man beachte, daß dieses Programm Zeiten über 8 Zehnerpotenzen messen kann. Fehler können nur in geringen Maßen auftreten,
weil die Lichtschranke, die in vielen Fällen das Signal liefert, weitaus höhere Frequenzen als die hier benutzten verarbeiten kann. Digitale Signale können fast fehlerfrei erfaßt
werden!

5.2 Frequenzänderungen durch einen Wobbler

Viele Funktionsgeneratoren besitzen heute einen Wobbler.
Die Funktion eines Wobblers ist am besten durch die "Kojak-
Sirenen" bekannt. Ein Wobbler verändert die Grundfrequenz eines
Funktionsgenerators durch eine zweite, die meistens von gerin-
gerer Frequenz ist. Ist ein Sinus-Generator z.B. auf eine Frequenz von 100 Hz eingestellt, so soll ein Wobbler z.B. innerhalb von 0,5 s diese Frequenz linear zwischen 100 Hz und 200 Hz
variieren. Man muß also zwei Frequenzen unterscheiden: die
Grundfrequenz und die "Wobble"-Frequenz, die meistens im Bereich
1 bis 1000 Hz liegt. Der Wobbler kann i.a. mit allen Kurvenfor-
men, die der Funktionsgenerator erzeugen kann, benutzt werden.

Legt man den Ausgang des Wobblers auf den Eingang eines Oszilloskops, so sieht man, wie die Wellenberge sich immer enger
zusammenziehen, um am Ende wieder plötzlich den maximalen Abstand anzunehmen. Dem Autor ist mit den Möglichkeiten der Schule keine Methode bekannt, die Ausgangsfrequenz in Abhängigkeit
von der Impulszahl zu messen und einfach graphisch darzustellen.

Der Wobble-Ausgang wird mit dem digitalen Eingang CA1 verbunden. Die Wobble-Frequenz beträgt in diesem Beispiel ca.
1,5 Hz, die Grundfrequenz 186 Hz.

Zuerst wird zum Vergleich noch einmal eine analoge Messung
durchgeführt. Das Ergebnis in Bild 5.1 zeigt, wie eine Moment-
aufnahme eines Oszilloskopbildes aussieht.

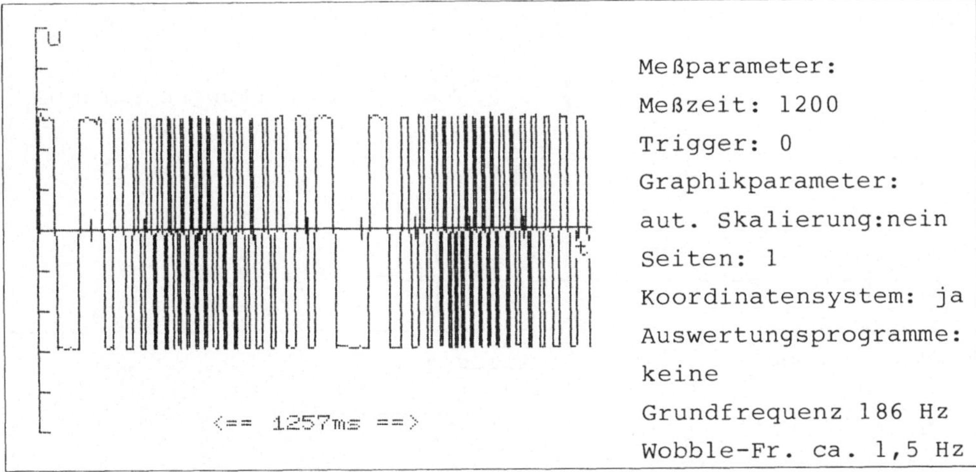

Bild 5.1   Wobbler - analoge Messung

Nach Aufruf der Messung unter "4" in DIGITMENUE werden 256
Meßwerte aufgenommen (Zeit zwischen zwei digitalen Impulsen
bei ansteigender Flanke). Bild 5.2 zeigt die Intervallzeit in
Abhängigkeit von der Impulszahl. Auffällig ist die Krümmung der
Kurve. Die Zeitabhängigkeit der Wobbler-Frequenz sollte linear
sein! Die Krümmung wird dadurch hervorgerufen, daß die Zeit
zwischen zwei Impulsen und nicht die Frequenz dargestellt wird.
Das Auswertungsprogramm "Kehrwert" liefert die Frequenz in Abhängigkeit von der Impulszahl. Dieser Zusammenhang wird in Bild
5.3 dargestellt.

Die Spitzen in den Bildern 5.2 und 5.3 sind Aussetzer im
selbstgebauten Wobbler. Sie haben keine Bedeutung für diese
Untersuchung.

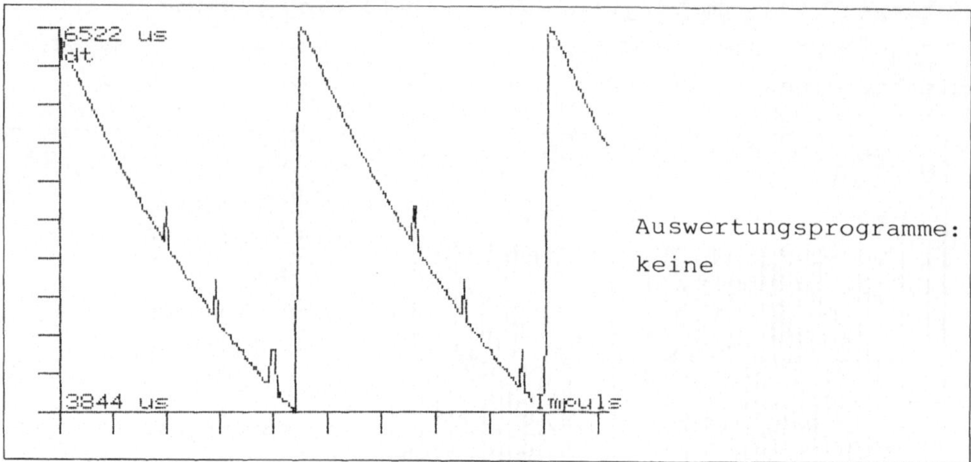

Bild 5.2   Wobbler - digitale Messung

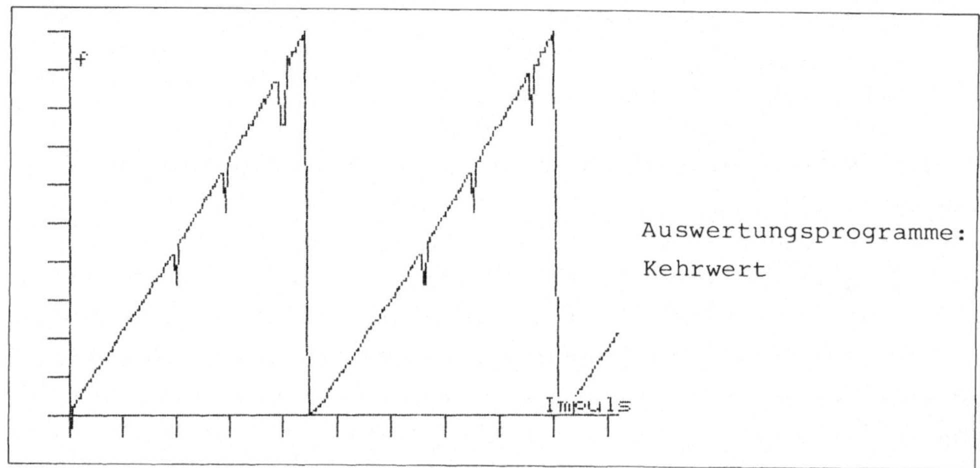

Bild 5.3   Wobbler - Frequenzverlauf

5.3 Schnelle digitale Messungen in der Mechanik

5.3.1 Das Fadenpendel

Ein Fadenpendel wird bifilar aufgehängt. Der Pendelkörper
geht im Nullpunkt durch den Lichtstrahl einer Lichtschranke.

In ca. 37 cm Höhe über der Ruhelage des Pendelkörpers befindet
sich für den zweiten Teil des Versuchs eine Querstange, gegen
die der Aufhängefaden schlägt. Hierdurch wird die Fadenlänge
auf einer Seite auf 37 cm verkürzt (Hemmungspendel).

Die Amplitude wird bewußt groß gewählt (40 cm bei 1,07 m
Fadenlänge). Die Amplutude sinkt nach einiger Zeit bis auf
15 cm ab. Bild 5.4 zeigt die Schwingungsdauer (es handelt sich
hier um die halbe Schwingungsdauer, weil der Pendelkörper bei
jedem Durchgang durch die Ruhelage den Lichtschrankenimpuls aus-
löst). Man erkennt die Abhängigkeit der Schwingungsdauer eines
Fadenpendels von der Amplitude. Je kleiner diese wird, um so
stärker fächert sich die Meßkurve auf. Der Grund liegt in Störungen (z.B. Aufhängung, Pendeln, nicht exakte Nullpunktjustie-
rung), die sich bei kleinen Amplituden immer stärker auswirken.
Diese Auffächerung ist typisch für digitale Zeitmessungen.

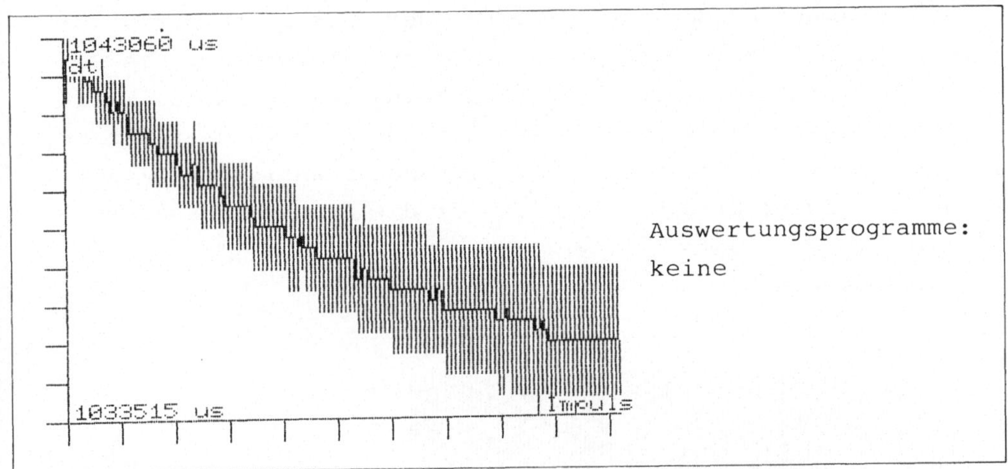

Bild 5.4   Amplitudenabhängigkeit der Schwingungsdauer

Für ein ebenes mathematisches Pendel gilt das Gleichgewicht
der Drehmomente:

$$m*l^2*\frac{d^2\beta}{dt^2} = - m*g*l*\sin \beta \quad \text{oder}$$

$$\frac{d^2\beta}{dt^2} + \frac{g}{l} \sin \beta = 0.$$

Die Integration führt auf elliptische Integrale und ergibt
für die Schwingungsdauer

$$T = 2*Pi\sqrt{\frac{l}{g}} \; (1 + \frac{1}{16}*\beta_0^{\;2} + ..).$$

Für l= 1,07 m ergibt sich in 1. Näherung T = 2,075 s.
Der Graphik Bild 5.4 kann für eine kleine Amplitude (im Bild
rechts) eine Schwingungsdauer von T = 2*1,037 s = 2,074 s entnommen werden. Der Fehler liegt unter 0,05%! Bei einer Amplitude von ca. 40 cm steigt die Schwingungsdauer auf T = 2,085 s.
Dies bedeutet eine Erhöhung um 0,6%. Die Lösung der Differentialgleichung sagt eine Erhöhung um 0,8% voraus!

Beim Hemmungspendel kann in einer der Richtungen nur das un-
tere Teilstück des Fadens um einen Drehpunkt pendeln. Das Pendel zeigt jetzt zwei verschiedene Schwingungsdauern. Weil auf
der einen Seite die Amplitude relativ zur Fadenlänge recht groß
ist, muß hier noch stärker die Amplitudenabhängigkeit berücksichtigt werden. Bild 5.5 liefert für die Schwingungsdauern
l = 1,07 m, A = 40 cm : T = 2,10 s.
l = 0,37 m, A = 37 cm : T = 1,28 s.

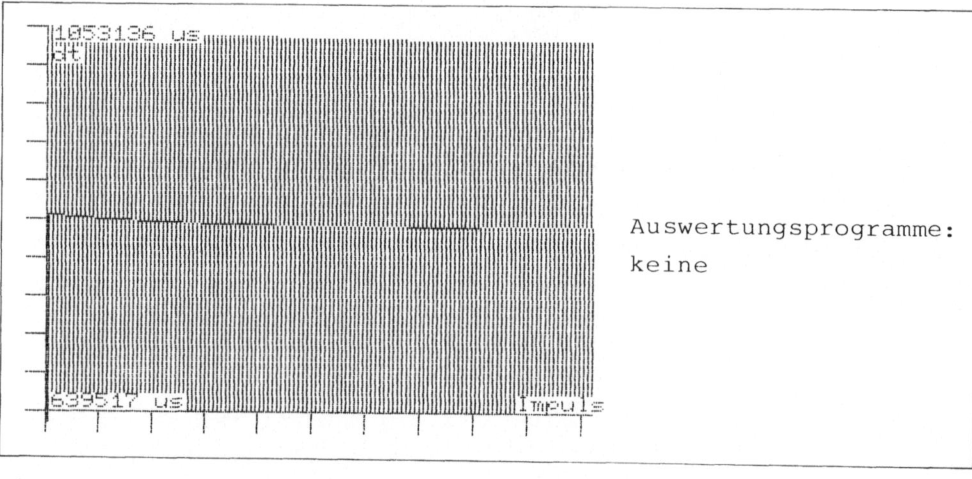

Bild 5.5   Hemmungspendel

5.3.2 Die Schraubenfederschwingung

Der Schwingungskörper an einer Schraubenfeder unterbricht
in der Ruhelage den Lichtstrahl einer Lichtschranke. Es wird
die Zeit zwischen zwei Nulldurchgängen, also jeweils die halbe
Schwingungsdauer gemessen. Die Werte streuen so gering, daß
sich eine graphische Darstellung nicht lohnt. Es sei hier jeder 16. Weßwert wiedergegeben (in ms):

925 925 925 925 926 926 926 926 925 925 924 924 924 924 924
924 924 924 925 925 925 926 926 924 923 924.

Die Streuung liegt also etwa bei 0,1%! Dabei hat sich die Amplitude der Schwingung von 8 cm auf 1 cm verringert.

Führt man innerhalb der Schraubenfeder einen Faden über eine
Umlenkrolle mit Zähnen, so kann das gesamte Weg-Zeit- und Geschwindigkeit-Weg-Diagramm aufgenommen werden. Auf der anderen Seite der Umlenkrolle dient ein kleines Gegengewicht zum
Straffen des Fadens. Das Zahnrad enthält wiederum 60 Zähne.
Eine Lichtschranke mißt den zeitlichen Abstand der Durchgänge
der Zähne durch den Lichtstrahl. Diese Meßanordnung kann nicht
unterscheiden, ob die Umlenkrolle vorwärts oder rückwärts läuft.
Die Graphen sind also alle in den 1. Quadranten umgeklappt.

Das Bild 5.6 zeigt die Abhängigkeit $\Delta t = f(s)$, da ja jeder
Durchgang eines Zahns durch den Lichtstrahl bis auf den Um-
kehrpunkt einer wohldefinierten Wegstrecke entspricht. Wendet
man das Auswertungsprogramm "Kehrwert" an, so ergibt sich direkt das Weg-Zeit-Gesetz der Schraubenfeder. Es muß jedoch beachtet werden, daß alle Werte positiv sind.

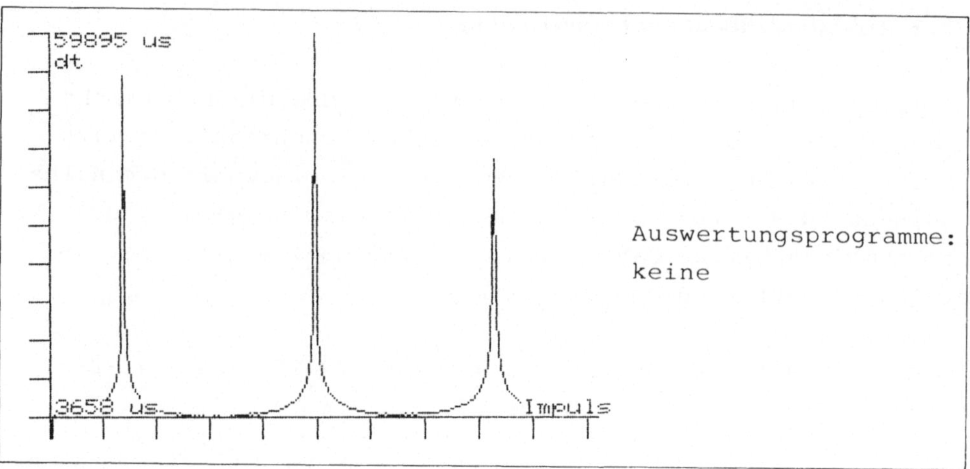

Bild 5.6   Schraubenfeder - Messung

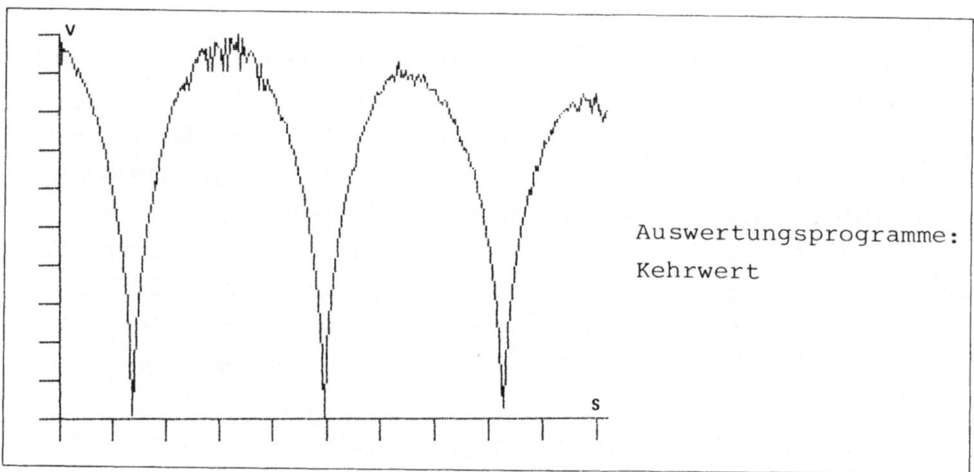

Bild 5.7   Geschwindigkeit-Weg-Diagramm der Schraubenfeder

5.3.3 Die Blattfederschwingung

Das nicht eingespannte Ende einer Blattfeder befindet sich
in der Ruhelage genau vor der Öffnung des Fototransistors einer
Lichtschranke. Abweichungen von 1/100 mm von der Ruhelage können später im Experiment noch festgestellt werden. Die digitale
Messung registriert jeden Durchgang der Blattfeder durch die
Ruhelage, mißt also die halbe Schwingungsdauer. Der Versuch
(s. Bild 5.8) zeigt, daß die mittlere Schwingungsdauer sich bei
Verringerung der Amplitude (die von der Impulszahl abhängt)
kaum verändert. Jedoch wird die eine Hälfte der Schwingungsdauer
auf Kosten der anderen immer größer. Bei Verringerung der Amplitude spielen Störprozesse eine immer größere Rolle.

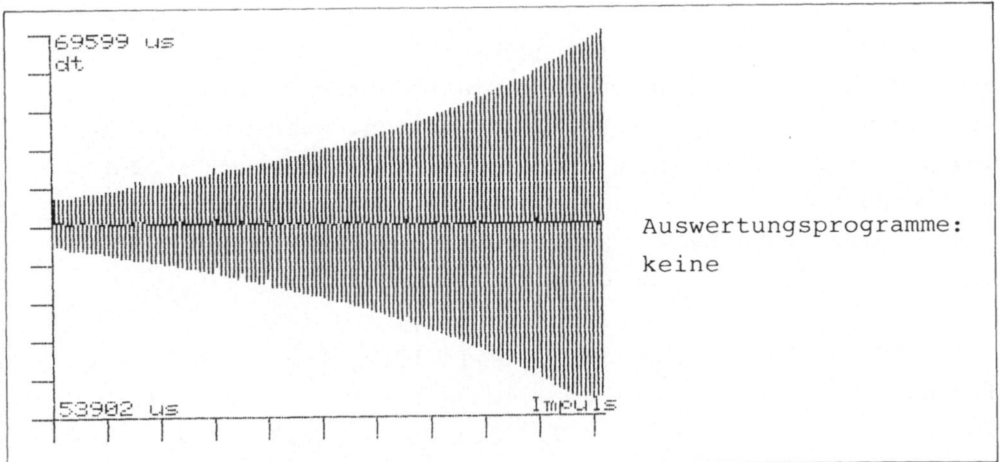

Bild 5.8   Schwingung einer Blattfeder - Messung

Die Anwendung des Auswertungsprogramms "Kehrwert" liefert
die Frequenz der Schwingung. Vertauscht man gleichzeitig die
Achsen in der graphischen Darstellung, so erhält man eine kom-
plette Frequenzanalyse. Sie bestätigt, daß die Frequenz nicht
von der Amplitude abhängt (Bild 5.9).

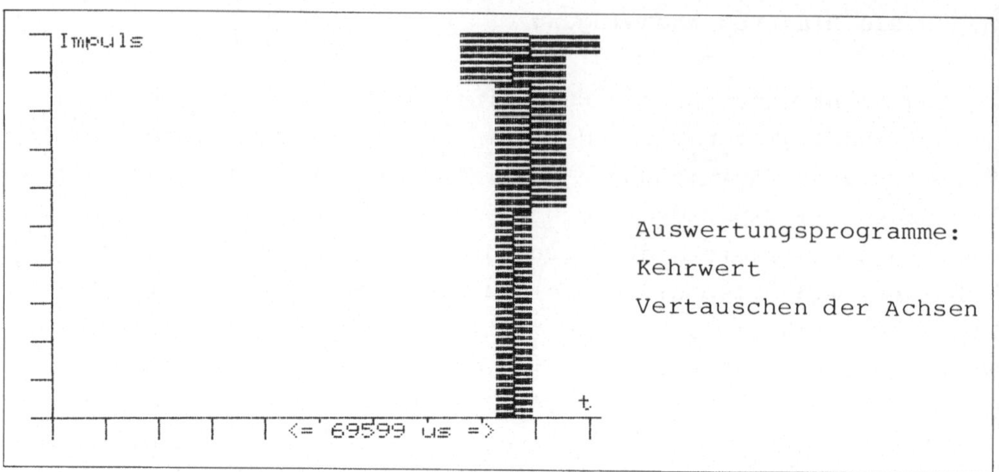

Bild 5.9   Schwingung einer Blattfeder - Frequenzanalyse

Der Programmpunkt "2" (Frequenzzähler) liefert uns eine be-
queme Methode, die Frequenz der Blattfederschwingung in Abhängigkeit von der Länge der Feder zu messen. Zwar schwankt der
angezeigte Wert am Anfang und am Ende der Erregung, in der
mittleren Phase ist er jedoch stabil. Die Blattfeder wird in
unterschiedlichen Längen eingespannt und die Frequenz vom
Bildschirm abgelesen. Es ergibt sich z.B.:

l/cm	22,5	20,2	18,6	16,3	14,1	12,2	10,0	8,0	6,0
f/2/Hz	16,5	20	22	30	40	52	78	120	217
2*T/s	6,0	5,0	4,5	3,3	2,5	1,9	1,3	0,83	0,46

Im Abschnitt 4.4.3 wurde die Blattfeder bereits behandelt.
Der theoretische Zusammenhang zwischen Blattfederlänge und
Schwingungsdauer bei sonst konstanten Parametern lautet:
$T \sim \sqrt{l^3}$.

Bild 5.10 zeigt den Zusammenhang $T \sim \sqrt{l^3}$. Die Abweichung
von der Nullpunktsgeraden ist doch beträchtlich.

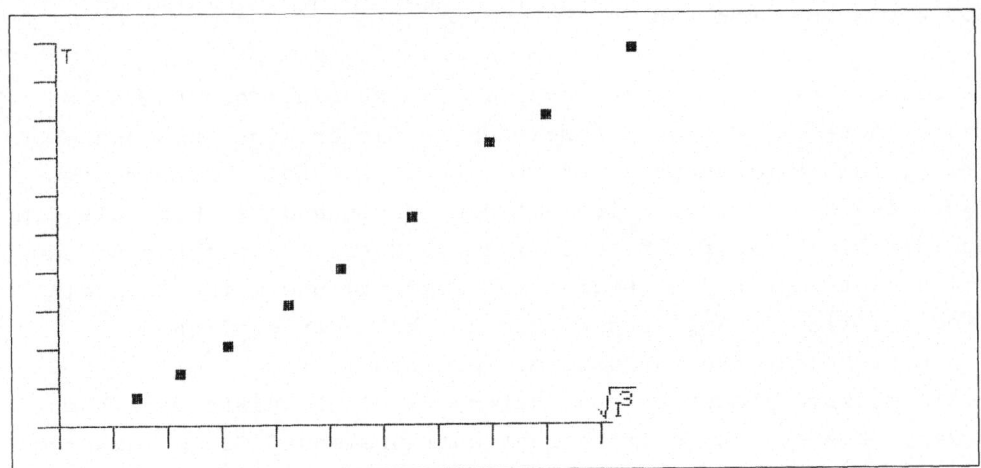

Bild 5.10   Schwingungsdauer einer Blattfeder - Linearisierung

5.3.4 Das Pohlsche Rad

Die Lichtschranke wird genau in die Ruhelage des Pohlschen
Rades gebracht. Kleinste Abweichungen machen sich insbesondere
bei kleinen Amplituden stark bemerkbar. Die halbe Schwingungsdauer auf der rechten Seite hat dann einen anderen Wert als die
auf der linken Seite. Bild 5.11 zeigt diese Aufspaltung jedoch
bei großen Amplituden (Beginn der Messung) und keine Aufspaltung bei kleinen Amplituden. Hieraus kann man schließen:
- die Lichtschranke ist sehr gut positioniert.
- die Rückstellfeder erzeugt unterschiedliche Kräfte, je nachdem, ob sie sich zusammenzieht oder ausdehnt. Diese Meßanordnung ist in der Lage, Unregelmäßigkeiten bis zu 4 ms heraus-
  zuarbeiten!

Nach 54 Meßwerten ist die Amplitude so weit abgesunken, daß
die Messung durch Tastendruck abgebrochen wird. Deutlich ist
die Abhängigkeit der Schwingungsdauer von der Amplitude zu beobachten. Die Schwingungsdauer fällt mit abfallender Amplitude
linear ab. Dies entspricht nicht der Theorie (siehe Abschnitt
4.4.4). Für sehr kleine Amplituden ergibt sich aus der Graphik
eine Schwingungsdauer von T = 2,079 s.

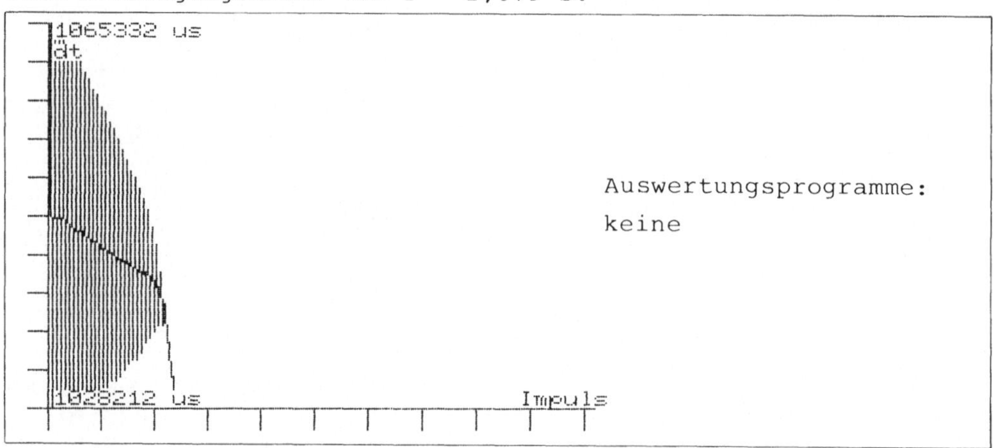

Bild 5.11   Pohlsches Rad - Eigenschwingung

Das Pohlsche Rad hat eine Einrichtung für Fremderregungen.
Das Rad wird mit einer Frequenz von f = 0,4 Hz erregt. Je nach
Beginn der Messung können natürlich unterschiedliche Graphiken
gewonnen werden. Hier zeigt sich zu Beginn ein starker Ausschlag
mit einer großen Schwingungsdauer. Anschließend pendelt sich
das System jedoch bei bei einer Schwingungsdauer von ca. 2,5 s
ein. Die fremderregte Schwingung hat also eine etwas größere
Schwingungsdauer als die Eigenschwingung!

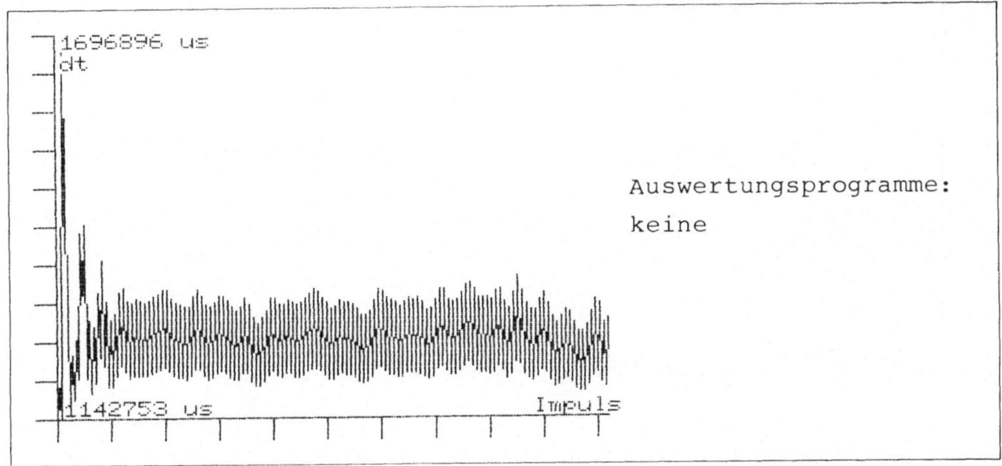

Bild 5.12   Pohlsches Rad - Fremderregung

5.3.5 Die Drehbewegung

Das Drehrad wird über einen Faden, der über eine Umlenkrolle
mit Zähnen geführt wird, und einem Gewichtsstück angetrieben.
Die Zähne der Umlenkrolle liefern die Signale für die Lichtschranke. Das benutzte Zahnrad hat 60 Zähne, der Umfang der
Umlenkrolle beträgt u = 6,13 cm. Zuerst wird das Drehrad ohne
Zusatzmassen benutzt. Die folgenden Graphiken zeigen den typi-
schen Verlauf digitaler Messungen und Auswertungen:
- digitale Messung,
- Integration und Achsen vertauschen. Es ergibt sich das Weg-

Zeit-Gesetz der Bewegung.

- Quadrieren der Zeit. Die Graphik gibt jetzt das Geschwindigkeit-Zeit-Gesetz der Bewegung.

   Die Linearität des Geschwindigkeit-Zeit-Gesetzes ist für
den Physiker überzeugend! Allein die folgenden Graphiken recht-
fertigen den Einsatz des Computers in der Mechanik!

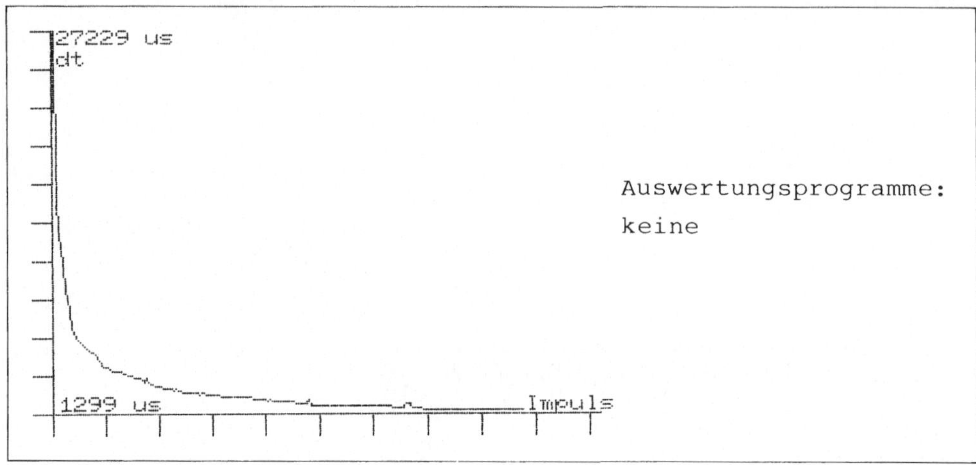

Bild 5.13   Drehrad - Messung ohne Zusatzmassen

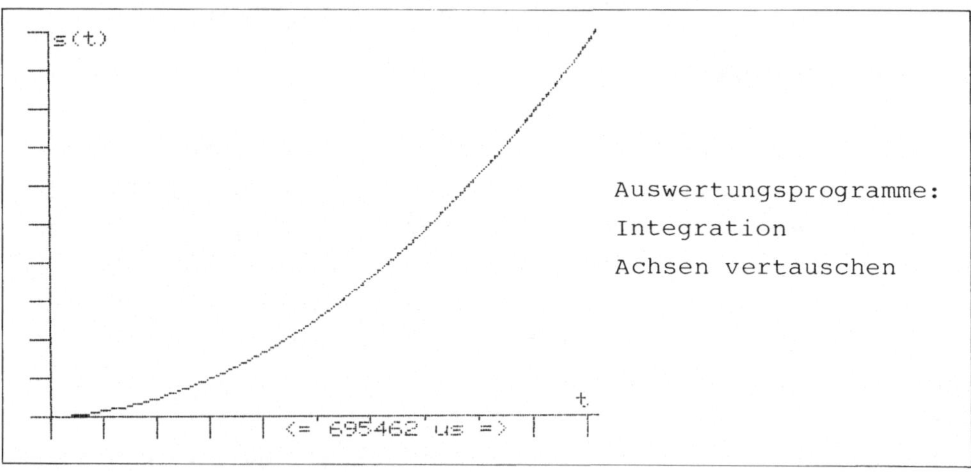

Bild 5.14   Drehrad - Weg-Zeit-Gesetz

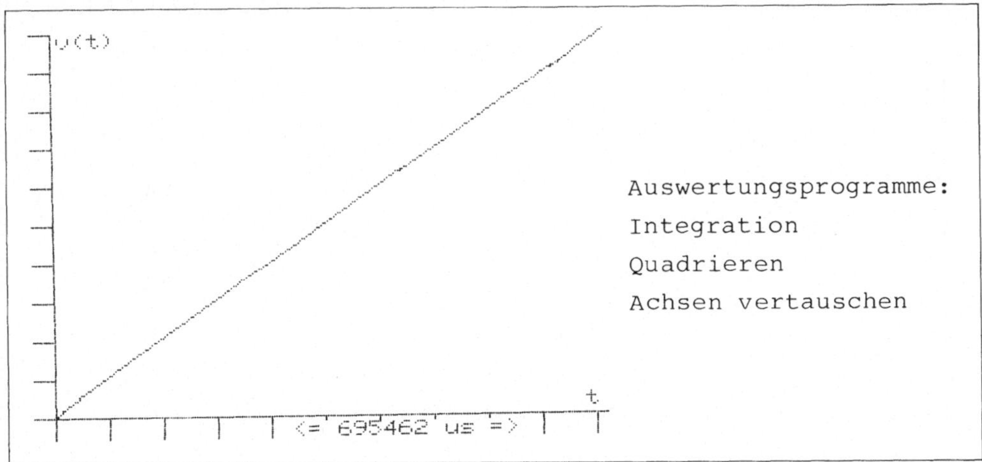

Bild 5.15   Drehrad - Geschwindigkeits-Zeit-Gesetz

Das Zahnrad besitzt 60 Zähne. Für 255 Messungen (der 1.
Meßwert wird immer unterdrückt, weil der Startpunkt willkürlich
ist) legt ein Punkt auf dem Umfang der Umlenkrolle einen Weg

$$s = \frac{255}{60}*6,13 \text{ cm} = 26,05 \text{ cm zurück.}$$

Für diesen Weg braucht das Antriebsgewicht die Fallzeit
t = 0,695 s. Hieraus ergibt sich (siehe Abschnitt 4.4.5) eine
Beschleunigung von 1,08 m/s^2 und eine Winkelbeschleunigung
von α = 4,19 Hz. Das Trägheitsmoment des Rades allein hat dann
den Wert

$$\Theta_{Rad} = 0,127 \text{ kg*m}^2.$$

Der gleiche Versuch wird mit Zusatzmassen durchgeführt. Für
das Trägheitsmoment des Rades mit Zusatzmassen ergibt sich die
einfache Beziehung (0,992 s ist die entsprechende Zeit mit Zusatzmassen, siehe Bild 5.18):

$$\Theta_{Rad+Masse} = \frac{0,992^2}{0,695^2}*\Theta_{Rad}$$
$$= 0,132 \text{ kg*m}^2.$$

Dieser Wert weicht nur um 3% von dem theoretischen Wert ab
(siehe Abschnitt 4.4.5).

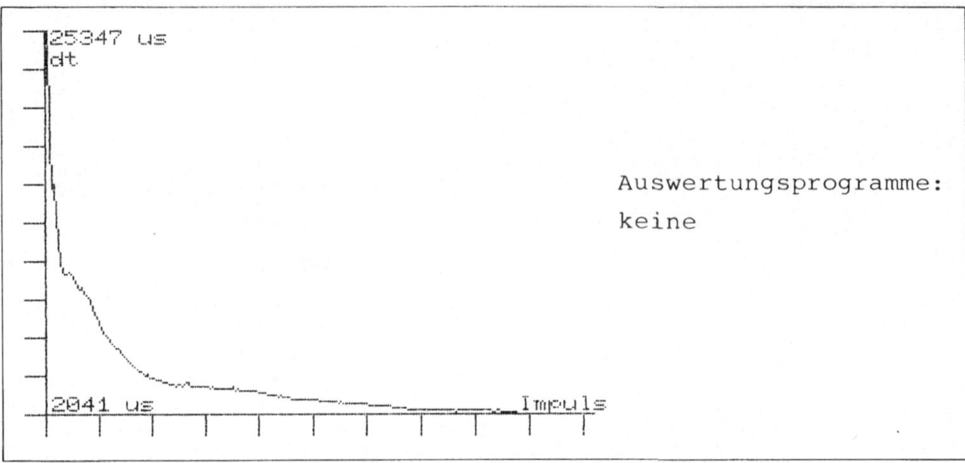

Bild 5.16   Drehrad - Messung mit Zusatzmassen

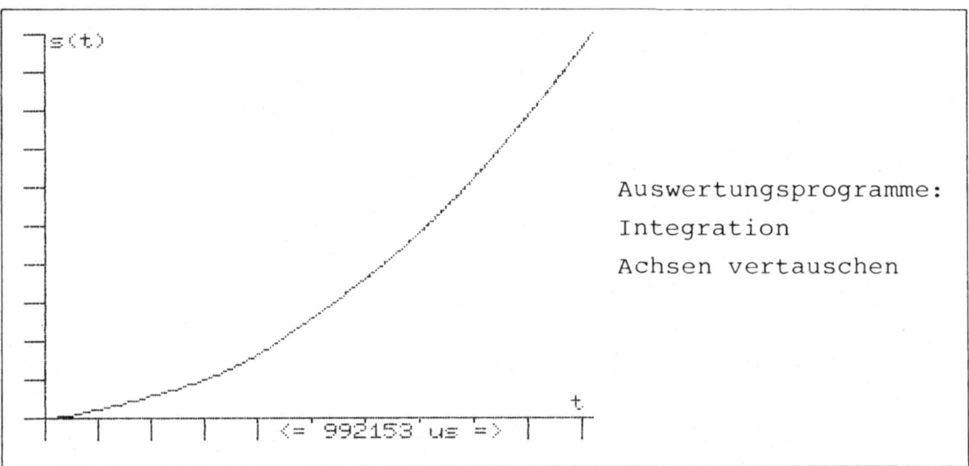

Bild 5.17   Drehrad - Weg-Zeit-Gesetz (mit Zusatzmassen)

In der Graphik Bild 5.16 tritt eine Unregelmäßigkeit auf.
Durch die Integration der Zeit wirken sich kleine Störungen
nur unwesentlich aus. Das folgende Geschwindigkeit-Zeit-Gesetz
ist exakt linear.

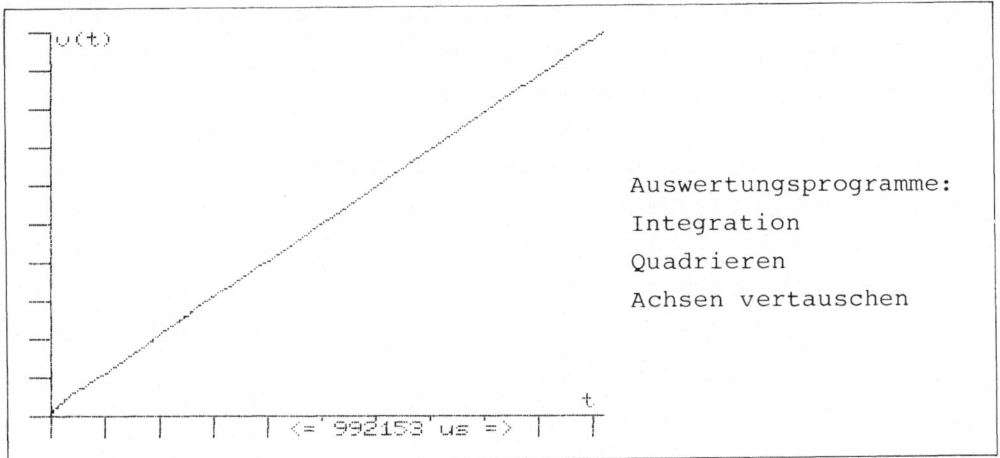

Bild 5.18   Drehrad - Geschwindigkeit-Zeit-Gesetz

Es sei noch darauf hingewiesen, daß das Trägheitsmoment des Rades um das Trägheitsmoment der Umlenkrolle vermindert werden muß. Beim Drehrad spielt dies noch keine Rolle, weil das Trägheitsmoment des Rades bedeutend größer ist als das der Umlenkrolle. Beim freien Fall ist dies jedoch nicht so (s. Abschnitt 5.3.7).

5.3.6 Fahrbahnversuche

Die Fahrbahn wird nach Augenmaß fast horizontal aufgestellt. Sie wird durch ein Massestück an einem Faden über eine Umlenkrolle mit 15 Zähnen angetrieben. Die 15 Zähne werden durch kleine Papierstreifen, die auf jeden 4. Zahn des 60-fachen Zahnrades geklebt werden, gebildet. Der Umfang der Umlenkrolle beträgt wiederum u = 6,13 cm.

Im ersten Versuch wird der Wagen ohne Zusatzmassen bewegt. Die Graphiken sehen denen der Drehbewegung sehr ähnlich. Im zweiten Versuch trägt der Wagen bei sonst gleichen Bedingungen zwei Zusatzmassen von zusammen 1020 g. Der Wagen selbst hat

eine Masse von 450 g. Die Zeit für 255 Zeitmessungen beträgt
im ersten Fall 0,900 s und im zweiten Fall 1,445 s. Die Zugmasse beträgt in beiden Fällen 210 g.

Aus dem Verhältnis der Quadrate der Zeiten bei gleicher
Weglänge kann die Beziehung $a \sim \dfrac{m}{l}$ nachgewiesen werden. Es ergibt sich:

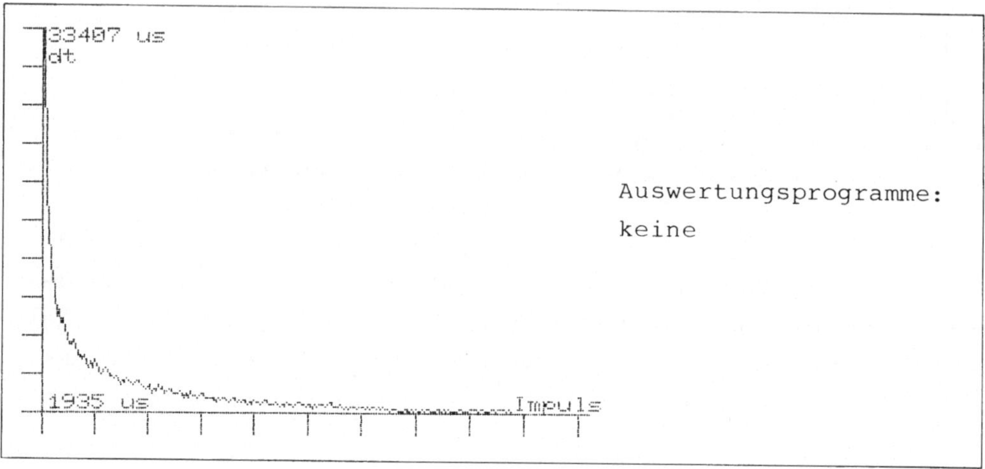

Bild 5.19   Fahrbahnversuch - Messung (ohne Zusatzmassen)

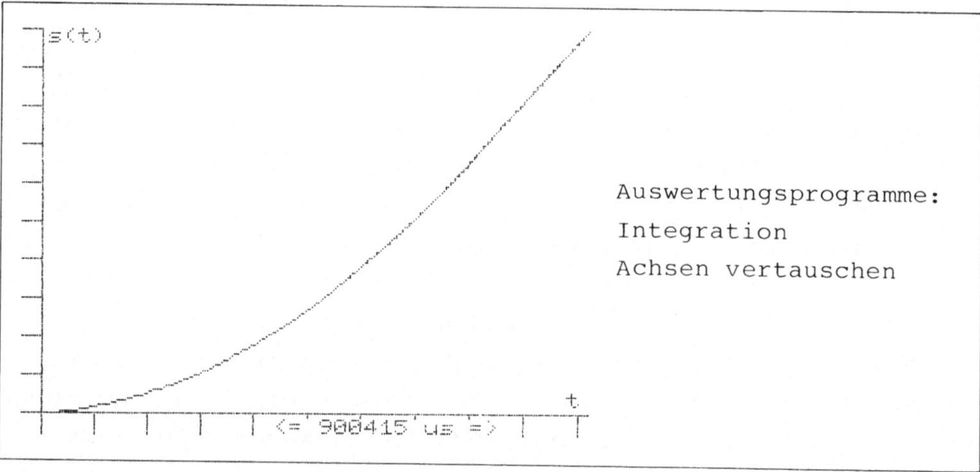

Bild 5.20   Fahrbahnversuch - Weg-Zeit-Gesetz (ohne Zusatzmassen)

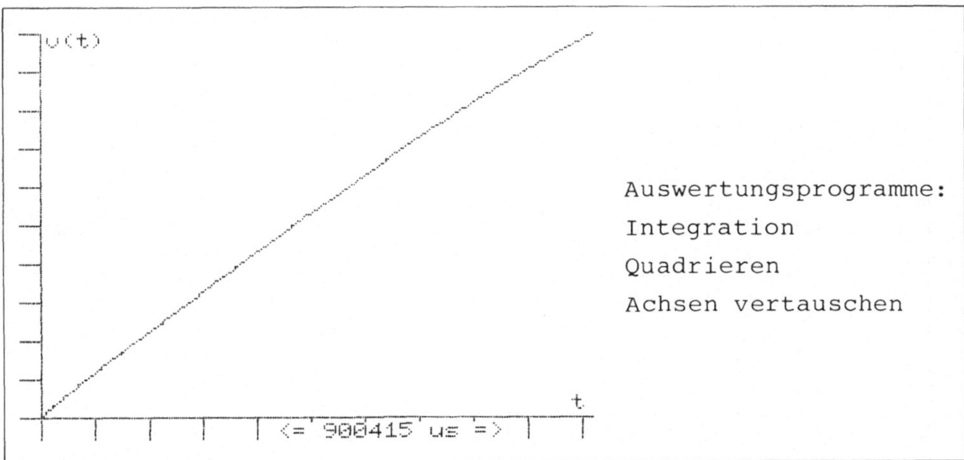

Bild 5.21   Fahrbahnversuch - Geschwindigkeit-Zeit-Gesetz

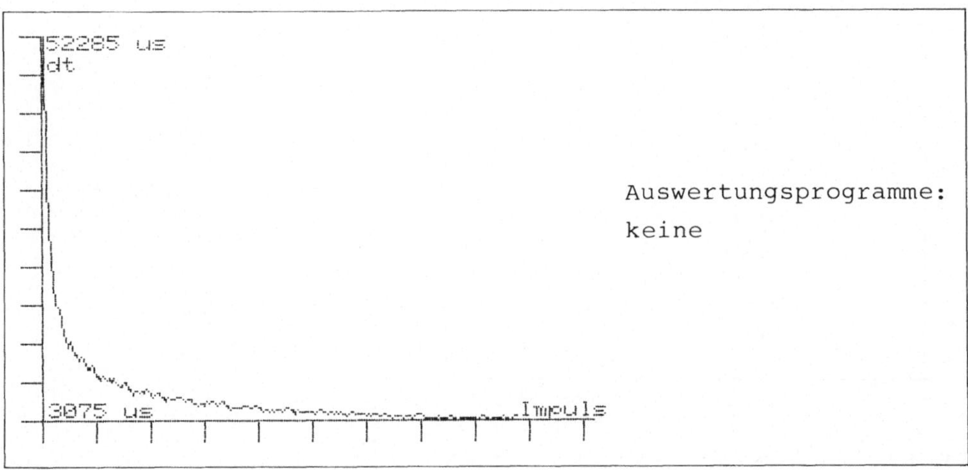

Bild 5.22   Fahrbahnversuch - Messung (mit Zusatzmassen)

$$F_1 = F_2$$

$$m_1 * a_1 = m_2 * a_2$$

$$\frac{m_1}{m_2} = \frac{450 \text{ g} + 210 \text{ g}}{1020 \text{ g} + 450 \text{ g} + 210 \text{ g}} = 0,388$$

$$\frac{a_2}{a_1} = \frac{t_1^2}{t_2^2} = \frac{0,900^2 \text{ s}^2}{1,445^2 \text{ s}^2} = 0,393 \text{ s}^2 \, .$$

Die Proportionalität a $\sim \frac{m}{l}$ ist bis auf ca. 1% erfüllt!

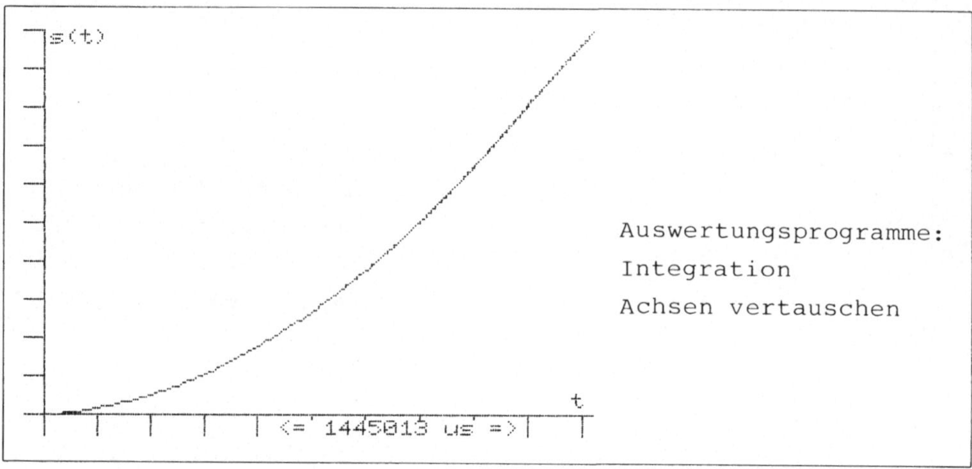

Bild 5.23   Fahrbahnversuch - Weg-Zeit-Gesetz (mit Zusatzmassen)

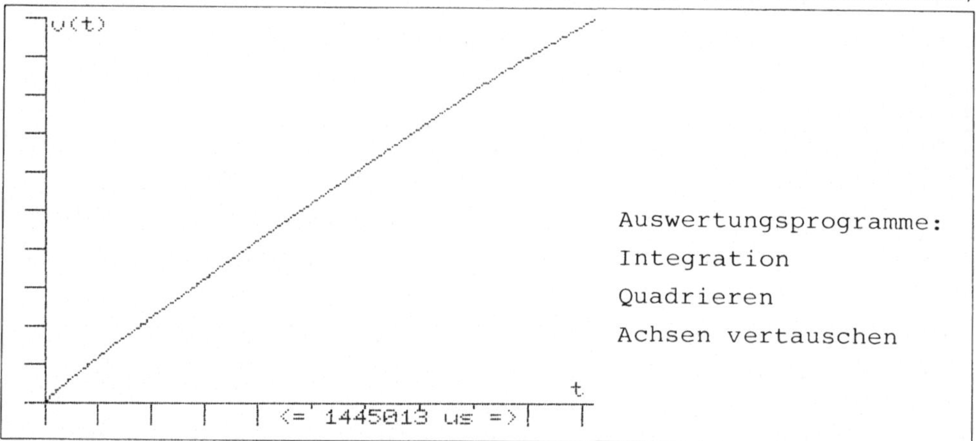

Bild 5.24   Fahrbahnversuch - Geschwindigkeit-Zeit-Gesetz

Im folgenden Versuch steigt die Fahrbahn zur Umlenkrolle
hin an. Der Wagen wird einmal angestoßen. Er rollt die schiefe
Ebene hinauf, kommt zum Stillstand und rollt dann beschleunigt
zurück. Bei der digitalen Messung kann anders als bei der ana-
logen nicht die Richtung der Bewegung bestimmt werden. Das Weg-
Zeit-Diagramm in Bild 5.26 kann daher als Beispiel für das Weg-
Zeit-Gesetz eines Zuges genommen werden, der kurz in einem
Bahnhof anhält.

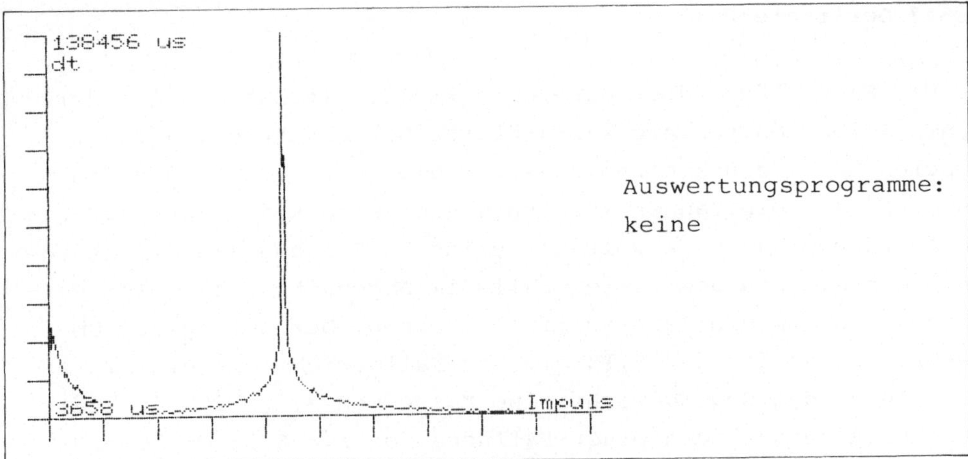

Bild 5.25   Der "schräge Wurf" - Messung

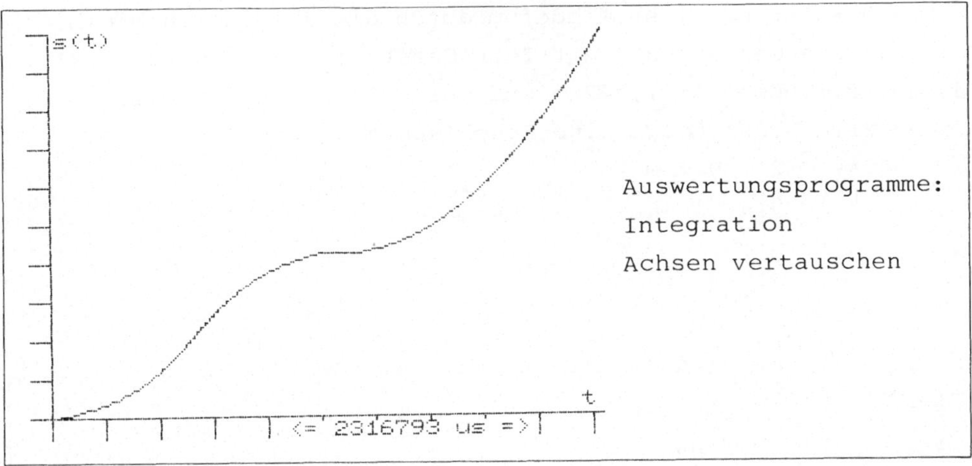

Bild 5.26   Der "schräge Wurf" - Weg-Zeit-Gesetz

5.3.7 Der freie Fall

Ein Faden läuft über eine Umlenkrolle mit Zähnen. Auf der
einen Seite hängt ein etwas größeres Gewichtsstück, auf der
anderen Seite ein kleines, das nur die Aufgabe hat, den Faden
zu straffen. Die Zähnen steuern wieder eine Lichtschranke. Diese Anordnung hat eine weitaus geringere Reibung als die bei der
analogen Messung des freien Falls im Abschnitt 4.4.7. Ich ver-
wende wiederum ein Zahnrad mit 15 Zähnen. Der Umfang der Umlenkrolle beträgt u = 6,13 cm. Das Fallgewicht hat eine Masse
m = 210 g, das Gegengewicht eine Masse von 27 g. 255 digitale
Messungen entsprechen einer Fallhöhe von s = 6,13 cm*255/15
= 1,042 m.

Die Messung besticht wiederum durch die ausgezeichnete Linearität des Geschwindigkeit-Zeit-Gesetzes (siehe Bild 5.29).
Aus der Fallhöhe s = 1,042 m und der Fallzeit t = 0,4811 s
(siehe Bild 5.28) folgt eine Beschleunigung von

$$g = \frac{2*s}{t^2} = \frac{2*1,042 \text{ m}}{0,4811^2 \text{ s}^2} = 9,00 \ \frac{\text{m}}{\text{s}^2}.$$

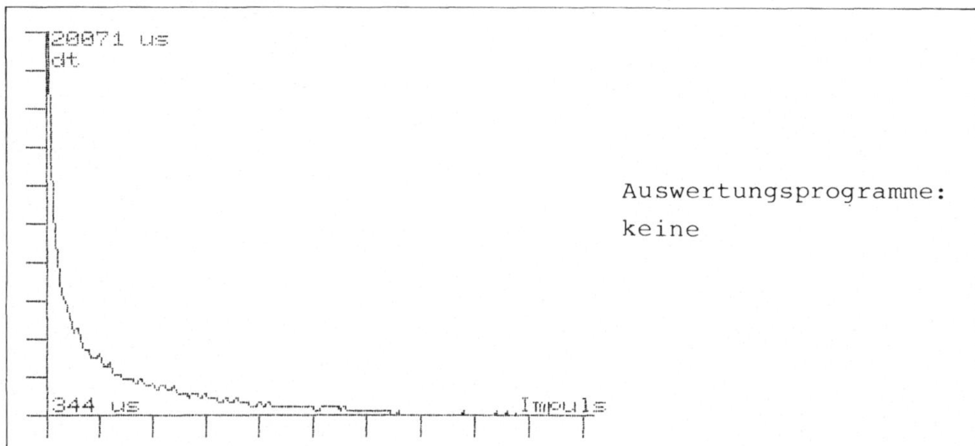

Bild 5.27 Freier Fall - Messung

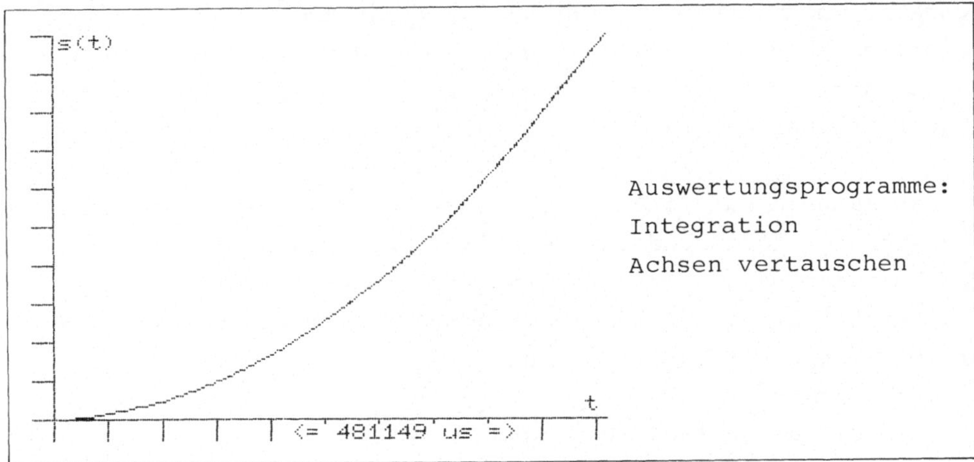

Bild 5.28   Freier Fall - Weg-Zeit-Gesetz

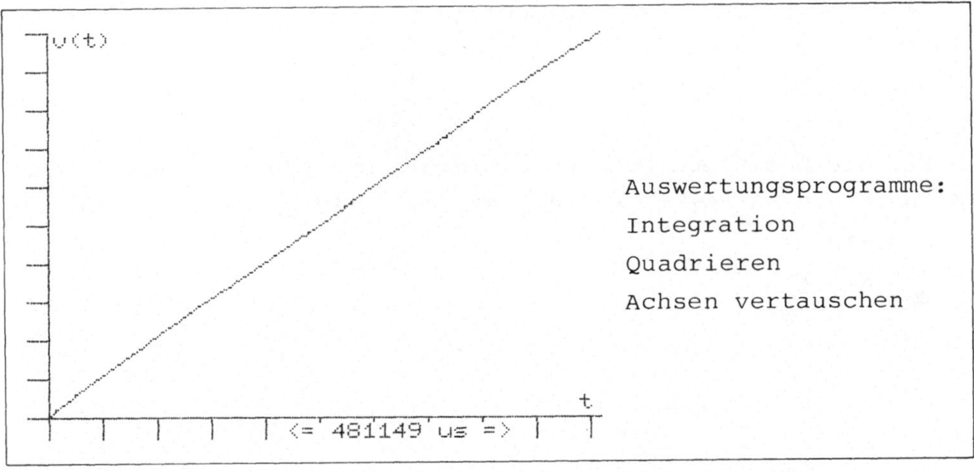

Bild 5.29   Freier Fall - Geschwindigkeit-Zeit-Gesetz

Für eine genauere Betrachtung muß das Trägheitsmoment der Umlenkrolle mit Zahnrad berücksichtigt werden. Das Trägheitsmoment sollte einmal berechnet und dann auf der Rolle vermerkt werden. Meine Umlenkrolle besteht aus einer 55 mm langen M5-Schraube mit 3 Muttern (durchschnittlicher Radius 3 mm), einer Unterlegscheibe, einem Kugellager und einem Kunststoffzahnrad.

Schraube und Muttern: $m = 11$ g $r = 2,5$ mm

Unterlegscheibe   : $m = 6$ g $r_i = 4$ mm $r_a = 7,5$ mm

Kugellager   : $m = 2$ g $r_i = 2,5$ mm $r_a = 3,5$ mm

Kuststoffzahnrad   : $m = 5$ g $r = 30$ mm

Das Zahnrad hat einen Radius von $r = 30$ mm und eine Masse
von $m = 5$ g. Auf Grund des relativ großen Radius ist sein
Trägheitsmoment um eine Zehnerpotenz größer als das der übrigen Teile. Für eine Scheibe mit dem Radius r und der Masse m
ergibt sich ein Trägheitsmoment

$$\Theta = 0,5 * m * r^2$$
$$= 2,5 \text{ g} * 10^{-3} * 900 * 10^{-6} \text{ kg} * m^2$$
$$= 2,25 * 10^{-6} \text{ kg} * m^2 .$$

Als Summe aller Trägheitsmomente ergibt sich (geschätzt)
ein Wert von

$$\Theta = 2,35 * 10^{-6} \text{ kg} * m^2 .$$

Für die Beschleunigung bzw. Winkelbeschleunigung der Umlenkrolle ($R = 0,98$ cm; $m = 210$ g $- 27$ g $= 183$ g; $F = 1,8$ N) gilt:

$$a = \alpha * R$$

$$\alpha = \frac{M}{\Theta} = \frac{F * R}{\Theta}$$

$$\alpha = \frac{1,8 \text{ N} * 0,98^2 * 10^{-4} \text{ m}^2}{2,35 * 10^{-6} \text{ kg} * m^2}$$

$$= 0,74 \ \frac{m}{s^2} .$$

Zusammen mit der vorher berechneten Beschleunigung ergibt
sich für die Gravitationsbeschleunigung

$$g = (9,00 + 0,74) \ \frac{m}{s^2}$$

$$= 9,74 \ \frac{m}{s^2} .$$

Die Abweichung vom Literaturwert beträgt nur 0,7 %. Wenn
dies auch nur ein Zufallswert sein mag, die tatsächliche
Streuung sollte unter 2 % liegen.

6 Regeln und Messen: Kennlinien elektronischer Bauteile

6.1 Die Menükarte für Regeln und Messen

Wenn man Vorgänge steuern und ihre Wirkungen messen will, so
braucht man i.a. für jede Anwendung ein eigenes Programm. Die
Zusammenhänge zwischen der Steuer- und der Meßspannung sind
von dem jeweiligen Versuchsaufbau so stark abhängig, daß ein
Anwenderprogramm den vielfältigen Möglichkeiten nicht gerecht
werden kann. Ich habe mich deshalb auf die Messungen der Kennlinien elektronischer Bauelemente beschränkt.

Von der Hauptmenükarte aus ruft man den Programmpunkt 6 auf.
Man kann sich nun für eine von drei Baugruppen entscheiden:

```
Kennlinien von Dioden, Transistoren, ICs, Widerständen, LEDs


Slot = 2


Bitte wählen Sie:        Achtung : x-y-switch an Port A und B!


0 - Ende


1 - Kennlininien Zweipole


2 - Transistor


3 - Kennlinien einiger ICs (Schmitt-Trigger, Inverter,
                           AND-Gate, Hysterese)

===>
```

Ehe ich auf die drei Möglichkeiten eingehe, sei noch auf
die Aussage "Achtung : x-y-switsch an Port A und B!" hinge-

wiesen. In der Schaltung im Hardware-Kapitel wird gezeigt,
wie man aus einen Ausgabeport zwei machen kann. Um zwischen
diesen beiden Ausgängen per Software hin- und herschalten zu
können, muß dieser entsprechende Multiplexer am Computer angeschlossen sein. Der zugehörige Schalter "COMPUTER/HAND" muß
auf "COMPUTER" stehen. Für dieses Umschalten benötigt der Computer ein sogenanntes "HANDSHAKING"-Signal, das er nur in dieser Stellung bekommen kann. Steht der Schalter auf "HAND" oder
ist das Interface nicht angeschlossen, "hängt" das Programm. Es
hilft dann nur, den Schalter auf "COMPUTER" zu stellen oder die
Reset-Taste zu drücken.

In diesem Kapitel behandle ich die Kennlinien folgender Bauelemente:
1 - Zweipole wie Ohmscher Widerstand, Germanium- und Silizium-
    Dioden, Zenerdiode, VDR, rote, grüne und gelbe LED, Blink-
    LED und Kondensator,
2 - Kennlinienfelder von npn-Transistoren,
3 - Kennlinien bzw. Hysterese-Kurven von einem AND-GATE,
    Schmitt-Trigger und Inverter.

Wenn man sich für eine der Baugruppen entschieden hat, erscheint auf dem Bildschirm die Menükarte für Regeln und Messen.

```
Bitte wählen Sie:
-----------------


0 - Ende;


1 - Schaltbild


2 - Messung
3 - Graphik
```

```
4 - Ausgabe der Graphik auf dem EPSON FX-80;
5 - Ausgabe der Meßwerte auf dem Bildschirm
6 - Ausgabe der Meßwerte auf dem Drucker


7 - Meßdaten auf Diskette schreiben
8 - Meßdaten von der Diskette lesen


===>
```

Die Bedeutung der einzelnen Punkte der Menükarte wurde bereits in den vorhergehenden Kapiteln besprochen.

6.2 Kennlinien von Widerständen, LEDs und Dioden

Der Schaltungsaufbau ist unproblematisch (Bild 6.1).

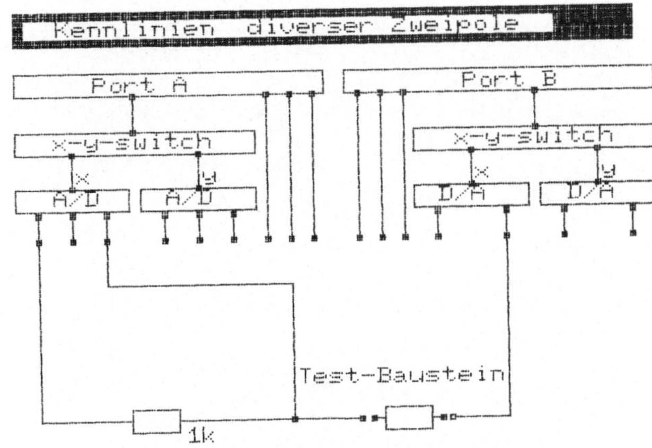

Bild 6.1   Schaltungsaufbau Kennlinien

Über Klemmstecker können verschiedene Zweipole in zwei Buchsen gesteckt werden, die wiederum einmal mit dem D/A-Wandler des Ports B, im anderen Fall über einen Meßwiderstand von 1 kOhm an "Ground" und direkt an den 10-V-Eingang des A/D-Wandlers des Ports A angeschlossen sind. Der Meßwiderstand gestattet es, Spannungen in Ströme umzurechnen.

Der D/A-Wandler erzeugt eine langsam ansteigende Sägezahnspannung. Die beiden Widerstände ("1 k" und "Test-Baustein"
wirken als Spannungsteiler. Der Spannungsabfall über dem Meßwiderstand ergibt zahlenmäßig direkt die Stromstärke in mA. Die
Differenz der Ausgangsspannung des D/A-Wandlers und des Span-
nungsabfalls über den Meßwiderstand ergibt den Spannungsabfall
über den Test-Baustein.

Teilweise werden sehr kleine Spannungsdifferenzen berechnet.
Dies führt dann natürlich zu stärkeren Schwankungen. Außerdem
wird durch die geringe Auflösung von 0,04 V z.B. bei der Dif-
fusionsspannung von 0,38 V ein relativ großes Raster gebildet.
Für diese Messung ist daher eine Glättung der Kurve durch
Mittelwertbildung mit den Nachbarmeßwerten anzuraten.

Die Kennlinie eines Kohleschichtwiderstands bei sehr geringer Belastung ist linear. Es liegt ein Ohmscher Widerstand vor.

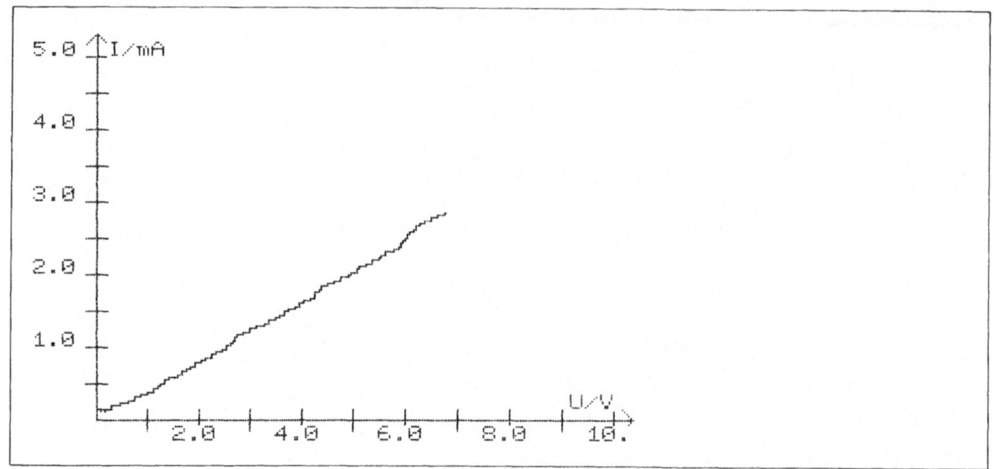

Bild 6.2   Kennlinie eines Kohleschichtwiderstands 2,2 kOhm

Betreibt man eine Halbleiterdiode in Durchlaßrichtung, so
steigt die Stromstärke zunächst exponentiell, dann linear an.

Bei dieser Germanium-Diode ergibt sich im linearen Teil ein
Durchlaßwiderstand von etwa 200 Ohm. Er beträgt allgemein für
Germanium-Spitzendioden 50 bis 500 Ohm (siehe Jean Pütz, Einführung in die Elektronik). Durch Extrapolation der Ausgleichsgeraden findet man die Diffusionsspannung. Sie beträgt hier
0,35 V (Literaturwert: 0,3 V). Unter dem Kurzschlußstrom ver-
steht man die Stromstärke bei +1 V Diodenspannung. Er beträgt
hier 3,7 mA (Datenbuch: 6,5 mA mit der Bemerkung: Der Kennli-
nienpunkt kann im Betrieb unerreichbar sein.).

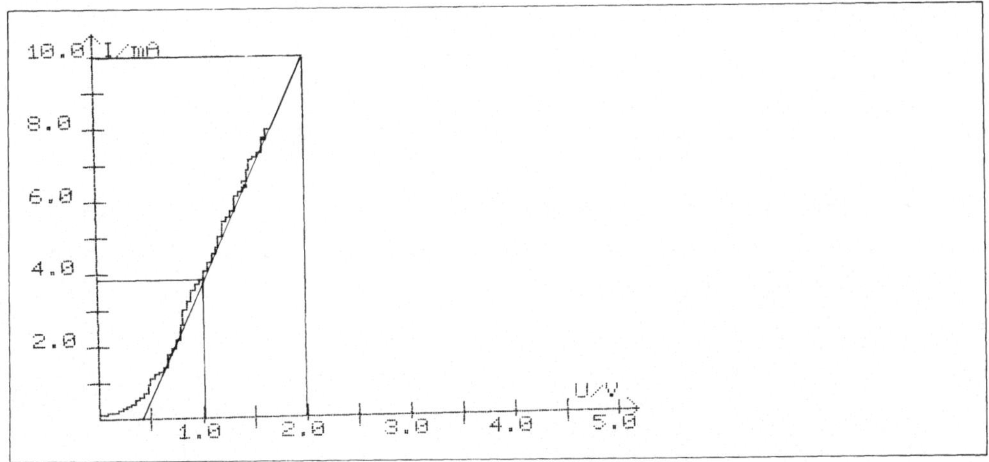

Bild 6.3   Kennlinie der Germanium-Diode OA174 Durchlaßrichtung

   Silizium hat als Halbleiter gegenüber Germanium deutliche
Vorteile. Man kann es stärker erwärmen, und der Widerstand im
linearen Teil ist deutlich geringer. Er beträgt bei der 1N4148-
Silizium-Diode (siehe Bild 6.4) nur 129 Ohm (Literaturwert:
1 bis 300 Ohm). Dafür ist die Diffusionsspannung doppelt so
groß (hier: 0,68 V, Literaturwert: 0,6 V). Für kleine Wechsel-
spannungen sollten daher Germanium-Dioden zur Gleichrichtung
benutzt werden. Der Kurzschlußstrom bei +1 V Diodenspannung
beträgt 5,5 mA. Die Datenbücher geben 10 mA an.

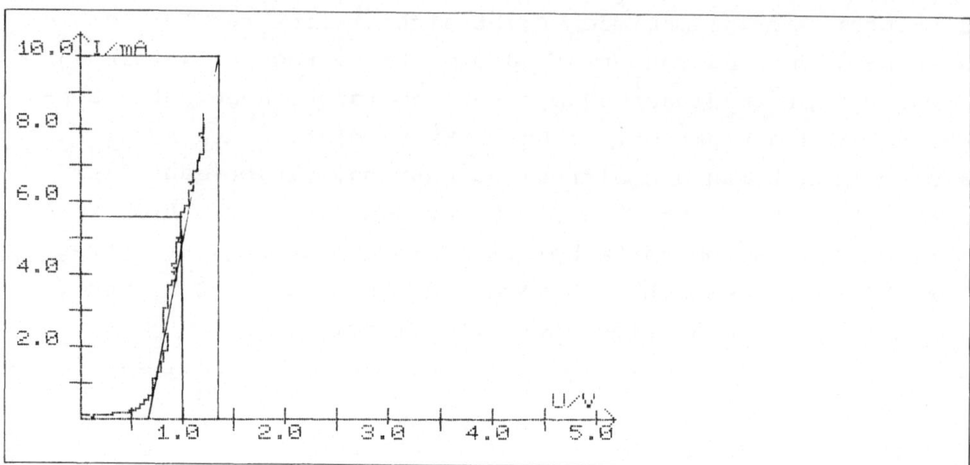

Bild 6.4 Kennlinie der Silizium-Diode 1N4148 Durchlaßrichtung

Wird eine Diode in Sperrichtung geschaltet, so fließt ein geringer Sperrstrom. In der Graphik Bild 6.5 addiert sich zum (geringen) Sperrstrom eine Nullpunktspannung des A/D-Wandlers.

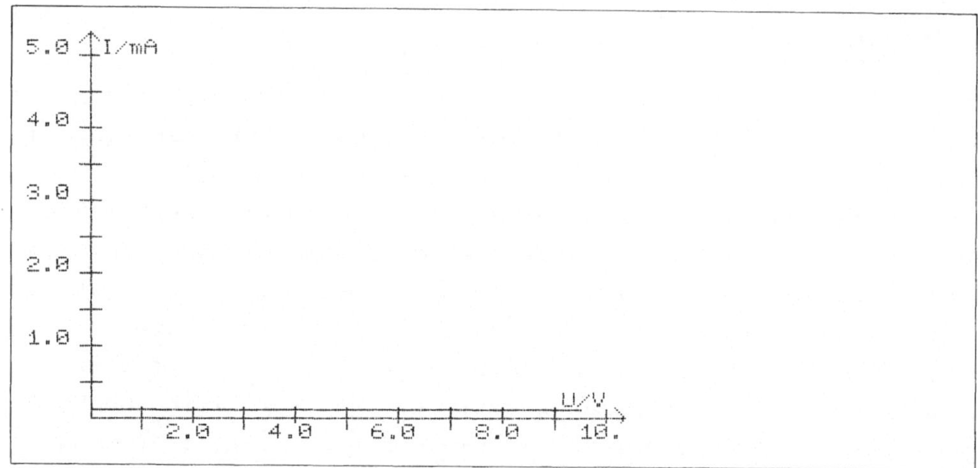

Bild 6.5 Kennlinie der Germanium-Diode OA174 Sperrichtung

Bei handelsüblichen Spitzendioden sollte man vermeiden, die Gegenspannung größer als die Durchbruchspannung zu machen. Die Diode wird sofort zerstört. Bei Zenerdioden wird gerade dieser Bereich genutzt. Bild 6.6 zeigt, daß die Kennlinie bei -5,2 V steil ansteigt. Man nutzt diesen Effekt zur Spannungsstabilisierung. Im Zener-Bereich reißt das elektrische Feld in der Grenzschicht Valenzelektronen aus ihren Bindungen. Diese Elektronen werden stark beschleunigt, reißen durch Stoßionisation weitere Valenzelektronen aus ihren Bindungen und erzeugen so eine Ladungsträgerlawine (Zener, McKay, McAfee). Der erste Effekt tritt hauptsächlich bei kleinen Zenerspannungen, der zweite bei großen Spannungen auf. Die Grenze liegt bei ca. 5,6 V. Für den Zenerstrom gilt die Exponentialgleichung

$$I_{Zener} = I_s * (e^{(q*U/k*T)} - 1) \text{ , wobei}$$

I_s sich hauptsächlich aus der Dichte der Ladungsträger und der mittleren freien Weglänge zwischen Entstehung und Rekombination der Ladungen zusammensetzt. Der Zenerstrom ist offensichtlich stark temperaturabhängig. Unterhalb der Zenerspannung verhalten sich Zenerdioden wie andere Silizium-Dioden in Sperrichtung.

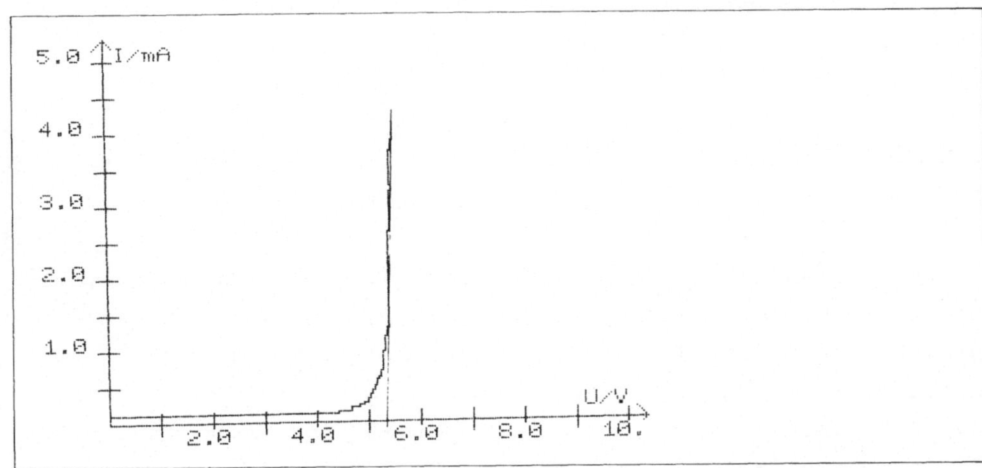

Bild 6.6   Kennlinie einer Zenerdiode -5,3 V Sperrichtung

Spannungsabhängige Widerstände (VDR, Voltage Dependend
Resistor) arbeiten wie Dioden. Sie bestehen aus einer Reihe
in Serie oder parallel geschalteten Dioden. Sie dienen als
Überspannungsschutz und wirken in beide Richtungen. Allerdings
existiert eine obere Stromgrenze, die von der Wärmeableitung
des VDR abhängt. Wichtig ist die Geschwindigkeit, mit der bei
Überspannung die Spannung zusammenbricht. Die Ansprechzeit
sollte unter 100 ns liegen. VDRs bestehen aus Zinkoxid ZnO,
Titandioxid (TiO_2) oder Siliziumkarbid (SiC). Die elektrischen Daten werden durch die Sinterzeit und -temperatur
beim Pressen des Granulats in Scheiben festgelegt. Wie alle
Halbleiter sind VDRs temperaturempfindlich.

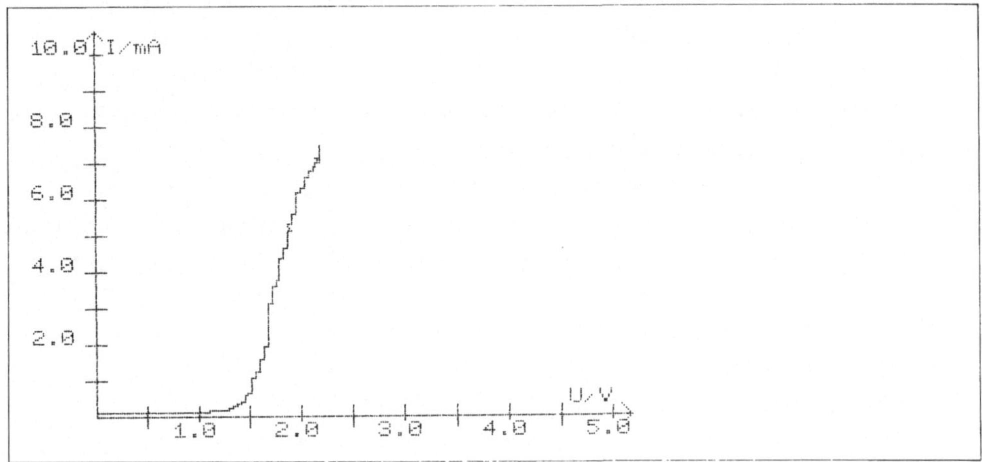

Bild 6.7   Kennlinie eines VDR (Varistor)

LEDs (Light Emitting Diodes, Leuchtdioden) verhalten sich
exakt wie Dioden. Sie sperren den Strom oder richten ihn
gleich. In Durchlaßrichtung emittieren sie zusätzlich (fast)
monochromatisches Licht. Bei einer roten LED beträgt die Frequenz typisch 650 nm bei einer Bandbreite von 20 nm (bei einem
Intensitätsabfall auf die Hälfte). Die Stromstärke darf nicht
groß sein. Deshalb benötigen sie Schutzwiderstände. Die heraus-
ragenden Eigenschaften der LEDs gegenüber Glühlampen sind:

geringe Energieaufnahme, scharfe spektrale Emission, lange Lebensdauer (100000 Betriebsstunden) und ihr Betrieb bei hohen
Frequenzen. LEDs benötigen je nach Farbe unterschiedliche Min-
destspannungen. Die folgenden Bilder zeigen die Kennlinien
für eine rote, grüne und gelbe 3-mm-Leuchtdiode. Die Diffu-
sionsspannungen (s. Bilder 6.8 bis 6.10) sind auf der nächsten
Seite angegeben.

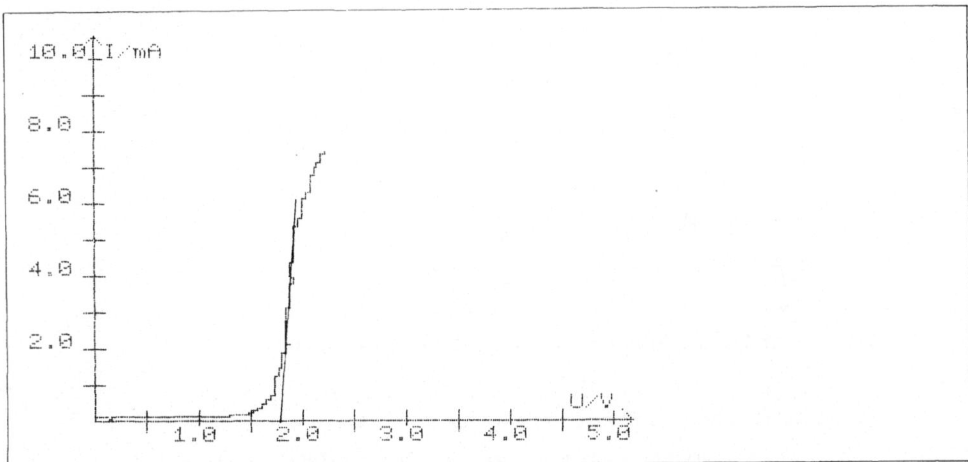

Bild 6.8   Kennlinie einer roten Leuchtdiode

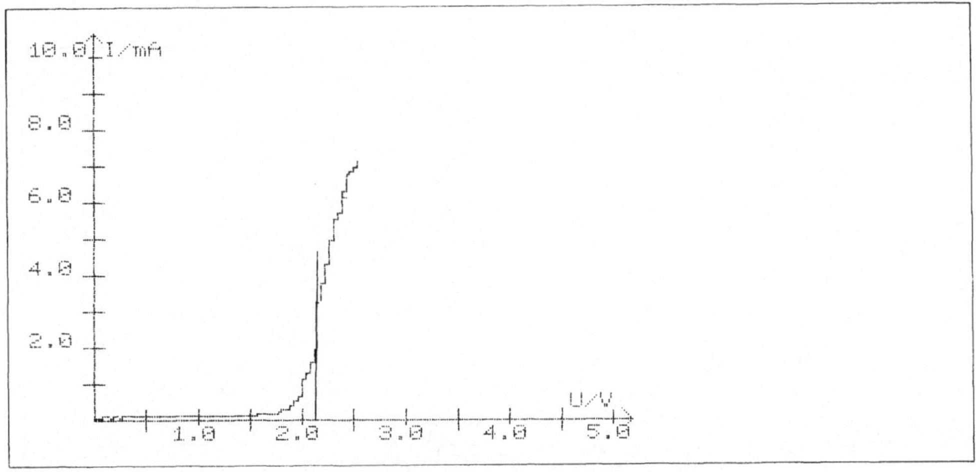

Bild 6.9   Kennlinie einer grünen Leuchtdiode

```
rot  : U      = 1,8 V
        Diff
grün : U      = 2,1 V
        Diff
gelb : U      = 2,1 V.
        Diff
```

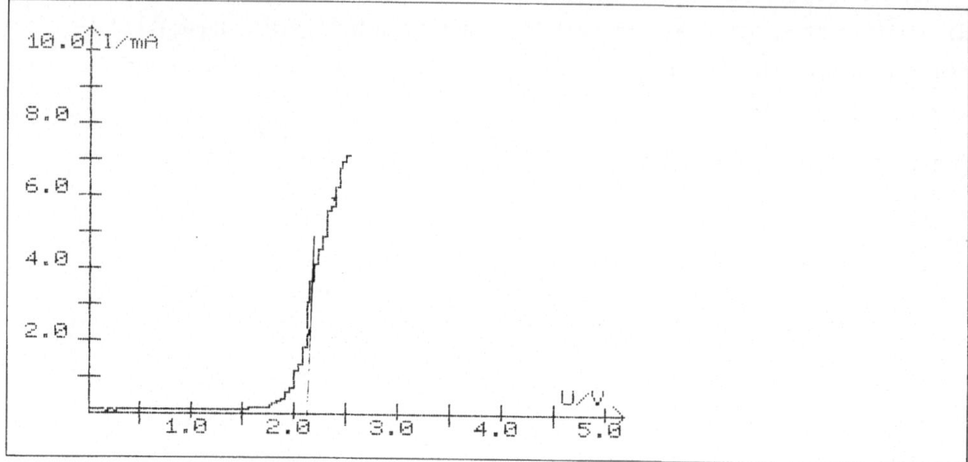

Bild 6.10   Kennlinie einer gelben Leuchtdiode

    Zum Schluß noch eine seltsame Kennlinie. Es dürfte
schwer sein zu erraten, um was es sich handelt: eine
rote Blink-Leuchtdiode.

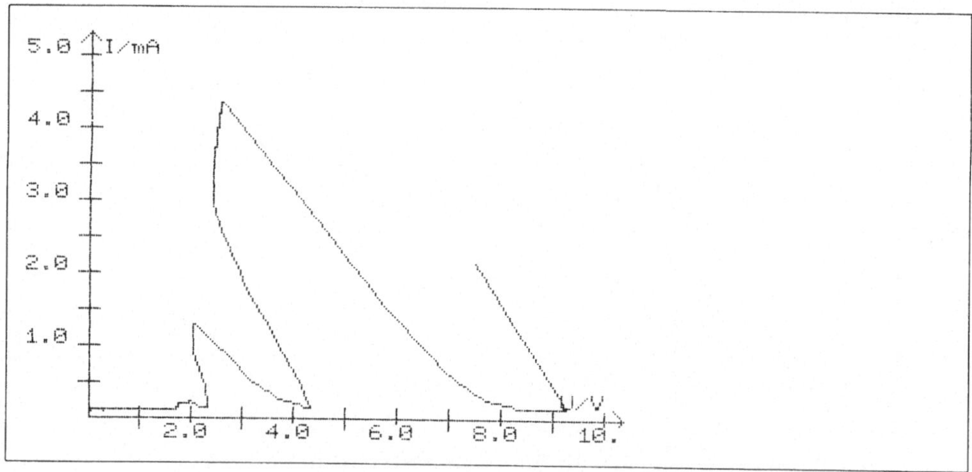

Bild 6.11 Kennlinie einer roten Blink-Leuchtdiode

   Ein Kondensator wird in Serie zu dem Meßwiderstand geschaltet. Die Aufladespannung wird in Form einer Treppenstufenspan-
nung von 0 V auf +10 V erhöht. Immer kurz nach Erhöhung der
Spannung wird der Stromfluß gemessen.

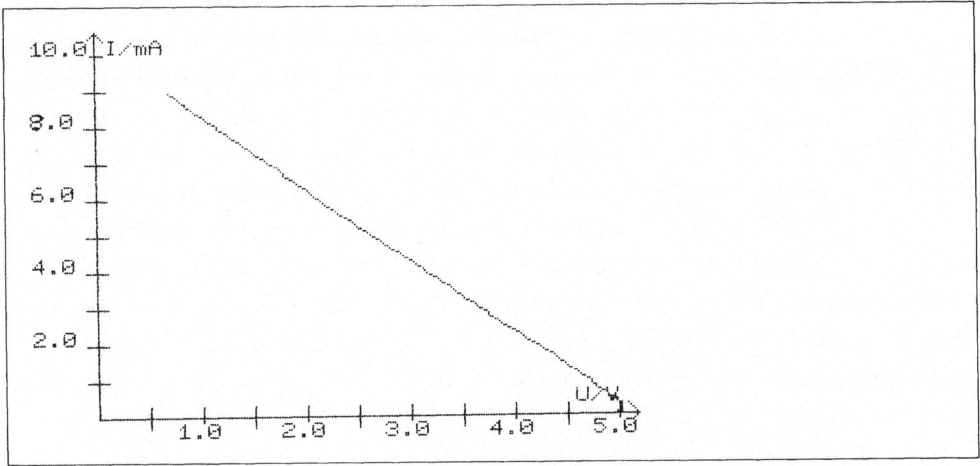

Bild 6.12   Kennlinie eines Kondensators 4,5 mF (Aufladevorgang)

6.3 Kennlinien von npn-Transistoren

In diesem Abschnitt sollen nur npn-Transistoren behandelt
werden. Die Umstellung auf pnp-Transistoren verlangt nur gering-
fügige Änderungen im Progamm und im Schaltungsaufbau. Es werden zwei Steuerspannungen eingespeist: Die Kollektor-Emitter-
und die Basis-Emitter-Spannung. Beide Spannungen werden über
zwei Widerstände angeschlossen: den Basis- und den Kollektorwiderstand. Direkt an der Basis und am Kollektor werden die
beiden Spannungen gegenüber dem Emitter gemessen. Über die beiden Widerstände lassen sich dann auch der Kollektor-Emitter-
und der Basis-Emitter-Strom messen. Bei einem Transistor ist
der Basisstrom nicht zu vernachlässigen. Jedes Kennlinienfeld
enthält neben den beiden direkt auf den Achsen aufgetragenen
Variablen zwei zusätzliche Parameter.

Bild 6.13 zeigt den Transistor in Emitterschaltung, d.h.,
der Emitter ist der gemeinsame Anschlußpunkt für den Eingang
(Basis) und für den Ausgang (Kollektor). Jeder Transistor wird
u.a. durch seine Kurzschloßstromverstärkung beschrieben. In

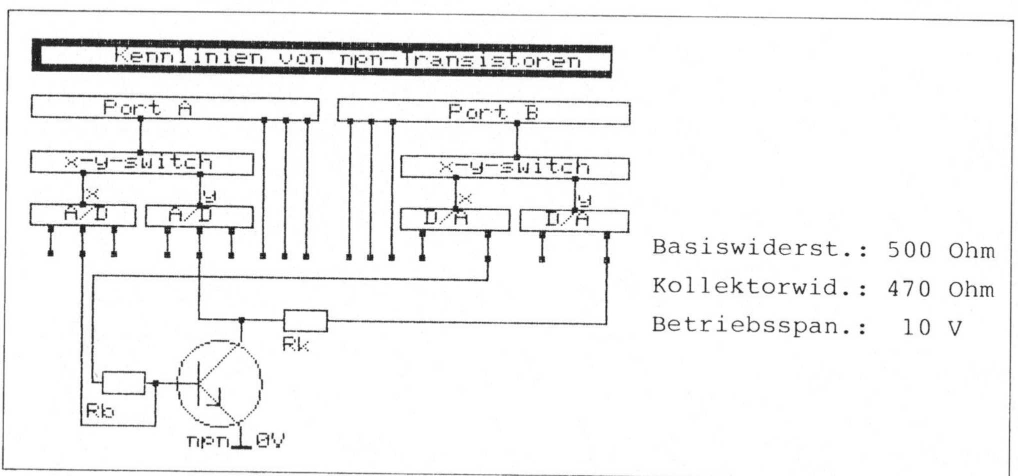

Bild 6.13   Schaltung Kennlinienfeld von npn-Transistoren

diesem Fall ist der Kollektorwiderstand gleich Null. Dies
kann hier nicht realisiert werden, weil der Kollektorwiderstand zur Berechnung des Kollektor-Emitter-Stroms benötigt wird.
Mit diesem Widerstand ergibt sich jedoch auch eine Spannungs-
verstärkung, die natürlich von der Größe des Kollektorwiderstands abhängt. Damit wir verschiedene Transistoren ausmessen
können, müssen die Basis- und Kollektorwiderstände variabel
sein.

Das Verhalten eines Transistors wird durch zwei Spannungen
- Kollektor-Emitter-Spannung,
- Basis-Emitter-Spannung und durch zwei Ströme
- Kollektor-Emitter-Strom und
- Basis-Emitter-Strom beschrieben.

Es reicht, ein Kennlinienfeld mit zwei Variablen und zwei
Parametern aufzunehmen. Die übrigen Felder lassen sich dann
berechnen. Das vorliegende Programm nimmt das Feld $I_{KE} = f(U_{KE})$
mit den Parametern I_{BE} und U_{BE} auf. Wie bestimmt man hieraus die
übrigen Kennlinienfelder? Aus den Graphiken kann man ersehen,
daß die Abstände der einzelnen Kurven zueinander ziemlich konstant sind (bei gleicher Zunahme des Basisstroms). Hieraus
ergibt sich die I_{KE}-I_{BE}-Kennlinie im 2. Quadranten: Es ist
eine Nullpunktsgerade, die nach links oben ansteigt. Den Parametern I_{BE} und U_{BE} sieht man schon an, daß sie nicht linear zueinander verlaufen. Die Basisvorspannung steigt zuerst stark
an, um dann konstant zu bleiben. Bei diesen Transistoren beträgt die Basisvorspannung im geöffneten Zustand des Transistors immer ca. 0,8 V.

Es wäre wünschenswert, den unteren Bereich der Kennlinien,
die den Anstieg bestimmen, genauer aufzunehmen. Jedoch stößt
hier das System wiederum an seine Grenzen, weil das Auflösungsvermögen zu gering ist.

In jedes Kennlinienfeld sollten zwei Kurven eingezeichnet
werden: die Arbeitskennlinie des Kollektorwiderstandes und
die maximale Verlustleistungshyperbel. Die Hyperbel wird in
diesen Versuchen nie erreicht. Bei einer Verlustleistung von ca.
$P = 300$ mW und einem maximalen Ausgangsstrom von $I_{KE} = 12$ mA der
Operationsverstärker, die den D/A-Wandlern nachgeschaltet sind,
müßte die Ausgangsspannnung schon 25 V betragen.

Die Arbeitskennlinie des Kollektorwiderstands findet man auf
folgende Art. Zur Bestimmung einer Gerade werden zwei Punkte
benötigt. Wir finden sie in den beiden Grenzzuständen des Transistors: Transistor zu bzw. auf.

Im ersten Fall sei der Transistor vollständig geschlossen.
Der Spannungsabfall über den Kollektorwiderstand ist fast
gleich Null, der über die Kollektor-Emitter-Strecke des Transistors maximal (gleich der Betriebsspannung). Der zugehörige
Punkt liegt auf der U_{KE}-Achse bei der Betriebsspannung.

Im zweiten Fall sei der Transistor vollständig geöffnet. Der

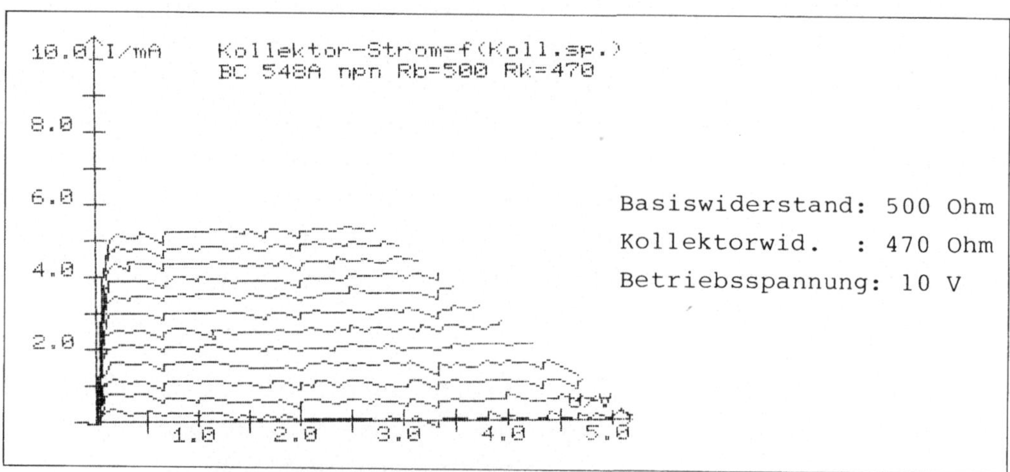

Bild 6.14   Kennlinienfeld BC548A npn-Transistor - Messung

Spannungsabfall über die Kollektor-Emitter-Strecke ist dann (theoretisch) gleich Null. Die gesamte Spannung fällt am Kollektorwiderstand ab. Der zugehörige Punkt liegt auf der I_{KE}-Achse. Der Kollektor-Emitter-Strom läßt sich durch $I_{KE} = U_{KE}/R_K$ berechnen.

In allen Fällen liegt die Arbeitsgerade rechts oben in den

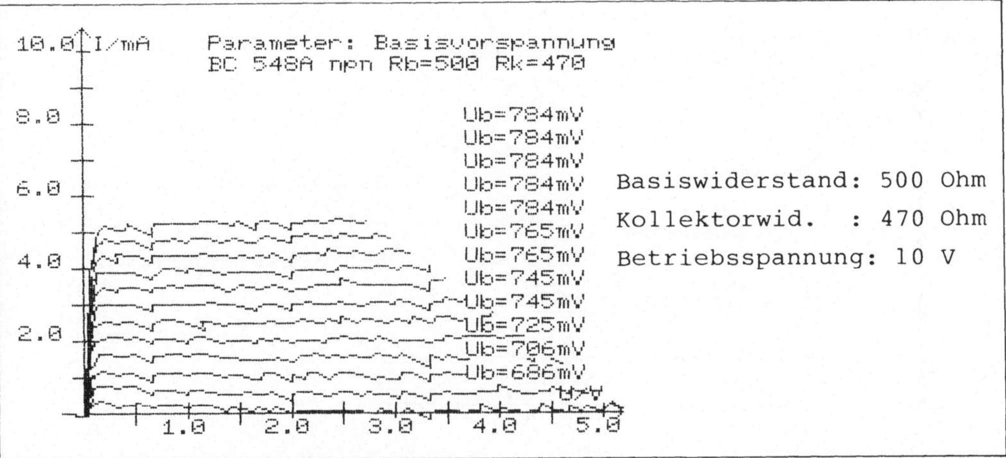

Bild 6.15   Kennlinienfeld BC548A - Parameter: Basisvorspannung

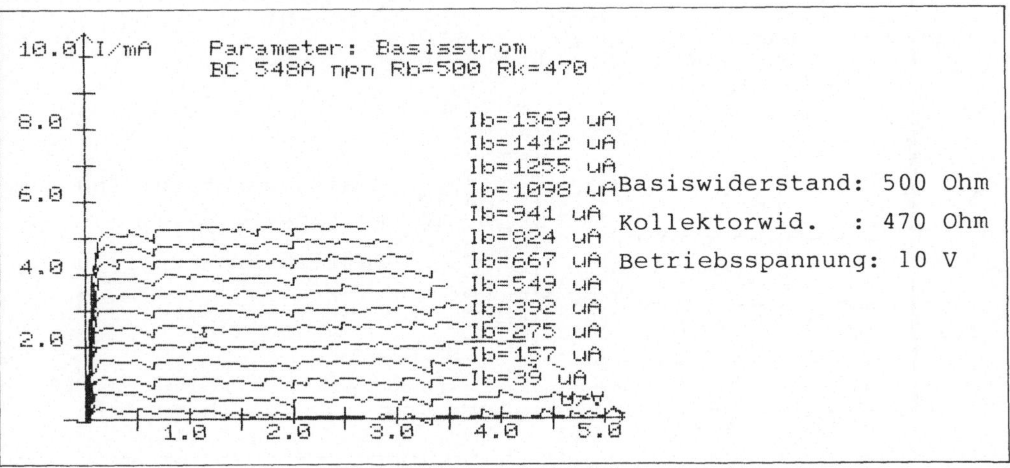

Bild 6.16   Kennlinienfeld BC548A - Parameter: Basisstrom

Graphiken. Der niedrige zulässige Kollektor-Emitter-Strom von 12 mA durch die Operationsverstärker läßt diesen Bereich der Kennlinien nicht zu.

Die folgenden Bilder zeigen Kennlinienfelder verschiedener npn-Transistoren mit unterschiedlichen Basis- und Kollektorwiderständen.

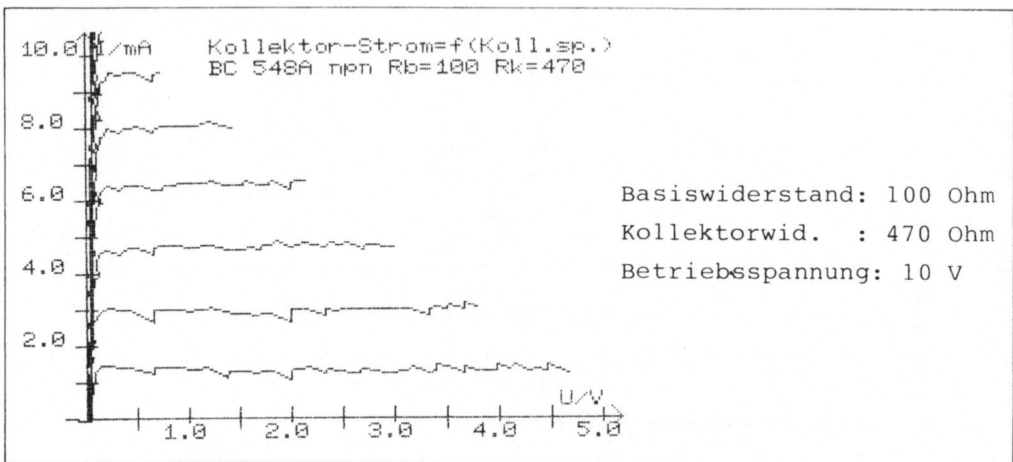

Bild 6.17   Kennlinienfeld BC548A npn-Transistor - Messung

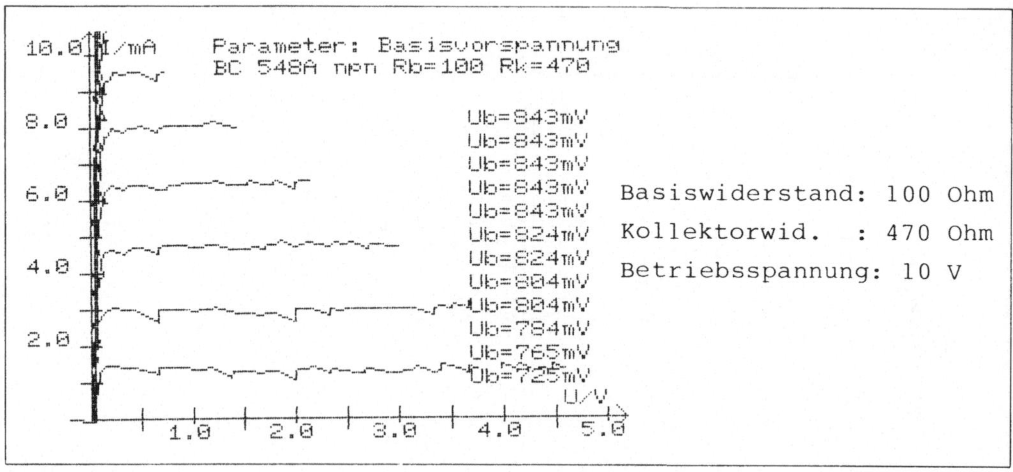

Bild 6.18   Kennlinienfeld BC548A - Parameter: Basisvorspannung

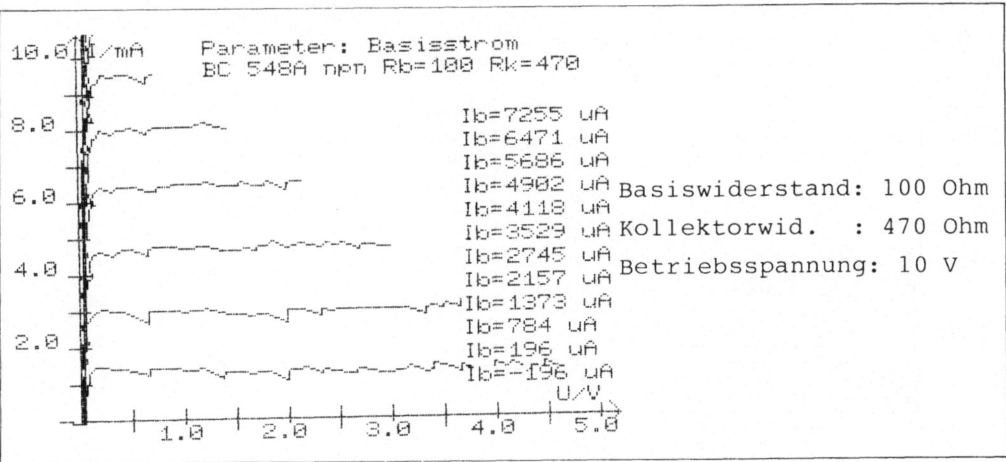

Bild 6.19   Kennlinienfeld BC548 - Parameter: Basisstrom

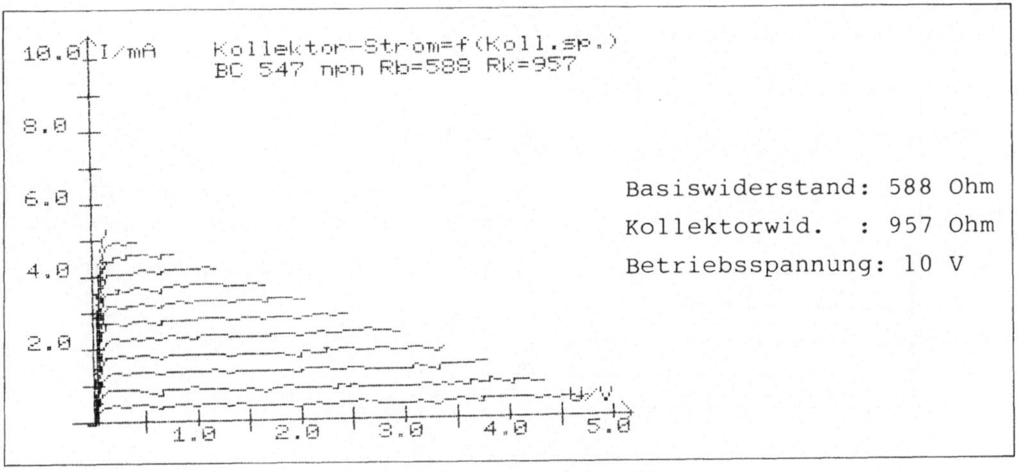

Bild 6.20   Kennlinienfeld BC547 npn-Transistor   - Messung

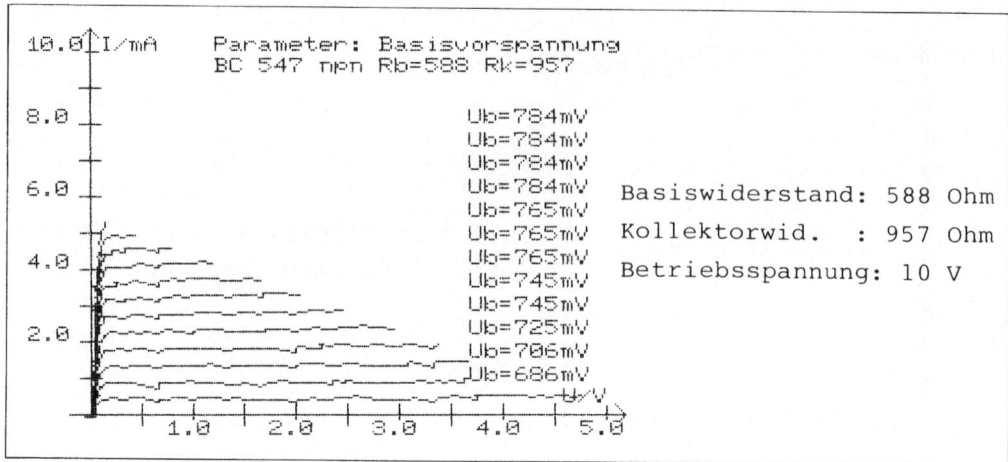

Bild 6.21   Kennlinienfeld BC547 - Parameter: Basisvorspannung

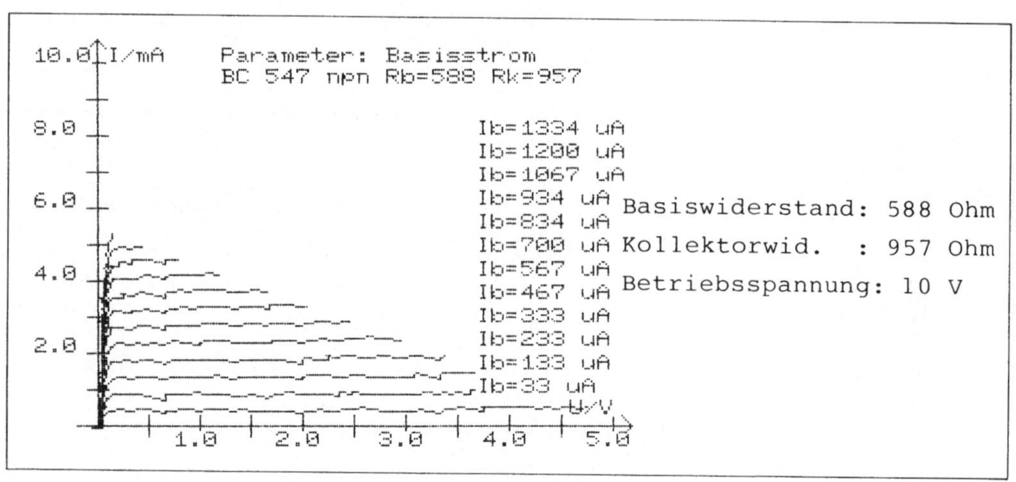

Bild 6.22   Kennlinienfeld BC547 - Parameter: Basisstrom

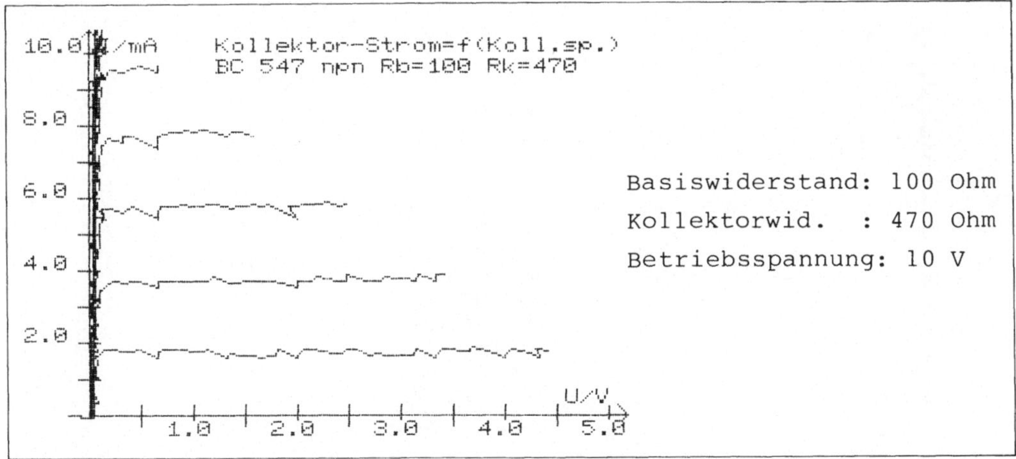

Bild 6.23   Kennlinienfeld BC547 npn-Transistor   - Messung

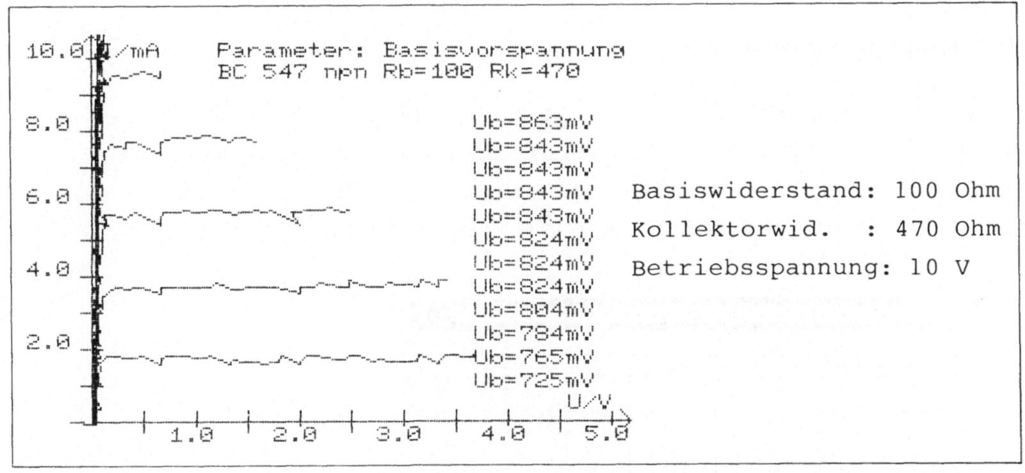

Bild 6.24   Kennlinienfeld BC547 - Parameter: Basisvorspannung

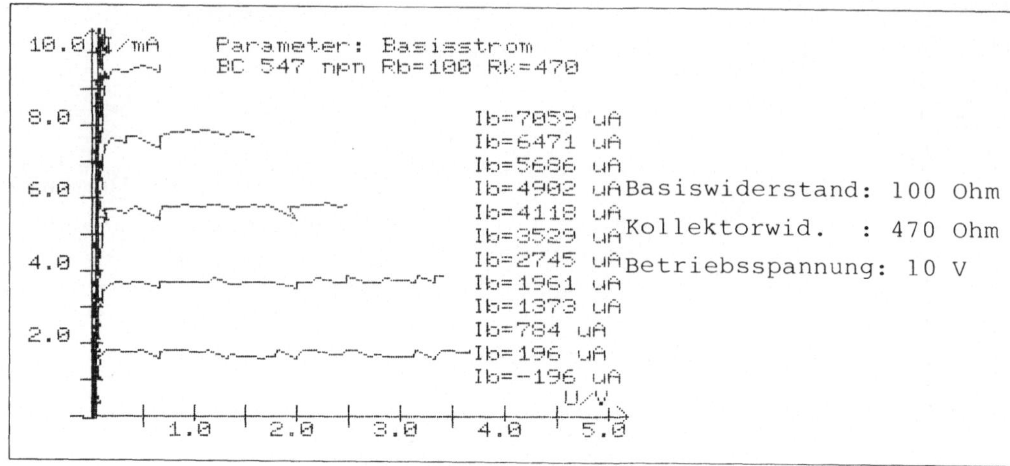

Bild 6.25 Kennlinienfeld BC547 - Parameter: Basisstrom

6.4 Kennlinien diverser ICs

Bei ICs können unterschiedliche Ausgangsspannung-Eingangs-
spannung-Kennlinien (Hystereseeffekt) auftreten. Weiter ist
von Interesse, wie sich der Baustein im verbotenen Bereich
zwischen "low" und "high" verhält. Schwingungsvorgänge in die-

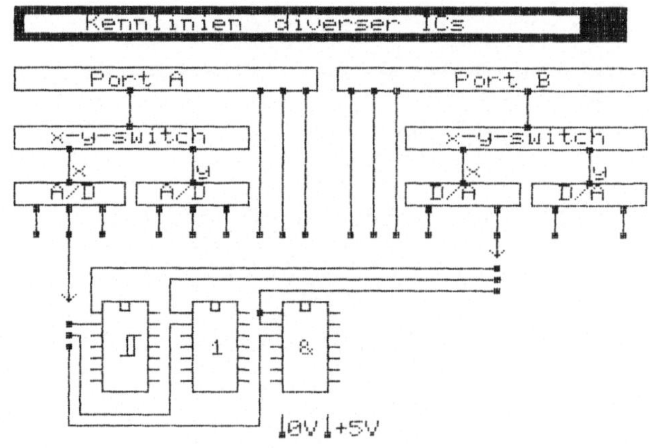

Bild 6.26 Schaltung Kennlinien von ICs

sem Bereich können allerdings wegen der auftretenden hohen Frequenzen nicht erfaßt werden. Die Graphiken zeigen, daß der Übergangsbereich sehr schmal ist. Es scheint so, daß der unterste Wert für den "high"-Zustand in den Datenbüchern zu hoch angesetzt ist. Texas Instruments gibt z.B. für alle Serien als minimale Eingangsspannung H-Level 2,0 V an (Meßwert: 1,1 V). Als höchste Eingangsspannung für den "low"-Zustand gibt Texas

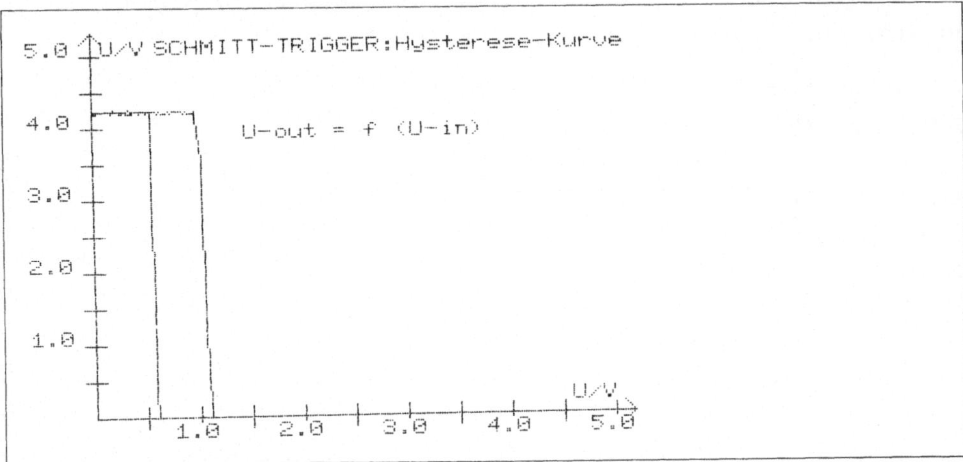

Bild 6.27   Hysterese-Kurve eines Schmitt-Triggers (SN 7414N)

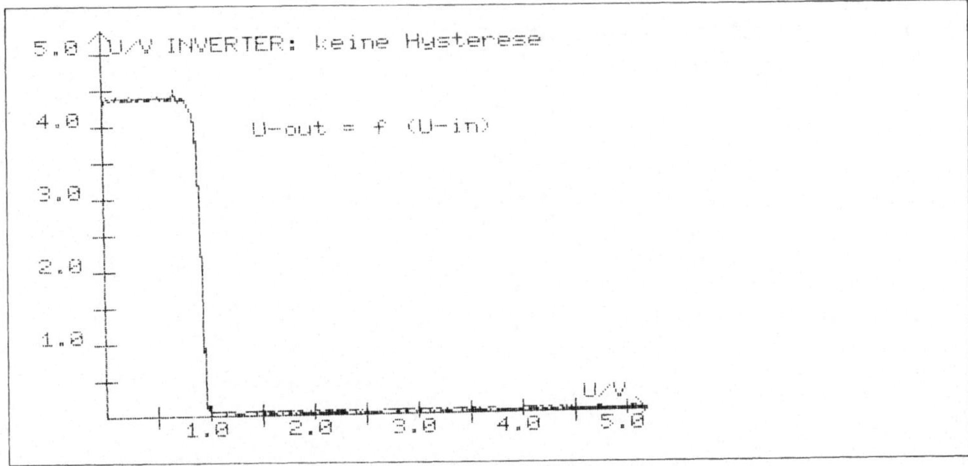

Bild 6.28   Kennlinie eines Inverters (SN 7405N)

Instruments 0,7 bis 0,8 V an (Messung: 1,0 V). Die Meßwerte
beziehen sich auf den Inverter und auf das AND-Gate. Allerdings
müssen die Firmenangaben die gesamte Serie und alle Temperatur-
bedingungen innerhalb der erlaubten Grenzen berücksichtigen.

Der Schmitt-Trigger zeigt eine Hysterese von 0,5 V. Die un-
tere Schwellspannung liegt bei 0,6 V, die obere bei 1,1 V.
Das Datenbuch gibt für den SN 7414N eine Hysterese von 0,8 V
und eine obere Schwellspannung von 1,7 V an.

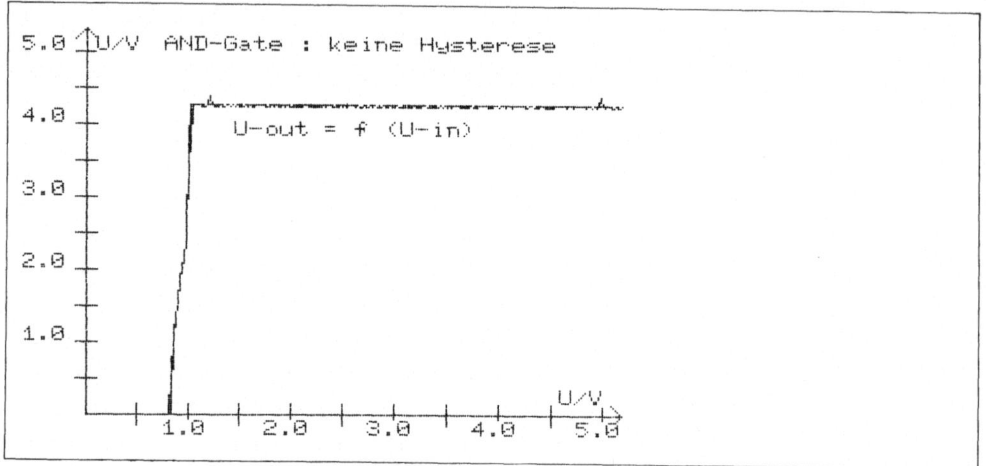

Bild 6.29   Kennlinie eines AND-Gates (SN 7408N)

7 Auswertungsprogramme

7.1 Einfache Auswertungsprogramme für analoge Messungen

Bestimmte analoge Messungen verlangen eine Auswertung. In einem solchen Fall schreiben Sie Ihre Meßwerte in einen Datenfile auf Diskette und wählen von der Hauptmenükarte den Punkt "7". Sie sehen dann unter der Titelzeile folgende Auswahl:

```
Bitte wählen Sie:


0 - Ende


1 - Graphikparameter
2 - Graphikausgabe Bildschirm
3 - Graphikausgabe Drucker FX-80


4 - Ausgabe der Meßergebnisse auf dem Bildschirm
5 - Ausgabe der Meßergebnisse auf dem Drucker EPSON FX-80


6 - Datenfile von der Diskette lesen
7 - Datenfile auf Diskette schreiben


8 - Fourier-Analyse
9 - Fourier-Synthese
A - Fourier-Datenfile von der Diskette lesen
B - Fourier-Datenfile auf Diskette schreiben


C - weitere Auswertungen


===>
```

Die Punkte "0" bis "7" sind aus den vorhergehenden Menükarten her bekannt. Die Punkte "8" bis "B" werden im Abschnitt 7.2 besprochen. Wählen Sie "C". Sie erhalten dann die nächste Untermenükarte:

```
  Bitte wählen Sie:


  0 - Ende


  1 - Logarithmieren der Funktionswerte  U -> 46 * ln(U)
  2 - Maximum - Funktionswerte  U -> Max - U


  3 - Kehrwert: U -> 255/U
  4 - Quadrieren der Funktionswerte  U -> U * U / 255


  5 - Wurzelziehen   U -> 16 * SQRT(U)
  6 - Glätten der Werte: Mittelwert aus zwei benachbarten Werten


  7 - Mittelwert der Meßwerte (Integration)
  8 - Verschiebung längs der U-Achse


  ===>
```

Sie können unter acht Auswertungsprogrammen wählen.

1 - Logarithmieren der Funktionswerte U -> 46 * ln(U)

Die Meßwerte liegen alle im Bereich 0 bis 255. Von den
1024 Meßwerten wird der natürliche Logarithmus genommen. Sie
sollten beachten, daß die Meßwerte von einer konstanten Gleich-
spannung überlagert sein können. In diesem Fall müssen Sie
von den Meßwerten eine Konstante subtrahieren (siehe auch
"Verschiebung längs der U-Achse").

Bildet man ln 255, so erhält man als Ergebnis 5,541. Dies
ist der höchste vorkommende Wert. Da die Logarithmen wieder in
das ursprüngliche Meßfeld geschrieben werden sollen, müssen die
Werte wieder dem Bereich 0 bis 255 angepaßt und in INTEGER umgewandelt werden. Man erreicht dies durch die Multiplikation
mit 46 und anschließender Rundung.

2 - **Maximum - Funktionswerte U -> Max - U**

Bestimmte Vorgänge gehorchen einem Gesetz der Form $U_0 - U(t)$. Dies kommt z.B. beim Laden eines Kondensators vor. Diese Prozedur subtrahiert alle Meßwerte vom größten Meßwert. Damit ist außer einem Umklappen der graphischen Darstellungen auch eine Verschiebung des gesamten Bereichs verbunden. Der kleinste berechnete Wert liegt immer bei 0 (Vorsicht bei weiteren Auswertungen!), der größte liegt bei MAX-MIN. (Anmerkung: MAX ist der größte, MIN der kleinste Meßwert)

3 - **Kehrwert: U -> 255/U**

Für den Nachweis, daß eine Hyperbel vorliegt, muß der Kehrwert der Meßwerte gebildet werden. Hier gelten beide Bemerkungen der vorhergehenden Abschnitte. Um den Bereich anzupassen, wird 255 durch die Meßwerte dividiert. MAX und MIN werden neu bestimmt. Damit keine Division durch 0 auftritt, werden alle Meßwerte mit dem Wert 0 auf 1 gesetzt. Hierdurch wird zwar das Ergebnis verfälscht, jedoch sieht man in den Graphiken, wenn sich Werte am oberen Bereich häufen.

4 - **Quadrieren der Funktionswerte U -> U * U / 255**

Quadriert man alle Meßwerte, so liegt der neue Bereich zwischen 0 und 65025. Dies wirft in Pascal Probleme auf, die hier jedoch nicht von Bedeutung sind. Die Ergebnisse müssen auf jeden Fall durch 255 dividiert und gerundet werden.

5 - **Wurzelziehen U -> 16 * SQRT(U)**

Aus allen Meßwerten wird die Quadratwurzel gezogen. Außer der Multiplikation mit 16 zur Anpassung des Bereichs und anschließender Rundung (bei der das Ergebnis 256 ausgeschlossen werden muß) ergeben sich keine Probleme.

6 - Glätten der Werte: Mittelwert aus zwei benachbarten Werten

Manche Messungen liefern Ergebnisse mit signifikanter Streuung. Die Ergebnisse können geglättet werden. Dies entspricht der Bildung einer Ausgleichskurve. Aus Nachbarwerten wird hierbei ein Mittelwert gewonnen. Dieser Befehl sollte möglichst nicht benutzt werden.

7 - Mittelwert der Meßwerte (Integration)

Diese Prozedur summiert alle Meßwerte auf und dividiert das Ergebnis durch 1024. Die Prozedur wird benutzt, wenn man Flächen unter einer Meßkurve bestimmen will. Der Vorgang entspricht damit der Integration.

8 - Verschiebung längs der U-Achse

Unterliegt der Messung eine konstante Spannung, so ist die gesamte Meßkurve nach oben oder unten verschoben. Dies kann durch diese Prozedur behoben werden. Durch Angabe einer positiven Zahl im Bereich 0 bis 255 wird die Kurve nach oben verschoben. Alle Meßwerte, die den Wert 255 überschreiten, nehmen auch diesen Wert an. Verschiebungen nach unten werden durch eine negative Zahl im Bereich 0 bis 255 eingeleitet. Werden Werte negativ, so wird ihnen 0 zugeordnet. Übertriebene Verschiebungen zeichnen sich daher durch eine waagerechte Linie am oberen oder unteren Rand aus.

7.2 Die Fourier-Analyse und -Synthese

Durch Aufruf der Punkte "8" bis "C" kann man eine Fourier-
Analyse oder eine Fourier-Synthese der Meßwerte durchführen,
um die Übereinstimmung der Meßergebnisse mit berechneten zu
überprüfen.

Die Punkte "8" und "9" leiten eine vollständig neue Berechnung ein, während "A" und "B" von schon vorhandenen Fourier-
Analysen ausgehen.

Worum handelt es sich bei Fourier-Analysen? Nach Fourier
lassen sich alle periodischen Schwingungen durch eine Überlagerung von Sinus- und Cosinusfunktionen zerlegen (Analyse)
oder erzeugen (Synthese). Hierbei haben alle Sinus- oder
Cosinusfunktionen nur eine Grundfrequenz oder ein Vielfaches
hiervon (zusätzlich zur Phasenlage) als Argument. Man kann sich
diese Frequenzen als Basisvektoren in einem mathematischen
Raum denken. Je mehr höhere Schwingungen man nimmt, um so genauer ist die Annäherung. Wichtig für die Anwendung ist die
Voraussetzung "periodische Schwingung"!

Man bekommt die Koeffizienten und die Grundschwingung durch
Multiplikation der Meßwerte mit den entsprechenden trigonometrischen Werten. Dies bedingt bei 1024 Meßwerten mindestens
524288 Multiplikationen, 524288 Berechnungen trigonometrischer
Werte, Aufsummierungen etc..... Hierbei ist noch nicht das
Problem der Phasenlage berücksichtigt. Ein entsprechendes Programm läuft auf dem Apple etwa 16 Stunden. In der Literatur
angebotene Fourier-Analysen gehen daher fast immer nur von
einem kleinen Datensatz aus, die dazu noch die Phase 0 haben.

Ich bin daher einen vollständig anderen Weg gegangen. Dieser
erlaubt es, unter Verzicht von Genauigkeit "interdependent" stets
in das Programm eingreifen zu können. Das Verfahren läßt sich

stark abkürzen, wenn man durch "Augenschein" aus der Graphik
erkennen kann, daß eine Berechnung abgebrochen werden kann,
weil keine signifikanten Ergebnisse mehr zu erwarten sind. Durch
Eingriff des Benutzers kann somit die Rechenzeit auf 30 bis
90 Minuten abgekürzt werden.

Nach Aufruf der "8" in der Auswertungsmenükarte kann der Be-
nutzer als erstes die Ausgabenarten entscheiden - Drucker oder
Bildschirm, Veränderung von vorgegebenen Parametern, Anzahl der
Graphikseiten etc.

Im ersten Teil bestimmt das Programm die Länge der Perio-
dizität der Schwingung. Hierzu nimmt es die ersten 128 Meßwerte
(die Anzahl der Meßpunkte kann verändert werden, was wesentli-
chen Einfluß auf die Rechenzeit hat) und verschiebt sie immer
um einen Punkt. Der Rechner vergleicht nun den ersten Satz Meßwerte mit denen um 1 verschobenen. Er bildet nach der Methode
der Summe der Fehlerquadrate die quadratische Abweichung. Dieser Wert wird ausgegeben und im Speicher notiert. Irgendwann
findet der Rechner ein Minimum dieser Abweichungen. Das kleinste der lokalen Minima wird als Periodenlänge genommen. Die
Periodendauer kann anschließend auf Wunsch per Hand verändert
werden.

Um konstante Überlagerungen zu eliminieren, wird der Mittelwert der Meßergebnisse berechnet und von allen Meßergebnissen
subtrahiert. Ganz am Ende der Fourier-Analyse wird er wieder
addiert.

Die Phasenlage wird durch Fourier-Analyse der Grundschwingung gewonnen. Hierbei wird der Meßwert mit dem Sinus der
Grundfrequenz multipliziert. Das Argument der Sinusfunktion
durchläuft dabei eine volle Schwingung. Es wird in diesem
Fall das Maximum der aufsummierten Werte gesucht. Diese Prozedur kann ebenfalls per Hand abgekürzt und das Ergebnis korrigiert werden.

Nachdem die Schwingungsdauer, der Mittelwert und die Phasenlage bekannt sind, kann die eigentliche Fourier-Analyse beginnen. Über alle 1024 Meßpunkte werden die Meßwerte mit den
einzelnen trigonometrischen Funktionswerten multipliziert und
aufsummiert. Die Rechenzeit hängt von der Anzahl der berück-
sichtigten Oberwellen ab. Der Rechenprozeß kann nach jeder Ober-
frequenz abgebrochen werden. Es werden jeweils die Frequenzen
und die Amplituden der zugehörigen Sinus- und Cosinusfunktion
ausgegeben.

Die Fourier-Synthese bildet die Überlagerung der vorher berechneten Sinus- und Cosinusfunktionen mit ihren Amplituden.
Zum Vergleich werden in eine Graphik die berechneten (durchgezogene Linie) und die gemessenen Werte (Punkte) eingezeichnet.

7.3 Einfache Auswertungsprogramme für digitale Messungen

Auch bei einigen digitalen Messungen werden Auswertungsprogramme benötigt. Dies trifft insbesondere zu, wenn Weg-Zeit-
Gesetze bestimmt werden. Hierzu müssen die Zeitintervalle integriert werden.

Nach Aufruf des Programmpunktes "8" der Hauptmenükarte bekommen Sie wiederum unter der Titelzeile die Auswertungsmenükarte für digitale Messungen, die in den Punkten "1" bis "7"
der für analogen Messungen entspricht. Unter "8" finden Sie
bereits den Programmpunkt für weitere Auswertungen. Die Untermenükarte entspricht wiederum der für analoge Messungen. Lediglich die Punkte "7" und "8" sind vertauscht. Der Punkt "8",
Integration, unterscheidet sich jedoch von der Mittelwertbildung bei den analogen Messungen. Hier wird für jeden Meßwert
die Summe aller vorhergehenden Meßwerte gebildet. Da es sich
um Zeiten handelt, entsprechen die aufsummierten Zeitintervalle
der bis dahin verflossenen Gesamtzeit. Es ist somit möglich,
durch digitale Zeitmessungen Weg-Zeit-Gesetze zu bestimmen.

In den übrigen Punkten unterscheiden sich die digitalen Auswerteprogramme von den analogen nur durch unwesentliche Details, die hauptsächlich den Meßbereich betreffen, da hier die Zeiten 10 Zehnerpotenzen überstreichen dürfen (statt 0 bis 255 bei den analogen Messungen).

8 Hardware

Ein großer Teil der hier benutzten Hardware wird in dem Buch
von K. Tillmann: Interfacing mit dem VIA 6522 im Apple-Pascal-
System, Vieweg (1985), ausführlich beschrieben. Ich möchte daher
hier nur eine summarische Zusammenfassung geben.

8.1 Das Interface mit dem VIA 6522

Ist der Rechner eingeschaltet, fließen zu jeder Zeit, auch
wenn der Computer scheinbar nichts tut, Informationen zwischen
den einzelnen Bauteilen, CPU (Central Processing Unit), Speicher und peripheren Geräten (z.B. Drucker), hin und her. Die
Träger dieser Informationen heißen Datenbus und Adreßbus.

Alle peripheren Geräte sind über diese beiden Bussysteme mit
der CPU und allen anderen Bausteinen verbunden. Jedes Interface
muß auf beiden Bussen von der CPU getrennt werden, wenn es
nicht von dieser angesprochen wird. Es sollte auch nicht Daten
vom Bus lesen, weil das Bussystem hierdurch zu stark belastet
wird. Die CPU muß uns hierfür zwei Signale zur Verfügung stellen:

- das $\overline{\text{CHIP SELECT}}$-Signal: normalerweise "hoch"; wenn ein bestimm-
  ter "Slot" angesprochen wird, geht dieses Signal auf niedrigen
  Pegel ("low").
- das READ/$\overline{\text{WRITE}}$-Signal: normalerweise niedriger Pegel für den
  Schreibzustand, hoher für den Lesezustand.

Für das $\overline{\text{CHIP SELECT}}$-Signal stellt uns der Apple zwei
Möglichkeiten zur Auswahl: $\overline{\text{DEVICE SELECT}}$ und $\overline{\text{I/O SELECT}}$. In
den Skizzen sehen Sie, daß bestimmte Signale über der Bezeich-
nung einen Strich führen. Dies bedeutet, daß der aktive Zustand
bei niedrigem Pegel liegt.

Für die Trennung der Bussysteme von den peripheren Geräten
wurden die beiden Puffer SN 74LS241 und SN 74LS243 entwickelt,
die Daten in beide Richtungen durchlassen, sperren oder jeweils
nur in eine Richtung durchlassen können. Der Baustein SN
74LS241 läßt die Daten des Adreßbusses unidirektional zum Interface durch. Der Chip SN 74LS243 ist ein Tristate-Puffer,
d.h., er kann drei Zustände annehmen. Für seinen Schaltungszu-
stand müssen wir eine eigene Logikschaltung aufbauen.

In den "Slots" eins bis sechs stehen dem Benutzer zwei Signale zur Verfügung, die aktiv werden, wenn dieser Slot von dem
Mikroprozessor 6502 angesprochen wird: $\overline{\text{DEVICE SELECT}}$ und $\overline{\text{I/O}}$
$\overline{\text{SELECT}}$. Wählt die CPU eine Adresse $Cn00 bis $CnFF an, so geht
das Signal $\overline{\text{I/O SELECT}}$ von hohem Pegel auf niedrigen Pegel. Wird
eine Adresse im Bereich $C0n0 bis $C0nF gewählt, so geschieht
das gleiche mit dem $\overline{\text{DEVICE SELECT}}$-Signal. Hierbei bedeutet n
jeweils die Slot-Nummer + 8, für Slot-Nr. 2 also n=10, entsprechend n=$A hexadezimal. Der VIA 6522 benötigt nun gerade den
letzten Adreßbereich, so daß das Signal $\overline{\text{DEVICE SELECT}}$ für uns
maßgebend ist. Wenn in diesem Buch vom $\overline{\text{CHIP SELECT}}$-Signal ge-
sprochen wird, ist immer dieses $\overline{\text{DEVICE SELECT}}$-Signal gemeint.
Da dieses Signal bereits den Speicherbereich C0xx kennzeichnet
(xx=beliebige Werte), sind für die weitere Bestimmung der Adres
se nur noch vier Bits A0..A3 notwendig.

Das zweite Problem (nach der Trennung der beiden Busse vom
Interface), welches wir lösen müssen, ist die Erzeugung des
Signals ϕ_2 . Dieses Signal wird zwar vom 6502 erzeugt und
kann an Pin 39 des 6502 abgegriffen werden, aber es steht aus
nicht bekannten Gründen in den einzelnen "Slots" nicht zur Verfügung. Der VIA 6522 benötigt jedoch dieses Signal.
ϕ_2 hat zwei Eigenschaften, die es uns erlauben, es aus ϕ_1
zu generieren:
- ϕ_2 ist invers zu ϕ_1 .
- ϕ_2 eilt um 15 bis 75 ns hinter ϕ_1 her (je nach Amplitude).

Die Phasenverschiebung läßt sich durch ein RC-Glied erreichen. Dieses zerstört jedoch die Kurvenform des Signals. Es
wird daher anschließend wieder durch einen Schmitt-Trigger auf
Rechteckformat gebracht. Der Schmitt-Trigger erfüllt gleichzeitig die Aufgabe des Inverters.

Die Erzeugung des ϕ_2-Signals ist die einzige kritische Stelle im Versuchsaufbau. Andererseits sollten diese Werte ohne
weitere Kontrollen die richtige Verzögerung bewirken. Der Trimmer sollte auf "Null" stehen. Für die Testphase ist es günstig,
sich einen Teststecker einzubauen, der die benötigten Signale
$\overline{CS}$, R/$\overline{W}$ vor der Logikschaltung und die Pegel an den Punkten A
und B sowie die Signale ϕ_1 und ϕ_2 enthält.

Ich schlage vor, eine 25polige Buchse vom Typ Min D in
dieser Reihenfolge zu belegen:

1 - PA0		14- PB3
2 - PA1		15- PB4
3 - PA2		16- PB5
4 - PA3		17- PB6
5 - PA4		18- PB7
6 - PA5		19- CB1
7 - PA6		20- CB2
8 - PA7		21- Ground
9 - CA1		22- -12V
10- CA2		23- +12V
11- PB0		24- -5V
12- PB1		25- +5V
13- PB2		

Bild 8.1 zeigt die Gesamtschaltung. Stecken Sie die selbst-
gebaute Karte nicht sofort in einen der Apple-"Slots". Testen
Sie sie erst!

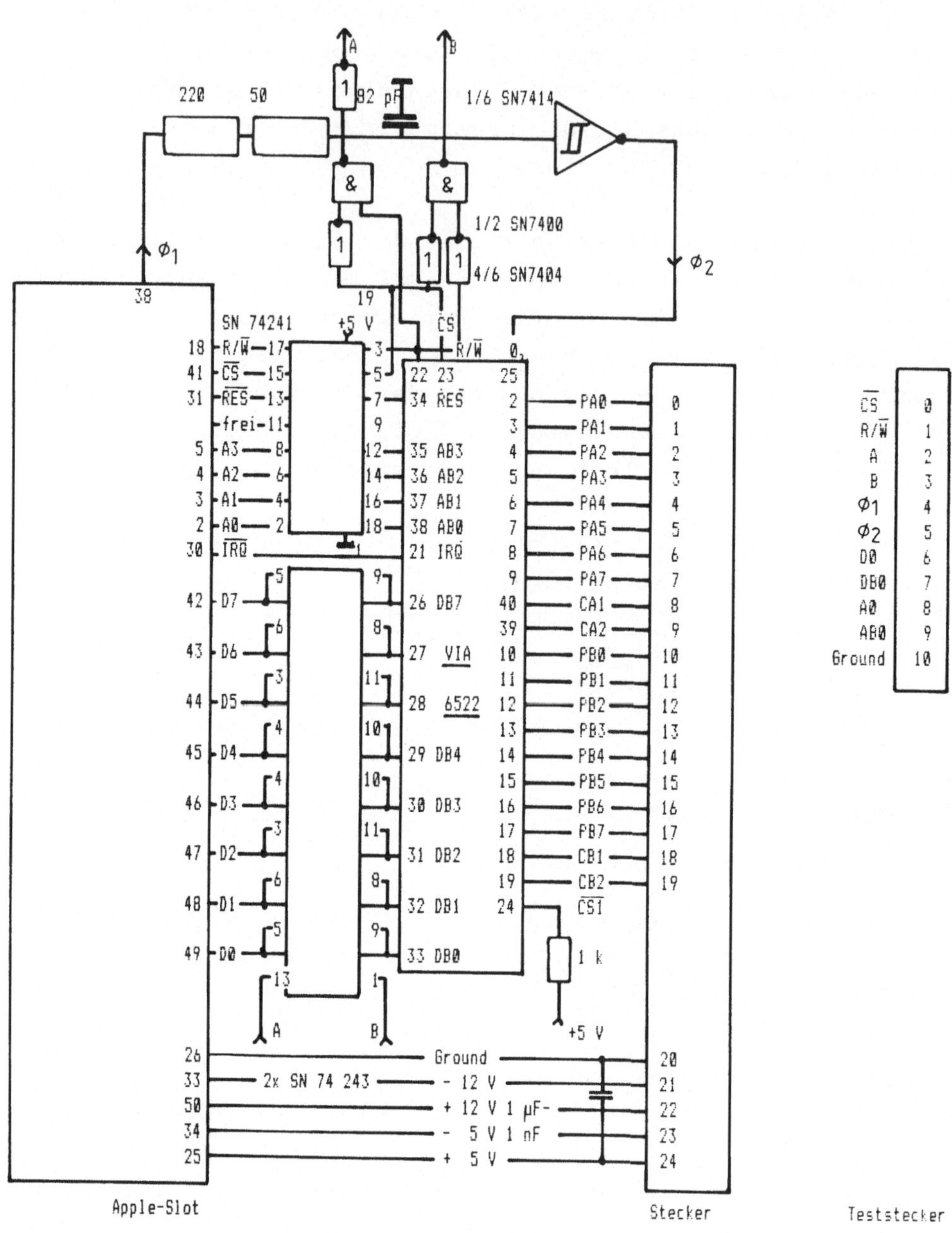

Bild 8.1   Die Gesamtschaltung des Interfaces

8.2 Test des Interfaces

Testen Sie das Interface zuerst außerhalb des Computers.
Die Karte sollte noch nicht den VIA 6522 enthalten.

Am Teststecker verfügen Sie über alle notwendigen Signale.
Zuerst versorgen Sie die Karte mit der +5V-Versorgungsspan-
nung. Ich nehme an, daß kein Kurzschluß vorliegt. Testen Sie
zuerst die Logikschaltung. Die Puffer dürfen nur bei bestimmten
Pegeln von $\overline{\text{CHIP SELECT}}$ und R/$\overline{\text{W}}$ die Signale durchlassen.

Erst wenn diese Testreihe erfolgreich ist, stecken Sie den
VIA 6522 in den Sockel und stecken das Verbindungskabel auf
den Stecker. Vergewissern Sie sich vorher, daß Sie nicht elek-
trostatisch aufgeladen sind (Heizung berühren). Bei ausgeschal-
tetem Rechner stecken Sie jetzt die Karte in einen der "Slots"
des Apple, z.B. "Slot" 2 (das ist der dritte von links). Vergewissern Sie sich, daß sie sicher steckt und nicht verkantet
ist. Schalten Sie den Apple an.

Wenn er jetzt nicht "bootet", dann schalten Sie ihn bitte sofort wieder aus. Es dürfte eigentlich nichts Schlimmes gesche-
hen sein, da sehr wahrscheinlich der obige Test nicht richtig
durchgeführt wurde. Wahrscheinlich war die Karte aktiv und hat
den Datenbus der CPU durcheinandergebracht. Überprüfen Sie
bitte erneut, daß das Interface bei $\overline{\text{CS}}$=1 keine Daten vom VIA
6522 zur CPU durchläßt.

"Bootet" der Apple, können Sie im Test weiterfahren. Die bei-
den folgenden Programme - zur Auswahl ein Pascal- und ein BASIC-
Programm - erzeugen an allen Ausgängen PA0 bis PA7 und PB0 bis
PB7 ein ca. 1/2-Hz-Signal, das Sie gut mit einem gewöhnlichen
Voltmeter beobachten können.

Pascal-Programm TEST1

```
PROGRAM TEST1;

VAR SLOT,VIA,
    DATRICHA,DATRICHB,DATENA,DATENB:INTEGER;

PROCEDURE POKE(ADRESSE:INTEGER;WERT:CHAR);EXTERNAL;

FUNCTION KEYPR:BOOLEAN;EXTERNAL;

PROCEDURE DELAY;
VAR TIME:INTEGER;
BEGIN
   FOR TIME:=1 TO 1600 DO;
END;


BEGIN
   SLOT:=2;
   VIA:=-16256+16*SLOT;
   DATENB:=VIA;
   DATENA:=VIA+1;
   DATRICHB:=VIA+2;
   DATRICHA:=VIA+3;
   POKE(DATRICHA,CHR(255));
   POKE(DATRICHB,CHR(255));
   WRITELN(CHR(12),'                  Test 1              ');
   WRITELN('===================================');
   GOTOXY(0,10);
   WRITELN('0,5 Hz auf allen Leitungen DA0...DA7, DB0...DB7');
   WRITELN;
   WRITELN('Ende: ===> Taste drücken.');
   REPEAT
      DELAY;
      POKE(DATENA,CHR(0));
```

```
        POKE(DATENB,CHR(0));
        DELAY;
        POKE(DATENA,CHR(255));
        POKE(DATENB,CHR(255));
    UNTIL KEYPR;
END.
```

Beachten Sie die Regeln im Abschnitt 9.5. Dann können Sie
die Prozeduren "POKE" und die Funktion "KEYPR" editieren und
assemblieren. Sie finden diese Assembler-Programme im Abschnitt
9.3.1. Den Pascal-Code "linken" Sie mit diesen beiden Modulen.

BASIC-Programm TEST2

```
10 SLOT=2
20 VIA=49280+16*SLOT
200 POKE VIA+2,255
300 POKE VIA+3,255
400 POKE VIA,255
500 POKE VIA+1,255
600 FOR J=1 TO 800:NEXT J
700 POKE VIA,0
800 POKE VIA+1,0
900 FOR J=1 TO 800:NEXT J
1000 I=PEEK(-16384)
1100 IF I>127 THEN GOTO 1300
1200 GOTO 400
1300 END
```

Die Programme können durch einen beliebigen Tastendruck ge-
stoppt werden.

Wenn Sie diese 1/2-Hz-Frequenz messen, ist Ihr Interface
sehr wahrscheinlich in allen Funktionen betriebsbereit, und
Sie können die weiteren Überprüfungen überspringen.

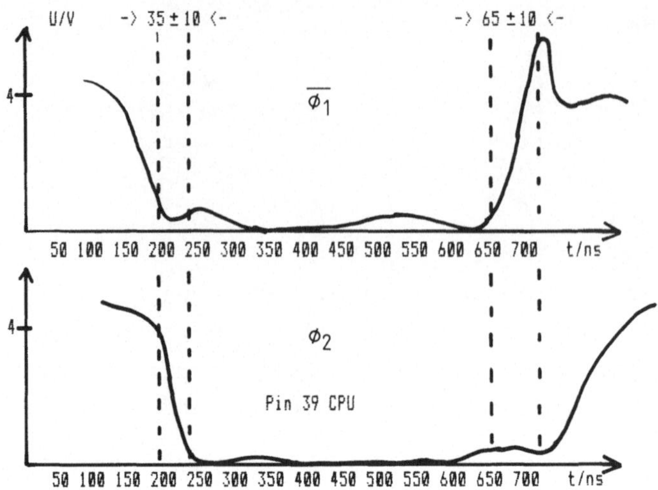

Bild 8.2   Die Signale $\overline{\phi_1}$ und ϕ_2 (Pin 39 CPU)

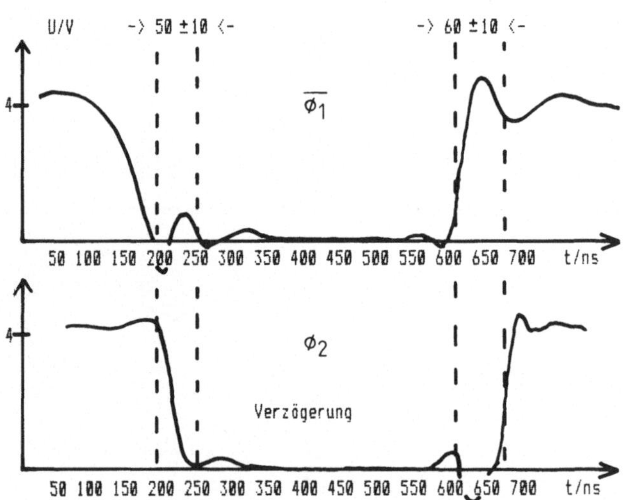

Bild 8.3   Die Signale $\overline{\phi_1}$ und ϕ_2 (Verzögerung)

Falls Sie diese Frequenz nicht beobachten können, muß das ϕ_2 -Signal überprüft werden. Über den Teststecker legen wir die Signale $\overline{\phi_1}$ und ϕ_2 auf die Eingänge eines Zweistrahloszilloskops mit 20 MHz Bandbreite. Für meine Messungen habe ich einen Hameg 203-4 benutzt. Ich erhielt die obigen Oszilloskopbilder bei einer Ablenkung von 0,5 ns, unter Benutzung der x5-Taste und einer y-Ablenkung von 2 V/cm (Bilder 8.2 und 8.3).

Ich habe bewußt keine abgeschirmten Kabel und keine Tastköpfe verwendet. Die Meßwerte müssen mit der Anstiegszeit des Oszilloskop-Vertikalverstärkers geringfügig korrigiert werden. Weichen Ihre Oszilloskopbilder stark von den Diagrammen ab (zu große oder zu kleine Phasenverschiebung zwischen ϕ_1 und ϕ_2), so können Sie den Trimmer verändern. Andere Korrekturmöglichkeiten gibt es nicht. Wiederholen Sie jetzt bitte den 1/2-Hz-Test. Messen Sie wiederum nicht diese Frequenz, müssen genauere Untersuchungen durchgeführt werden, die in dem oben genannten Buch aufgelistet sind.

8.3 Der D/A-Wandler DAC 0800

Unsere Welt besteht meistens aus analogen, sich stetig verändernden Signalen. Will man also z.B. Spannungen oder Töne mit dem Computer variieren, so ist es zweckmäßig, das an der parallelen Schnittstelle anstehende digitale 8-Bit-Signal in ein analoges umzuwandeln. 8 Bits ermöglichen eine noch zufriedenstellende Auflösung der Meßwerte. Einen Überblick über die Wandler der Baureihe DAC liefert das "Linear Databook" von National Semiconductor (s. Anhang). Der Baustein DAC 0800 ist leicht zu handhaben und bietet eine zeitlich stabile Spannung. Das Buch "Linear Databook" von National Semiconductor liefert eine einfache Schaltung, die übersichtlich, schnell und kostengünstig zu realisieren ist. Falls Sie diesen D/A-

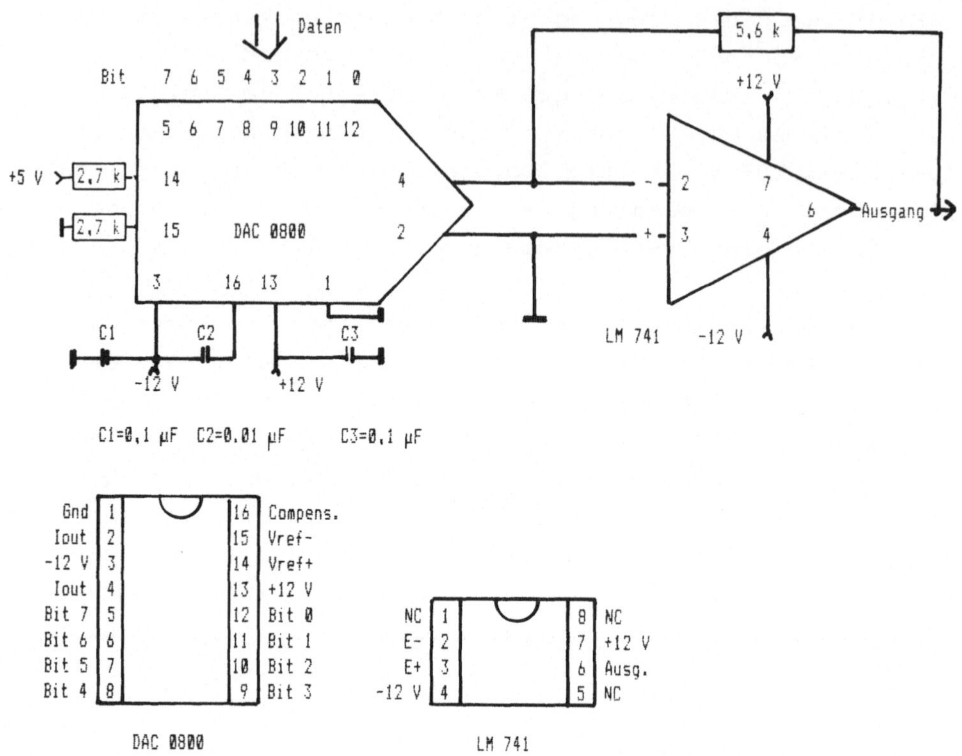

Bild 8.4 Schaltplan des D/A-Wandlers DAC 0800

Wandler nicht beziehen können, so können Sie auch bei leichten
Abwandlungen des Schaltplans den Wandler DAC 0807 benutzen.

Die Ausgangsspannung muß durch den Operationsverstärker
LM 741 auf den richtigen Bereich (von mir wurden 0 bis 10 V
gewählt) gebracht werden. Gleichzeitig erniedrigt er den Innenwiderstand, so daß der Ausgang mit 12 mA belastet werden
kann.

8.4 Der A/D-Wandler ADC 0804

Intern entspricht der Wandler einem Netzwerk von 256 Widerständen. Im Takt des internen Pulsgebers wird die eingegebene Spannung mit dem Spannungsabfall an diesen Widerständen verglichen. Hierzu benötigt der Wandler 8 Vergleiche oder 64 Puls-Zyklen. Die Frequenz dieses Frequenzgenerators wird durch den Widerstand 10 k und durch den Kondensator 150 pF bestimmt. Hierdurch erreicht man einen Takt mit der Frequenz f=0.9/(R*C) = 600 kHz.

Zum Start einer Umwandlung muß die R/$\overline{\text{W}}$-Leitung kurzzeitig auf "low" gezogen werden. Nach Beendigung der Umwandlung geht $\overline{\text{INTR}}$ kurz auf "low". Man kann den Wandler nun im sogenannten "Free-running-mode" laufen lassen, indem man R/$\overline{\text{W}}$ mit $\overline{\text{INTR}}$ verbindet. Jede Beendigung einer Umwandlung bewirkt den Start einer neuen. Ein erster Übergang wird durch das Einschalten des Gerätes (hoffentlich) erzeugt. In diesem "mode" können maximal 600 000/64, d.h., ungefähr 10 000 Umwandlungen in einer Sekunde erreicht werden.

Die Anschlüsse $\overline{\text{CS}}$ und $\overline{\text{RD}}$ werden mit Gnd verbunden, da der VIA 6522 das $\overline{\text{CS}}$-Signal bereits verarbeitet.

Besonderer Wert wurde auf die Sicherung des Eingangs gegen zu hohe Spannungen und gegen ein Verpolen gelegt. Die vorgeschlagene Lösung mit zwei Dioden sichert die Eingänge bis zur Durchbruchspannung ab und ist gleichzeitig sehr einfach. Ist die angelegte Spannung mehr als doppelt so hoch wie die Versorgungsspannung + 0,3 V bei Germaniumdioden, so fließen die Ladungen zum Pluspol ab. Bei negativen Eingangsspannungen fließen die Ladungen zum Minuspol ab. Es sollten Germanium-Dioden verwendet werden, da diese nur eine Diffusionsspannung von 0,3 V gegenüber 0,6 V bei Silizium-Dioden haben.

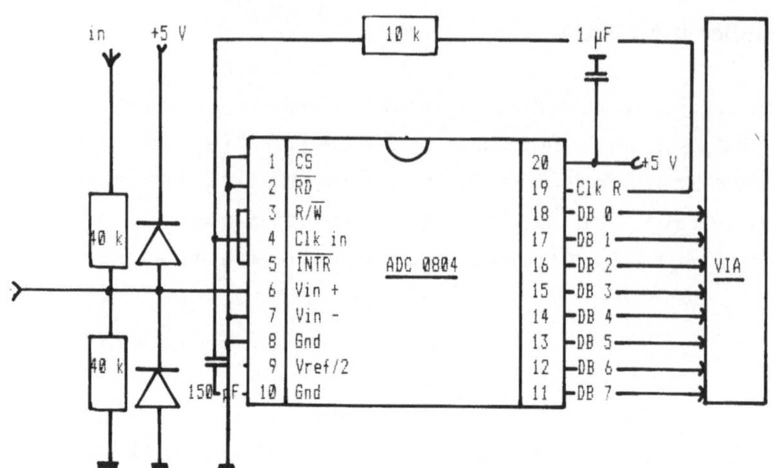

Die Anschlußbelegungen des Wandlers können der Schaltung direkt entnommen werden.

Bild 8.5   Schaltung A/D-Wandler ADC 0804

8.5 Multiplexer zur Verdopplung der Ports

Der VIA 6522 hat zwei Ports (A und B, Ports sind Schnittstellen) zu je 8 Bits und je 2 digitalen Steuerleitungen CA1,
CA2 und CB1 und CB2. Beide Ports können als Ein- und Ausgang
dienen. Wir benötigen in einigen Versuchen jedoch 2 Steuerspannungen und gleichzeitig zwei Eingänge zum Messen von
Spannungen. Die folgenden Schaltungen vermögen nun mit Hilfe
von Multiplexern die Anzahl der Ports zu verdoppeln. "Welcher"
der zwei Eingänge bzw. Ausgänge "gerade dran ist", wird durch
die Steuerleitungen CA1 bis CB2 bestimmt. Leuchtdioden zeigen
jeweils an, welcher Wandler gerade eingeschaltet ist. Diese
elektronische Schalter nenne ich "x-y-switch". Die Schaltung
ließe sich auch durch 2 Interfacekarten ersetzen, jedoch sollte
man die wenigen "Slots" des Apple so wenig wie möglich besetzen.

Grundsätzlich wird durch diese Schaltung Port A als Eingangs-
port ("Messen") und Port B als Ausgangsport ("Steuern") genutzt.

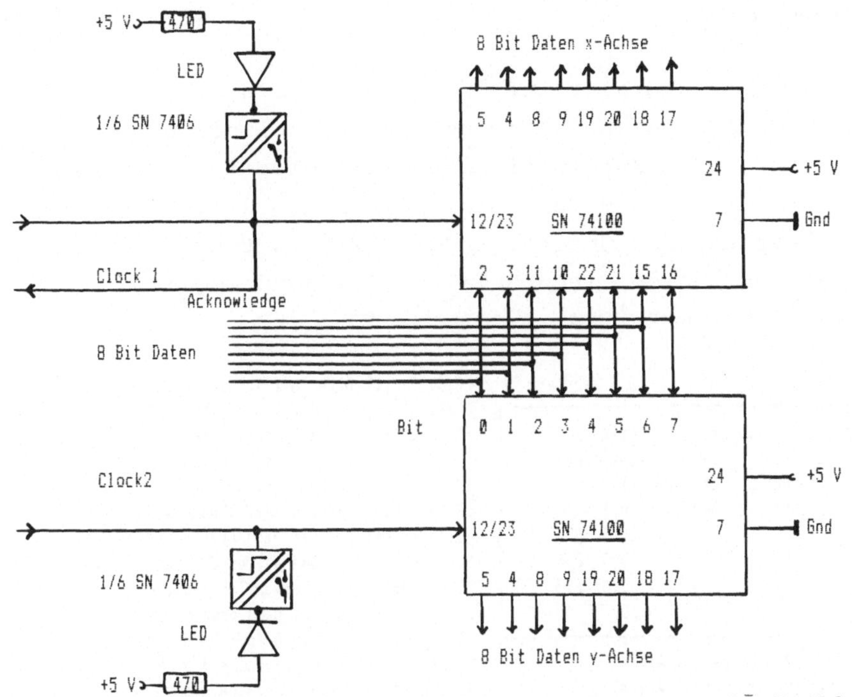

Bild 8.6   Schaltung "x-y-switch" D/A-Wandler

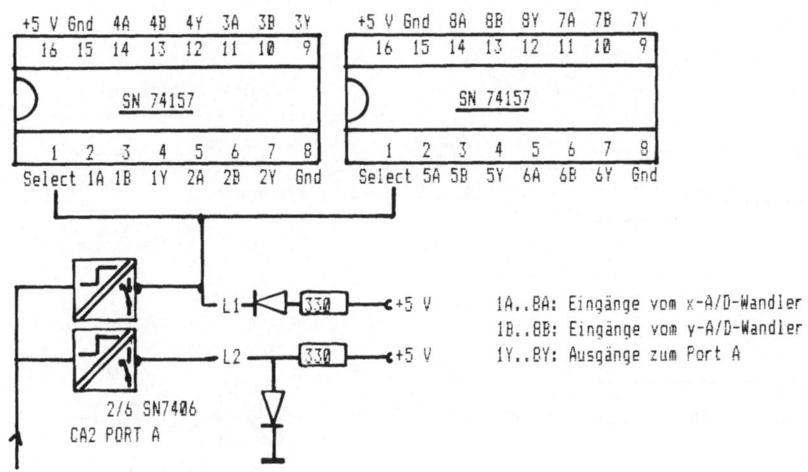

Bild 8.7   Schaltung "x-y-switch" A/D-Wandler

8.6 Die Anzeige-Platinen

Die Anschlüsse und alle zur Übersicht über das System notwendigen Leuchtdioden, Schalter und Tasten sollten übersichtlich in einen großen Kunststoffkasten integriert werden. Zusätzlich sollten CA2 und CB2 über Treiber als Relaisausgänge geschaltet werden. Das Umschalten der "x-y-switches" sollte per Software und durch einen Schalter per Hand möglich sein (Stellungen HAND-COMPUTER).

```
A/D-Wandler                        D/A-Wandler      LDx0..7: LED Daten A/D-Wandler 8 Bit
                                                    LDy0..7: LED Daten D/A-Wandler 8 Bit
 Ft1    LDx0    B5  L7  B6     LDy0        FT2       Ft1,Ft2: Fototransistoren x und y
 L1  L2 LDx1                   LDy1  L8  L9          S1,S2: Schalter für Licht/Spannung
 S1  S2 LDx2 L3 B7     B8  L4  LDy2                  L1,L2: LED Anzeige A/D-W. x oder y
 S3  S4 LDx3 L5 B9     B10 L6  LDy3                  L8,L9: LED Anzeige D/A-W. x oder y
 T1  T2 LDx4                   LDy4  S5  T3          S3: "x-y-switch" per Hand oder Computer
 B1  B2 LDx5    B11    B12     LDy5  B15 B16         S4: "x-y-switch" Umschalter per Hand A/D-Wandler
 B3  B4 LDx6    B13    B14     LDy6  B17 B18         T1,T2: RESET für A/D-Wandler x und y
        LDx7                   LDy7                  S5: "x-y-switch" per Hand oder Computer
                                                    T3: Taster "x-y-switch" per Hand D/A-Wandler
 B1,B2: 5-V- bzw. 10-V-Eingang x-A/D-W.             L3 bis L5: LEDs zu den Buchsen B7 bis B10
 B3,B4: 5-V- bzw. 10-V-Eingang y-A/D-W.             B11: Relaisausgang Port A CA2
 B5: Gnd; B6: +5 V; L7: +5 V                        B12: Relaisausgang Port B CB2
 B7: Strobe Port A; B8: Strobe Port B               B13: Eingang Schmitt-Trigger
 B9: Ackn. Port A ; B10: Ackn. Port B               B14: Ausgang Schmitt-Trigger
 Alle LEDs 3mm rot, L3 bis L6 grün; Fototransistoren s. Bild 8.12, Schalter 2x um, Buchsen 4 mm.
```

Bild 8.8   Aufteilung der Bedienungsfläche

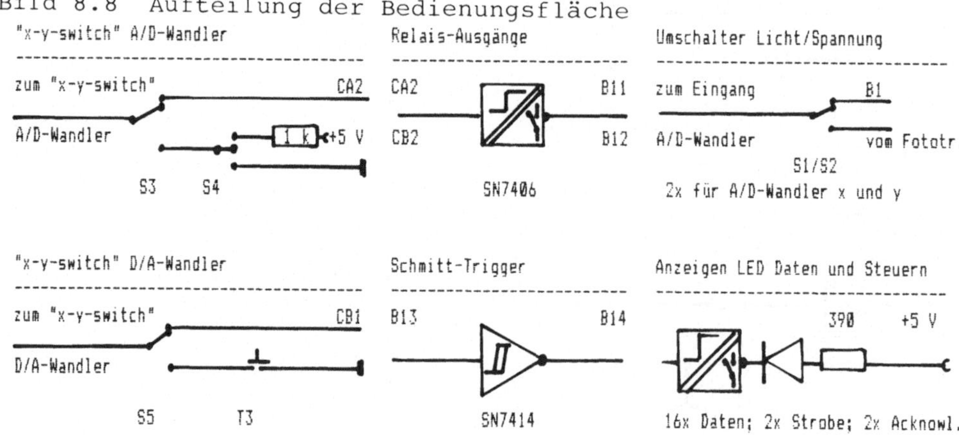

Bild 8.9   Schalter und Taster, Ansteuerung LEDs

8.7 Anschlußbelegungen

Die folgenden Bilder 8.10 und 8.11 zeigen die Anschlußbelegungen aller benötigten ICs.

```
        Gnd  │ 1        40 │ CA1
        PA0  │ 2        39 │ CA2
        PA1  │ 3        38 │ AB0
        PA2  │ 4        37 │ AB1
        PA3  │ 5        36 │ AB2
        PA4  │ 6        35 │ AB3
        PA5  │ 7        34 │ RES
        PA6  │ 8        33 │ DB0
        PA7  │ 9        32 │ DB1
        PB0  │ 10       31 │ DB2
        PB1  │ 11       30 │ DB3
        PB2  │ 12       29 │ DB4
        PB3  │ 13       28 │ DB5
        PB4  │ 14       27 │ DB6
        PB5  │ 15       26 │ DB7
        PB6  │ 16       25 │ Φ2
        PB7  │ 17       24 │ CS1=+5V
        CB1  │ 18       23 │ CS
        CB2  │ 19       22 │ R/W
        +5V  │ 20       21 │ IRQ
```

Anschlußbelegung des VIA 6522

```
                    Rückseite des Apple
        Gnd  │ 26       25 │ +5V
             │ 27       24 │
             │ 28       23 │
             │ 29       22 │
        IRQ  │ 30       21 │
        RES  │ 31       20 │
             │ 32       19 │
       -12V  │ 33       18 │ R/W
        -5V  │ 34       17 │
             │ 35       16 │
             │ 36       15 │
             │ 37       14 │
        Φ1   │ 38       13 │
             │ 39       12 │
             │ 40       11 │
         CS  │ 41       10 │
         D7  │ 42        9 │
         D6  │ 43        8 │
         D5  │ 44        7 │
         D4  │ 45        6 │
         D3  │ 46        5 │ A3
         D2  │ 47        4 │ A2
         D1  │ 48        3 │ A1
         D0  │ 49        2 │ A0
       +12V  │ 50        1 │ I/O SELECT
                    Vorderseite des Apple
```

Anschlußbelegung der Apple-Slots 1 bis 6

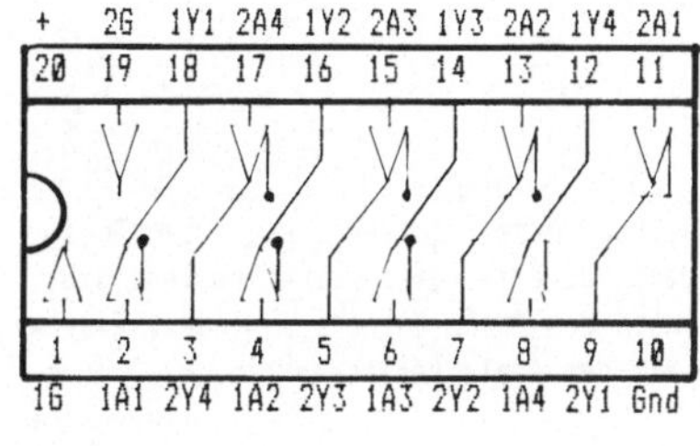

SN 74LS241

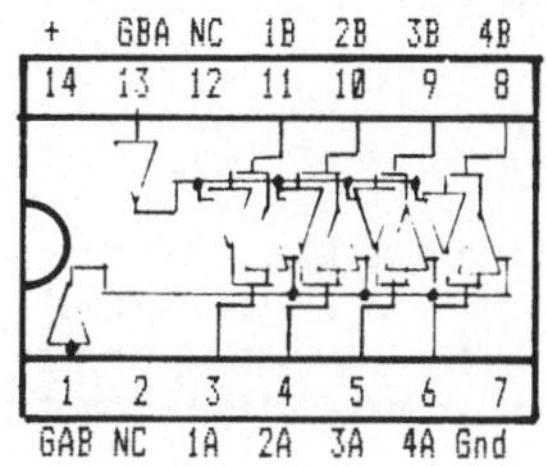

SN 74LS243

Bild 8.10   Anschlußbelegungen 1. Teil

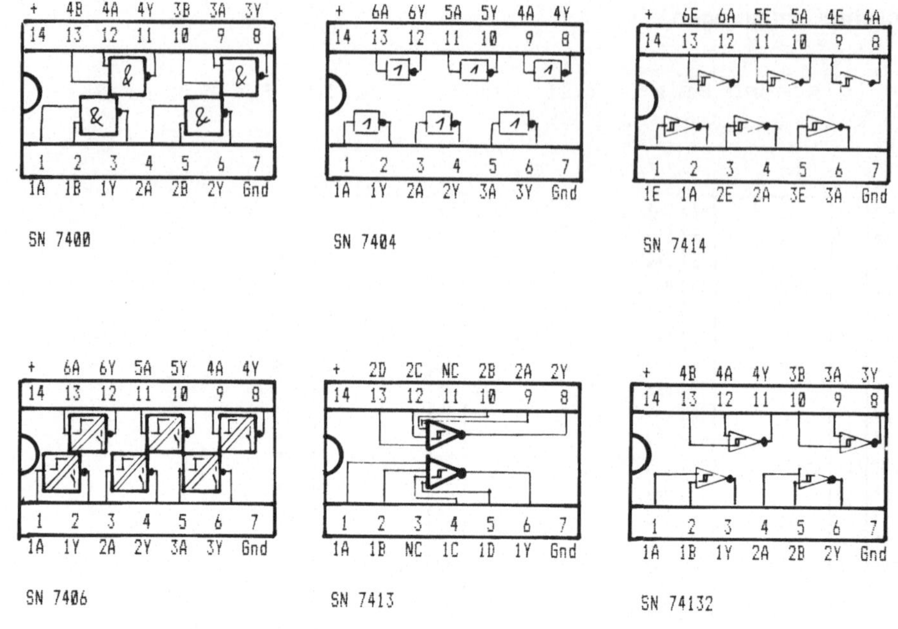

SN 7400   SN 7404   SN 7414

SN 7406   SN 7413   SN 74132

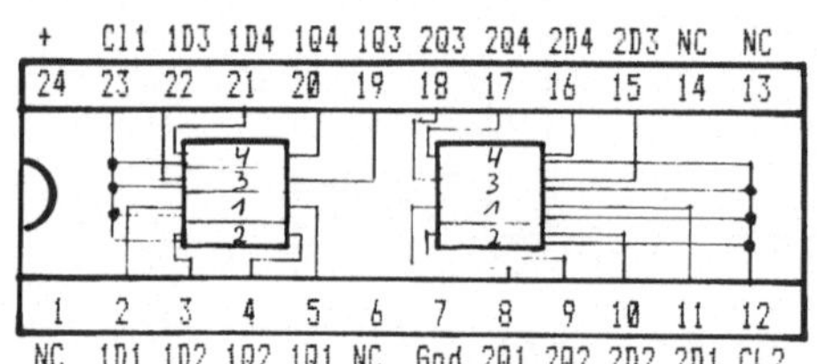

SN 74100

Der Spannungsregler 7805 ist ein 1-A-Fest-
spannungsregler für positive Eingangsspannungen im Bereich 7 V bis 35 V.
Die Montagefläche ist mit dem Kollektor
verbunden. Von der gegenüberliegenden Seite
aus lauten die Anschlußbelegungen von
links nach rechts:
Input - Common - Output (TO-220-Gehäuse).

Alle Belegungen sind jeweils von oben (schwarzes Gehäuse) gesehen. Die Kerbe legt jeweils die Lage des
ersten Pins fest. Es sollten möglichst Sockel verwendet werden damit es beim Löten keine Probleme gibt.
Nur wenn die Anzahl der Zusatzkarten gering ist, könnendie Spannungen dem Apple entnommen werden. Andernfalls muß ein externes Netzgerät benutzt werden, das nur"Ground" mit dem Apple gemeinsam hat.

Bild 8.11   Anschlußbelegungen 2. Teil

8.8 Zusatzgeräte: Fototransistor, Thermofühler, Mikrofon

In diesem Abschnitt finden Sie drei einfache Schaltungen für nützliche Zusatzgeräte: Für den Fototransistor, den Thermofühler und für ein dynamisches Mikrophon.

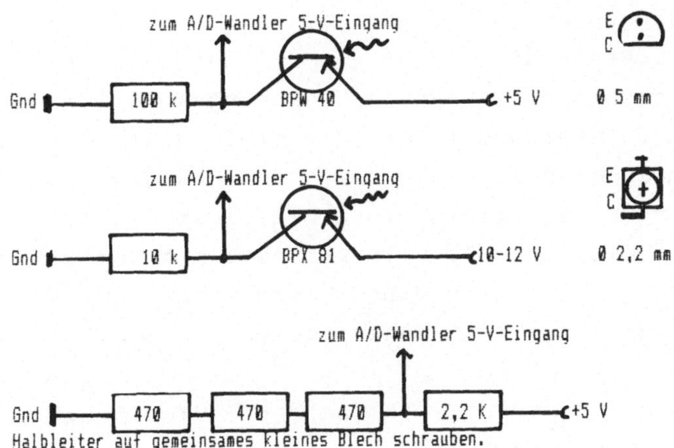

Bild 8.12   Schaltungen Fototransistor und Thermofühler

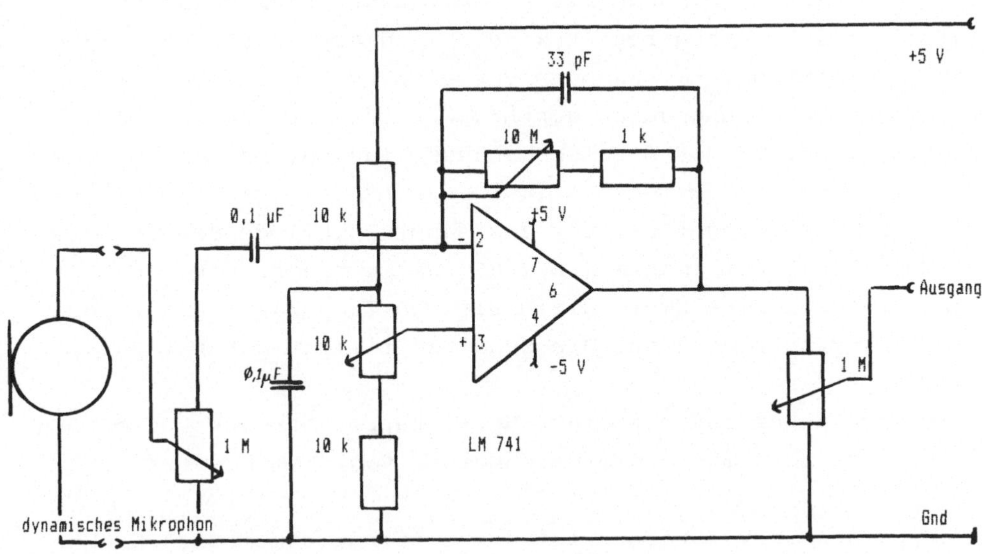

Bild 8.13   Schaltung dynamisches Mikrophon

8.9 Lichtschranke

Die Gabellichtschranke besteht aus einer Glühlampe als Sen-
der und einer Fotodiode als Empfänger. An den Empfänger
schließt sich ein Vorverstärker und ein Betriebsgerät mit Netzteil und Ein- und Ausgängen an. Die Fotodiode ist in Sperrichtung mit einem 150-k-Widerstand in Reihe als Spannungsteiler
geschaltet. Der vom Lichteinfall abhängige Spannungsabfall an
der Diode steuert nach Verstärkung einen Schmitt-Trigger. Der
Übergang von einem zum anderen Zustand erfolgt unabhängig von
der Geschwindigkeit der Helligkeitsänderung mit einer Flanken-
steilheit von 100 V/µs. Dies ist für alle Versuche mit dem
Computer mehr als ausreichend. Durch einen Umschalter kann das
Startsignal von dunkel/hell auf hell/dunkel gelegt werden.

Der Lichtsender besteht aus einer Glühlampe 5,5 V/ 0,5 A,
deren Licht mit einer Sammellinse auf den Lichtempfänger kon-
zentriert wird. Die Stromversorgung erfolgt aus einem 12-V-
Netzteil, dessen Spannung mit einem integrierten Spannungsregler auf 5 V herabgeregelt wird. Mit dieser Spannung werden
auch das Betriebsgerät und der Vorverstärker betrieben. Wegen
der großen Belastung durch den Lampenstrom ist dieser Regler
an der Innenseite des Betriebsgehäuses (aus Blech) angeschraubt.

Der Lichtempfänger besteht aus einer Fotodiode BPW 34, die
ein Empfindlichkeitsmaximum bei 850 nm im nahen Infraroten besitzt und dort eine Empfindlichkeit von 70 nA/lux zeigt. Der
Dunkelstrom beträgt 2 nA. Die Schaltzeit liegt unter 1 µs.

Der Empfänger ist mit einer Metallkappe abgedeckt, die vorn
ein kleines Loch mit einem Durchmesser von 1 mm besitzt.

Durch den Vorverstärker ist die Empfindlichkeit des Licht-
empfängers so gut, daß eine genaue Justierung des Strahlen-
gangs nicht erforderlich ist.

Die unbeleuchtete Fotodiode sperrt den Darlingtonverstärker, die beleuchtete schaltet ihn durch. Die beiden Schmitt-Trigger am Eingang dienen nur als Trennstufe. Da sie bereits das Signal invertieren, erhält man am Ausgang des Vorverstärkers die Zustände "high" bei "dunkel" und "low" bei "hell".

Die Ein- und Ausgänge des Betriebsgerätes sind so niederohmig, daß alle Verbindungen auch über große Entfernungen unabgeschirmt verlegt werden können.

Diese Schaltung wurde von einer Elektronik-AG der Rückert-Oberschule in Berlin entwickelt.

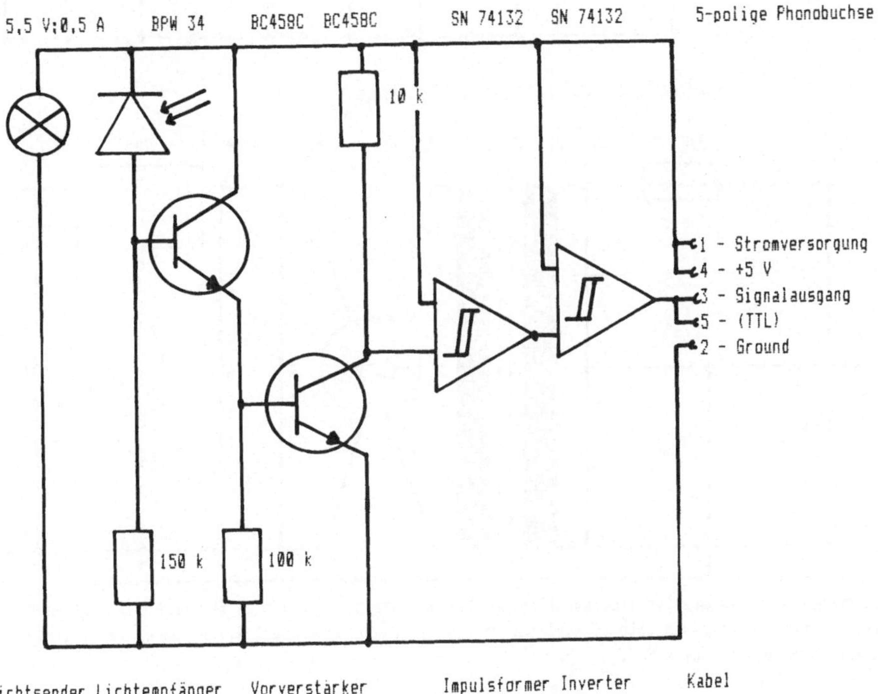

Bild 8.14   Schaltung der Lichtschranke

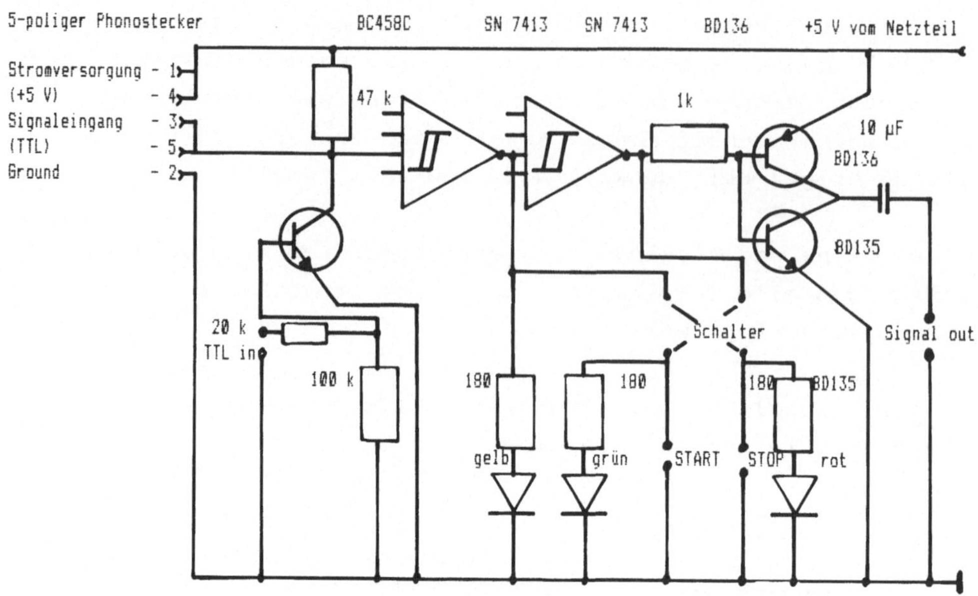

Bild 8.15   Betriebsgerät Lichtschranke

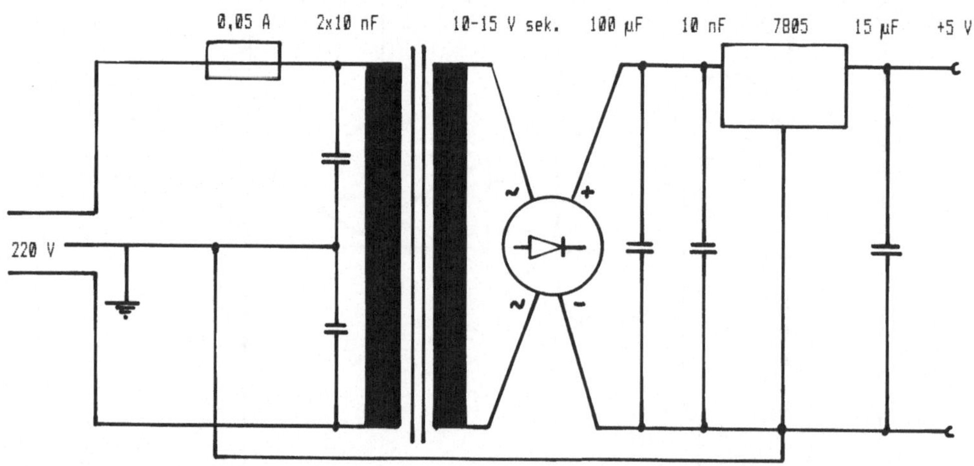

Die Ausgangsspannung ist elektronisch stabilisiert und beträgt 5 V. Es können Ströme bis 1 A gezogen werden.
Die Stromaufnahme der Lichtschranke einschließlich des Lichtsenders beträgt 0,7 A, dabei verringert sich die
Ausgangsspannung bereits auf 4,8 V.

Bild 8.16   Netzteil zur Lichtschranke

9 Software

9.1 Die Pascal-Programme

Alle Programme werden durch die Hauptmenükarte, die sich im
File MENUE befindet, gesteuert. Alle anderen Programme werden
durch die "Unit" CHAINSTUFF aufgerufen. Nach Abarbeitung der
Programme wird MENUE immer wieder aufgerufen.

Die Pascal-Programme sind modular aufgebaut. Sie benutzen
"Units", die einzeln kompiliert und mehrfach verwendet werden
können. Die Codes der "Units" sind in "Libraries" zusammengefaßt.
Hier werden die "Libraries" PHYSIKLIB, PHYSIKLIB1 und PHYSIKLIB2
benutzt. Sie umfassen teilweise 50 Kbyte. Die Codes der "Units"
werden durch den "Linker" in das Pascal-Programm eingefügt.
Das gleiche gilt für die externen Assembler-Prozeduren und
-Funktionen. Die "Units" werden im nächsten Abschnitt behandelt,
die Assembler-Programme im Abschnitt 9.3.

9.1.1 Pascal-Programm MENUE

Es seien hier nur einige Bemerkungen zu den Pascal-Programmen erlaubt, die für alle Programme gelten. "Units", die sich
nicht in der SYSTEM-LIBRARY befinden, müssen durch die Compiler-Option U deklariert werden. Diese Option bestimmt die zugehörige "Library". Das Programm holt sich aus dieser "Library"
dann den Deklarationsteil der "Unit", der für das Hauptprogramm
sichtbar sein soll ("Interface"). Externe Assembler-Prozeduren
und -Funktionen werden wie andere Prozeduren und Funktionen vor
dem Hauptprogramm deklariert.

In fast allen Programmen muß die "Slot"-Nummer bekannt sein.
Dies ist die Nummer des "Slots", in dem sich das Interface mit
dem VIA 6522 befindet. Ich habe aus bestimmten Gründen nicht
die gängige Methode mit SETCVAL und GETCVAl der CHAINSTUFF-

"Unit" benutzt, sondern "poke" diese Zahl in den Speicher
10000 und benutze noch zusätzlich einen Kontrollwert im Speicher 10001.


```
(*$S++*)
PROGRAM MENUE;   (* Haupt-Menükarte *)
USES TRANSCEND,CHAINSTUFF,TURTLEGRAPHICS,
     (*$U #5:PHYSIKLIB*) GRAPH2UNIT,SCHAL1UNIT,SCHAL2UNIT;


VAR CH,WAHL1,WAHL2:CHAR;
    SLOT,I,J:INTEGER;
    QQ:INTERACTIVE;
    ST:STRING;


FUNCTION PEEK(ADRESSE:INTEGER):INTEGER;EXTERNAL;


PROCEDURE POKE(ADRESSE:INTEGER;WERT:CHAR);EXTERNAL;


PROCEDURE HARDCOPY(GROESSE:INTEGER);EXTERNAL;


PROCEDURE INVERSE;           (* Bitte an eigene 80-Zeichen-Karte *)
BEGIN                        (* anpassen *)
   WRITE(CHR(154),'3');
END;


PROCEDURE NORMAL;
BEGIN
   WRITE(CHR(154),'2');
END;


PROCEDURE TOP1;
BEGIN
   WRITE(CHR(12));
   INVERSE;
```

```
   WRITE('Analoge und digitale Meßwerterfassung mit Echtzeit');
   WRITELN('uhr mit dem VIA 6522');
   NORMAL;
END;


PROCEDURE TOP2(ST:STRING);
BEGIN
   WRITE(CHR(12));
   INVERSE;
   WRITELN(ST);
   NORMAL;
END;


PROCEDURE MENUE1;
BEGIN
   TOP1;
   GOTOXY(72,0);
   WRITE('Slot =',SLOT:2);
   GOTOXY(0,4);
   WRITELN('Bitte wählen Sie:');
   WRITELN;
   WRITELN('0 - Ende');
   WRITELN;
   WRITELN('1 - Schaltungen');
   WRITELN('2 - Ausgabe der Graphik auf dem Epson FX-80');
   WRITELN('3 - Demonstration der Wandler');
   WRITELN;
   WRITELN('4 - schnelle analoge Messungen');
   WRITELN('5 - schnelle digitale Messungen');
   WRITELN;
   WRITE('6 - Regeln und Messen: Kennlininien elektronischer ');
   WRITELN('Bauteile');
   WRITELN;
   WRITELN('7 - Auswertungsprogramme für analoge Messungen');
   WRITELN('8 - Auswertungsprogramme für digitale Messungen');
```

```
    REPEAT
        GOTOXY(0,23);
        WRITE('===> ');
        READ(WAHL1);
    UNTIL (WAHL1>='0') AND (WAHL1<='8');
END;


PROCEDURE MENUE2;
BEGIN
    ST:='Kennlinien von Dioden, Transistoren, ICs, Widerständen,
                                                       LEDs';
    TOP2(ST);
    GOTOXY(71,0);
    WRITE(' Slot =',SLOT:2);
    GOTOXY(0,6);
    WRITE('Bitte wählen Sie:                ');
    INVERSE;
    WRITELN('Achtung : x-y-switch an Port A und B !');
    NORMAL;
    WRITELN;
    WRITELN;
    WRITELN('0 - Ende');
    WRITELN;
    WRITELN('1 - Kennlininien Zweipole');
    WRITELN;
    WRITELN('2 - Kennlinienfelder von npn-Transistoren');
    WRITELN;
    WRITE('3 - Kennlinien einiger ICs (Schmitt-Trigger, Inver');
    WRITELN('ter, AND-Gate, Hysterese)');
    REPEAT
        GOTOXY(0,23);
        WRITE('===> ');
        READ(WAHL2);
    UNTIL (WAHL2>='0') AND (WAHL2<='3');
END;
```

```
PROCEDURE FAELLE;


PROCEDURE A;
BEGIN
   IF WAHL1='1' THEN READ(CH) ELSE HARDCOPY(5);
END;


BEGIN
   CASE WAHL1 OF
   '1','2':BEGIN
              IF WAHL1='2' THEN REWRITE(QQ,'PRINTER:')
              ELSE REWRITE(QQ,'CONSOLE:');
              SCHALTPORT(' Schaltung der Ports und Wandler ');
              TEXT;
              A;
              VIA6522;
              A;
              SWITCHMESSEN;
              A;
              WRITE(QQ,CHR(12));
              SWITCHSTEUERN;
              A;
              CLOCKSIGNALE;
              A;
              ADWANDLER;
              A;
              WRITE(QQ,CHR(12));
              DAWANDLER;
              A;
              SYMBOLEAD;
              A;
              SYMBOLEDA;
              A;
              WRITE(QQ,CHR(12));
              SYMBOLDIG;
```

```
                A;
                TEXTMODE;
                CLOSE(QQ,LOCK);
            END;
    '3':SETCHAIN('#5:DEMONSTRAT');
    '4':SETCHAIN('#5:ANALOMENUE');
    '5':SETCHAIN('#5:DIGITMENUE');
    '6':MENUE2;
    '7':SETCHAIN('#5:AUSWERTUNG');
    '8':SETCHAIN('#5:DIGAUSWERT');
    END;
    CASE WAHL1 OF
    '3':TOP2('Demonstration der Wandler');
    '4':TOP2('schnelle analoge Messungen');
    '5':TOP2('schnelle digitale Messungen');
    '7','8':TOP2('Auswertungsprogramme');
    END;
END;


BEGIN
    I:=PEEK(10000);
    J:=PEEK(10001);
    IF (I>1) AND (I<=7) AND (J=170) THEN SLOT:=I ELSE
    BEGIN
        TOP1;
        GOTOXY(0,10);
        WRITE('Bitte Slot-Nummer des Interfaces eingeben: ===> ');
        REPEAT
            GOTOXY(50,10);
            READ(CH);
        UNTIL (CH>='1') AND (CH<='7');
        SLOT:=ORD(CH)-48;
    END;
    WAHL2:='9';
    REPEAT
```

```
                  TEXTMODE;
      MENUE1;
      FAELLE;
    UNTIL (WAHL1 in ['0','3'..'5','7','8']) OR
          ((WAHL1='6') AND (WAHL2<>'0'));
    CASE WAHL2 OF '1':SETCHAIN('#5:KENNLINIE');
                  '2':SETCHAIN('#5:TRANSISTOR');
                  '3':SETCHAIN('#5:IC');
    END;
    CASE WAHL2 OF '1':TOP2('Kennlinien diverser Zweipole    ');
                  '2':TOP2('Kennlinien von npn-Transistoren ');
                  '3':TOP2('Kennlinien diverser ICs         ');
    END;
    POKE(10000,CHR(SLOT));
    POKE(10001,CHR(170));
END.
```

9.1.2 Pascal-Programm DEMONSTRAT

Unter dem Programmpunkt "3" rufen Sie das Demonstrations-
programm auf.

```
(*$S++*)
PROGRAM DEMONSTRATION;  (* Demonstrations-Menükarte *)
USES TRANSCEND,CHAINSTUFF,TURTLEGRAPHICS,
     (*$U PHYSIKLIB*) GRAPHUNIT,GRAPH2UNIT;


VAR PHASE,ZAEHLER,STAND1,STAND2,SPANNUNG:INTEGER;
    WAHL6,WAHL7,WAHL8:CHAR;


FUNCTION KEYPR:BOOLEAN;EXTERNAL;


PROCEDURE TOP1;
BEGIN
   WRITE(CHR(12));
   INVERSE;
```

```
    WRITELN('Demonstration zur Anwendung der Wandler');
    NORMAL;
END;


PROCEDURE MENUE6;
BEGIN
    TOP1;
    GOTOXY(72,0);
    WRITE('Slot =',SLOT:2);
    GOTOXY(0,4);
    WRITELN('Bitte wählen Sie:');
    WRITELN;
    WRITELN('0 - Ende');
    WRITELN;
    WRITELN('1 - Schaltungen');
    WRITELN;
    WRITELN('2 - Temperaturmessung');
    WRITELN;
    WRITELN('3 - Analog-Messungen über Port A - num. Ausgabe');
    WRITELN;
    WRITELN('4 - Analog-Messungen über Port A - graph. Ausgabe');
    WRITELN;
    WRITELN('5 - Feste Spannungen über Port B ausgeben');
    WRITELN;
    WRITELN('6 - Funktionale Spannungen über Port B ausgeben');
    WRITELN;
    WRITELN('7 - Graphikausgabe auf den EPSON FX-80');
    REPEAT
        GOTOXY(0,23);
        WRITE('===> ');
        READ(WAHL1);
    UNTIL (WAHL1>='0') AND (WAHL1<='7');
END;
```

```
PROCEDURE CELSIUS;

CONST SLOPE=0.94;

VAR RE:REAL;

BEGIN
   SWITCHAX;
   KENNLITOP('          Temperaturmessung                    ');
   GOTOXY(0,9);
   WRITE('             o');
   GOTOXY(0,10);
   WRITE('===>          C   <===');
   REPEAT
      GOTOXY(5,10);
      RE:=0;
      FOR I:=1 TO 200 DO RE:=RE+76-SLOPE*PEEK(DATENA)/2;
      WRITELN(RE/200:5:1);
   UNTIL KEYPR;
END;


PROCEDURE SCHALTUNG;
BEGIN
   SCHALTPORT(' Demonstration der Wandler ');
   LINIEVERTI(40,20,40);
   LINIEVERTI(184,20,40);
   LINIEHORIZ(184,20,144);
   LINIEVERTI(95,30,30);
   LINIEVERTI(239,30,30);
   LINIEHORIZ(239,30,144);
   MOVETO(0,0);
   WSTRING('Schaltungsvorschlag');
   READ(C);
   TEXTMODE;
 END;
```

```
PROCEDURE FESTESPANNUNG;
BEGIN
   SPANNUNG:=1;
   KENNLITOP('Ausgabe einer festen Spannung über Port B');
   GOTOXY(0,10);
   WRITE('Spannung über Port B  - x-Koordinate:  ');
   WRITE('(0..255) ===> ');
   REPEAT
      GOTOXY(57,10);
      READ(STAND1);
   UNTIL (STAND1>=0) AND (STAND1<=255);
   GOTOXY(0,15);
   WRITE('Spannung über Port B  - y-Koordinate:  ');
   WRITE('(0..255) ===> ');
   REPEAT
      GOTOXY(57,15);
      READ(STAND2);
   UNTIL (STAND2>=0) AND (STAND2<=255);
   SWITCHBX;
   POKE(DATENB,CHR(STAND1));
   SWITCHBY;
   POKE(DATENB,CHR(STAND2));
END;

PROCEDURE MENUE7;
BEGIN
   KENNLITOP('Ausgabe einer variablen Spannung über Port B');
   GOTOXY(0,10);
   WRITELN('Phasenlage der beiden Schwingungen:');
   WRITELN;
   WRITELN('  0  = beide Schwingungen sind in Phase');
   WRITE(' 90  = 2. Schwingung läuft um 90 Grad hinter der ');
   WRITELN('ersten her');
   WRITE('359  = 2. Schwingung läuft um 359 Grad hinter der ');
   WRITELN('ersten her');
```

```pascal
   REPEAT
      GOTOXY(0,20);
      WRITE('===> ');
      READ(PHASE);
   UNTIL (PHASE>=0) AND (PHASE<=359);
END;


PROCEDURE VARIABLESPANNUNG;
BEGIN
   SPANNUNG:=2;
   KENNLITOP('Ausgabe einer variablen Spannung über Port B');
   FOR I:=0 TO 1 DO
   BEGIN
      GOTOXY(0,6);
      WRITE('Bitte wählen Sie:                         ');
      INVERSE;
      IF I=0 THEN WRITELN(' x-Koordinate ') ELSE
      WRITELN(' y-Koordinate ');
      NORMAL;
      WRITELN;WRITELN;
      WRITELN('1 - Rechteck');
      WRITELN('2 - Nadelpulse');
      WRITELN('3 - Sägezahn steigend');WRITELN;
      WRITELN('4 - Sägezahn fallend');
      WRITELN('5 - Dreieck');
      WRITELN('6 - Sinus');
      REPEAT
         GOTOXY(0,22);
         WRITE('===> ');
         READ(WAHL6);
      UNTIL (WAHL6>='1') AND (WAHL6<='6');
      IF I=0 THEN WAHL7:=WAHL6 ELSE WAHL8:=WAHL6;
   END;
   MENUE7;
END;
```

```
PROCEDURE INITZEICHNUNG;
BEGIN
   INITTURTLE;
   MOVETO(279,0);
   PENCOLOR(WHITE);
   MOVETO(0,0);
   MOVETO(0,192);
   PENCOLOR(NONE);
END;


PROCEDURE ANFANGSBEDINGUNGEN;
BEGIN
   CA2ALT:=15;
   ZAEHLER:=0;
   IF SPANNUNG<>1 THEN INITIALISIERUNG;
   IF WAHL1<>'4' THEN
   BEGIN
      KENNLITOP('Messung der analogen Spannungen über Port A');
      GOTOXY(0,22);
      WRITE('===> ENDE: TASTE <===');
      GOTOXY(0,18);
      WRITE('0 = 0 V    250 = 5 V oder 10 V');
      GOTOXY(60,2);
      WRITE('Zaehler    = ',ZAEHLER:5);
      GOTOXY(60,3);
      WRITE('Spannung-x = ',STAND1:3);
      GOTOXY(60,4);
      WRITE('Spannung-y = ',STAND2:3);
      GOTOXY(0,8);
      WRITE(' x-Koordinate            y-Koordinate');
      GOTOXY(0,10);
      WRITE('===>       <===          ===>       <===');
   END;
END;
```

```
PROCEDURE MESSUNG;
VAR ZAEHLPHASE:INTEGER;
BEGIN
   ANFANGSBEDINGUNGEN;
   REPEAT
      IF (ZAEHLER=0) AND (WAHL1='4') THEN INITZEICHNUNG;
      ZAEHLER:=(ZAEHLER+1) MOD 256;
      SWITCHAX;
      IF WAHL1<>'4' THEN GOTOXY(4,10);
      I:=PEEK(DATENA);
      IF WAHL1<>'4' THEN WRITE(I:5) ELSE
      BEGIN
         MOVETO(ZAEHLER,ROUND(I*0.75));
         PENCOLOR(WHITE);
         MOVETO(ZAEHLER,ROUND(I*0.75));
         PENCOLOR(NONE);
      END;
      SWITCHAY;
      IF WAHL1<>'4' THEN GOTOXY(28,10);
      I:=PEEK(DATENA);
      IF WAHL1<>'4' THEN WRITE(I:5) ELSE
      BEGIN
         MOVETO(ZAEHLER,ROUND(I*0.75));
         PENCOLOR(WHITE);
         MOVETO(ZAEHLER,ROUND(I*0.75));
         PENCOLOR(NONE);
      END;
      IF SPANNUNG=2 THEN
      BEGIN
         CASE WAHL7 OF
         '1':BEGIN
                IF ZAEHLER<128 THEN STAND1:=255;
                IF ZAEHLER>127 THEN STAND1:=0;
             END;
         '2':BEGIN
```

```pascal
        IF ZAEHLER<13 THEN STAND1:=255;
        IF ZAEHLER>12 THEN STAND1:=0;
    END;
'3':STAND1:=ZAEHLER;
'4':STAND1:=255-ZAEHLER;
'5':IF ZAEHLER<128 THEN STAND1:=2*ZAEHLER
    ELSE STAND1:=254-2*(ZAEHLER-128);
'6':STAND1:=ROUND(127*SIN(6.2831853*ZAEHLER/256)+128);
END;
SWITCHBX;
POKE(DATENB,CHR(STAND1));


ZAEHLPHASE:=(ZAEHLER+ROUND(PHASE*256/360)) MOD 256;
CASE WAHL8 OF
'1':BEGIN
        IF ZAEHLPHASE<128 THEN STAND2:=255;
        IF ZAEHLPHASE>127 THEN STAND2:=0;
    END;
'2':BEGIN
        IF ZAEHLPHASE<13 THEN STAND2:=255;
        IF ZAEHLPHASE>12 THEN STAND2:=0;
    END;
'3':STAND2:=ZAEHLPHASE;
'4':STAND2:=255-ZAEHLPHASE;
'5':IF ZAEHLPHASE<128 THEN STAND2:=2*ZAEHLPHASE
    ELSE STAND2:=254-2*(ZAEHLPHASE-128);
'6':STAND2:=ROUND(127*SIN(6.2831853*ZAEHLPHASE/256)+128);
END;
SWITCHBY;
POKE(DATENB,CHR(STAND2));
END;
IF WAHL1<>'4' THEN
BEGIN
    GOTOXY(73,2);
    WRITE(ZAEHLER:5);
```

```
            GOTOXY(73,3);
            WRITE(STAND1:5);
            GOTOXY(73,4);
            WRITE(STAND2:5);
        END;
    UNTIL KEYPR;
    TEXTMODE;
END;


PROCEDURE GRAPH;
BEGIN
    (* Diese Prozedur ist zu umfangreich, um sie hier darzustellen.
       Die Diskette, die Sie zu diesem Buch erwerben können, ent-
       hält auch diese Prozedur. *)
END;


BEGIN
    I:=PEEK(10000);
    J:=PEEK(10001);
    IF (I>1) AND (I<=7) AND (J=170) THEN SLOT:=I ELSE
    BEGIN
        TOP1;
        GOTOXY(0,10);
        WRITE('Bitte Slot-Nummer des Interfaces eingeben: ===> ');
        REPEAT
            GOTOXY(50,10);
            READ(C);
        UNTIL (C>='1') AND (C<='7');
        SLOT:=ORD(C)-48;
    END;
    REWRITE(Q,'CONSOLE:');
    STAND1:=0;
    STAND2:=0;
    CA2ALT:=15;
    INITIALISIERUNG;
    SPANNUNG:=0;
    REPEAT
```

```
          MENUE6;
          CASE WAHL1 OF '1':SCHALTUNG;
                         '2':CELSIUS;
                         '3':MESSUNG;
                         '4':MESSUNG;
                         '5':FESTESPANNUNG;
                         '6':VARIABLESPANNUNG;
                         '7':BEGIN
                                 GRAFMODE;
                                 HARDCOPY(5);
                                 TEXTMODE;
                             END;
          END;
     UNTIL WAHL1='0';

     KENNLITOP('Programm-Ende: Demonstration der Wandler');
     CLOSE(Q,LOCK);
     POKE(10000,CHR(SLOT));
     POKE(10001,CHR(170));
     SETCHAIN('#5:MENUE');
END.
```

9.1.3 Pascal-Programm ANALOMENUE

ANALOMENUE (Punkt "4" der Hauptmenükarte) steuert alle
schnellen Analogmessungen. Alle benötigten Variablen befinden
sich in VARIABLENUNIT. Dies gilt ebenso für die externen Assembler-Prozeduren und -Funktionen.

```
(*$S++*)
PROGRAM ANALOMENUE;   (* Menükarte für analoge Messungen *)
USES CHAINSTUFF,TURTLEGRAPHICS,
     (*$U #5:PHYSIKLIB*)
     VARIABLENUNIT,MESSWERTUNIT,AUSGABEUNIT,GRAPH1UNIT,
     GRAPH2UNIT,DISKETTEUNIT;
```

```
PROCEDURE ENDE(X,Y:INTEGER);
BEGIN
    PENCOLOR(NONE);
    MOVETO(X+5,Y+5);
    VIEWPORT(X,X+95,Y,Y+20);
    FILLSCREEN(WHITE);
    WSTRING('weiter:Taste');
    VIEWPORT(0,279,0,191);
    READ(CH);
END;

PROCEDURE SCHALTUNG;
BEGIN
    PENCOLOR(NONE);
    MOVETO(0,80);
    WSTRING('0V');
    MOVETO(18,80);
    WSTRING('5V');
    MOVETO(36,80);
    WSTRING('10V');
    MOVETO(0,60);
    WSTRING('Input 5V oder 10V');
    IF NOT HRDCPY THEN ENDE(180,40);
    TEXTMODE;
END;

PROCEDURE SWITCHAX;      (* schaltet Port A auf x-switch *)
VAR VIA,PCR:INTEGER;
BEGIN
    VIA:=-16256+16*SLOT;
    PCR:=VIA+12;
    POKE(PCR,CHR(15));
END;
```

```
PROCEDURE MENUE;
BEGIN
   TOP;
   GOTOXY(71,0);
   WRITE(' Slot =',SLOT:2);
   GOTOXY(0,3);
   WRITE('Bitte wählen Sie:               ');
   INVERSE;
   WRITELN('  Bitte A/D-Wandler an Port A anschließen ! ');
   NORMAL;
   WRITELN;
   WRITELN('0 - Ende');
   WRITELN;
   WRITELN('1 - Festlegung der Meßbedingungen');
   WRITELN('2 - Echtzeit-Messung');
   WRITELN;
   WRITELN('3 - Graphikparameter festlegen');
   WRITELN('4 - Graphik');
   WRITELN;
   WRITELN('5 - Ausgabe der Meßergebnisse auf dem Bildschirm');
   WRITELN('6 - Ausgabe der Meßergebnisse auf dem Drucker');
   WRITELN('7 - Ausgabe der Graphik auf dem EPSON FX-80');
   WRITELN;
   WRITELN('8 - Meßdaten auf Diskette schreiben');
   WRITELN('9 - Meßdaten von der Diskette lesen');
   WRITELN;
   WRITELN('A - Schaltung');
   WRITELN('B - Ausgabe der Schaltung auf dem EPSON FX-80');
   REPEAT
      GOTOXY(0,23);
      WRITE('===> ');
      READ(WAHL1);
      IF ORD(WAHL1)>96 THEN WAHL1:=CHR(ORD(WAHL1)-32);
   UNTIL ((WAHL1>='0') AND (WAHL1<='9')) OR (WAHL1='A') OR
   (WAHL1='B');
END;
```

```pascal
BEGIN
    (*$N+*)
    (*$R TURTLEGRAPHICS,VARIABLENUNIT,MESSWERTUNIT*)
    (*$RAUSGABEUNIT,GRAPH1UNIT*)
    KOSY:='J';
    AUTSKAL:='J';
    TRIGGER:=5;
    SLOPE:=1;
    SEITE:=1;
    MAXIMUM:=255;
    MINIMUM:=0;
    MAX:=255;
    MIN:=255;
    TIME:=100;
    ZEIT:=100;
    ANZAHL:=10230;
    ZEITLOW:=100;
    ZEITHIGH:=0;
    I:=PEEK(10000);
    J:=PEEK(10001);
    IF (I>=1) AND (I<=7) AND (J=170) THEN SLOT:=I ELSE
    BEGIN
        TOP;
        GOTOXY(0,10);
        WRITE('Bitte Slot-Nummer des Interfaces eingeben: ===> ');
        REPEAT
            GOTOXY(48,10);
            READ(CH);
        UNTIL (CH>='1') AND (CH<='7');
        SLOT:=ORD(CH)-48;
    END;
    SWITCHAX;
    REPEAT
        MENUE;
        HRDCPY:=FALSE;
        CASE WAHL1 OF '0':SETCHAIN('#5:MENUE');
```

```
                     '1':MESSPARAMETER;
                     '2':MESSUNG;
                     '3':GRAPHIKPARAMETER;
                     '4':GRAPH1;
                     '5':AUSGABE;
                     '6':AUSGABE;
                     '7':BEGIN
                           HRDCPY:=TRUE;
                           GRAPH1;
                        END;
                     '8':SCHREIBEN;
                     '9':LESEN;
                     'A','B':BEGIN
                              IF WAHL1='B' THEN HRDCPY:=TRUE;
                 SCHALTPORT(' Analog-Messungen mit dem VIA 6522 ');
                              SCHALTUNG;
                              IF HRDCPY THEN HARDCOPY(5);
                           END;
           END;
     UNTIL WAHL1='0';
     POKE(10000,CHR(SLOT));
     POKE(10001,CHR(170));
END.
```

9.1.4 Pascal-Programm DIGITMENUE

Unter "5" der Hauptmenükarte rufen Sie die Menükarte für
digitale Messungen auf. Alle benötigten Variablen und externen
Assembler-Prozeduren und Funktionen befinden sich in der "Unit"
DIGVARUNIT.

```
(*$S++*)
PROGRAM DIGITMENUE;
USES CHAINSTUFF,TURTLEGRAPHICS,
     (*$U #5:PHYSIKLIB1*)
     DIGVARUNIT,DIGGRAUNIT,DIGDISUNIT,DIGFREUNIT,DIGDRUUNIT;


PROCEDURE DIGTIME(F1,F2,F3:DFELD;SL:CHAR);EXTERNAL;


PROCEDURE MENUE4;
BEGIN
   WRITE(CHR(12));
   INVERSE;
   WRITE('Messen digitaler Signale: Impulse und Frequenzen');
   WRITELN('bis 22 kHz ');
   NORMAL;
   GOTOXY(71,0);
   WRITE(' Slot =',SLOT:2);
   GOTOXY(0,4);
   WRITE('Bitte wählen Sie:                  ');
   INVERSE;
   WRITELN('Bitte den digitalen Eingang CA1 benutzen !');
   NORMAL;
   WRITELN;
   WRITELN('0 - Ende ');
   WRITELN;
   WRITELN('1 - Schaltung');
   WRITELN('2 - Impuls-Messungen ');
   WRITELN('3 - Frequenz-Messungen');
```

```pascal
WRITELN;
WRITELN('4 - Zeitmessungen zwischen digitalen Impulsen');
WRITELN('5 - Graphik zu 4');
WRITELN;
WRITELN('6 - Ausgabe der graph. Darst. zu 4 auf dem FX-80');
WRITELN('7 - Ausgabe der Meßwerte zu 4 auf dem Drucker');
WRITELN;
WRITELN('8 - Ausgabe der Meßwerte zu 4 auf dem Bildschirm');
WRITELN;
WRITELN('9 - Daten von der Diskette lesen');
WRITELN('A - Daten zu 4 auf Diskette schreiben');
REPEAT
   GOTOXY(0,23);
   WRITE('===> ');
   READ(WAHL1);
   IF WAHL1='a' THEN WAHL1:='A';
UNTIL ((WAHL1>='0') AND (WAHL1<='9')) OR (WAHL1='A');
END;


PROCEDURE MESSUNG;
BEGIN
   WRITE(CHR(12));
   INVERSE;
   WRITE('Messen digitaler Signale: Impulse und Frequenzen  ');
   WRITELN('max. 22 kHz   ');
   NORMAL;
   FOR I:=0 TO 255 DO F1[I]:=CHR(255);
   F2:=F1;
   FOR I:=0 TO 255 DO F3[I]:=CHR(0);
   GOTOXY(0,10);
   WRITELN('256 Messungen ........  oder Ende: ===> Taste');
   DIGTIME(F1,F2,F3,CHR(16*SLOT));
   GOTOXY(0,10);
   WRITELN('Bitte 15 s warten....                            ');
   (* kleinste Auflösung: 27 Einheiten (Länge des Assembler-
      programms ) *)
```

```
FOR I:=1 TO 255 DO
BEGIN
    DLONG1:=ORD(F1[I]);
    DLONG2:=ORD(F2[I]);
    DLONG3:=ORD(F3[I]);
    DLONG[I]:=255-DLONG1+65280-256*DLONG2+65536*DLONG3;
    DLONG[I]:=DLONG[I] DIV 27;
END;
DLONG1:=0;                 (* MAXIMUM *)
DLONG2:=99999999;            (* MINIMUM *)
FOR I:=1 TO 255 DO
BEGIN
    IF DLONG[I]>DLONG1 THEN DLONG1:=DLONG[I];
    IF DLONG[I]<DLONG2 THEN DLONG2:=DLONG[I];
END;
END;

BEGIN
    (*$N+*)
    (*$R DIGVARUNIT*)
    II:=PEEK(10000);
    JJ:=PEEK(10001);
    IF (II>1) AND (II<=7) AND (JJ=170) THEN SLOT:=II ELSE
    BEGIN
        WRITE(CHR(12));
        INVERSE;
        WRITE(' Messen digitaler Signale: Impulse und Frequenzen  ');
        WRITELN('max. 22 kHz');
        NORMAL;
        GOTOXY(0,10);
        WRITE('Bitte Slot-Nummer des Interfaces eingeben: ===> ');
        REPEAT
            GOTOXY(50,10);
            READ(C);
        UNTIL (C>='2') AND (C<='7');
```

```
        SLOT:=ORD(C)-48;
    END;
    HRDCPY:=FALSE;
    REWRITE(Q,'CONSOLE:');
    REPEAT
        MENUE4;
        CASE WAHL1 OF  '2':PULSE;
                       '3':FREQU;
                       '4':MESSUNG;
                       '5':DIGGRAPH;
                       '6':BEGIN
                               HRDCPY:=TRUE;
                               DIGGRAPH;
                           END;
                       '7','8':DRUCKER;
                       '9':DIGLESEN;
                       'A':DIGSCHREIBEN;
        END;
        HRDCPY:=FALSE;
    UNTIL WAHL1<='1';
    WRITE(CHR(12));
    INVERSE;
    IF WAHL1='0' THEN
    WRITELN('Programm-Ende: Messen digitaler Signale');
    IF WAHL1='1' THEN
    WRITELN('Messen digitaler Signale : Schaltung');
    NORMAL;
    CLOSE(Q,LOCK);
    POKE(10000,CHR(SLOT));
    POKE(10001,CHR(170));
    IF WAHL1='0' THEN SETCHAIN('#5:MENUE') ELSE
    SETCHAIN('#5:DIGITMENU1');
END.
```

Pascal-Programm DIGITMENU1

Im zweiten Teil zu schnellen digitalen Messungen können Sie
sich die zugehörige Schaltung ausgeben lassen.

```pascal
(*$S+*)
PROGRAM DIGITMENU1;
USES CHAINSTUFF,TURTLEGRAPHICS,
     (*$U #5:PHYSIKLIB*) GRAPHUNIT,GRAPH2UNIT;


PROCEDURE SCHALTUNG;
BEGIN
   SCHALTPORT(' schnelle digitale Messungen      ');
   PENCOLOR(NONE);
   MOVETO(0,80);
   WSTRING('                 CA1');
   MOVETO(0,60);
   WSTRING('            Input nur CA1');
   ENDE(180,40);
   READ(C);
   TEXTMODE;
END;


BEGIN
   I:=PEEK(10000);
   J:=PEEK(10001);
   IF (I>1) AND (I<=7) AND (J=170) THEN SLOT:=I ELSE
   BEGIN
      WRITE(CHR(12));
      INVERSE;
      WRITE('Messen digitaler Signale: Impulse und Frequenzen   ')
      WRITELN('max. 22 kHz        ');
      NORMAL;
      GOTOXY(0,10);
      WRITE('Bitte Slot-Nummer des Interfaces eingeben: ===> ');
```

```
        REPEAT
           GOTOXY(50,10);
           READ(C);
        UNTIL (C>='2') AND (C<='7');
        SLOT:=ORD(C)-48;
     END;
     SCHALTUNG;
     WRITE(CHR(12));
     INVERSE;
     WRITE('Messen digitaler Signale: Impulse und Frequenzen    ');
     WRITELN('max. 22 kHz          ');
     NORMAL;
     POKE(10000,CHR(SLOT));
     POKE(10001,CHR(170));
     SETCHAIN('#5:DIGITMENUE');
END.
```

9.1.5 Pascal-Programm KENNLINIE

Unter "6" Regeln und Messen können Sie die Kennlinien diverser Zweipole bestimmen.

```
(*$S++*)
PROGRAM KENNLINIE;
USES CHAINSTUFF,TURTLEGRAPHICS,
     (*$U #5:PHYSIKLIB*) GRAPHUNIT,GRAPH2UNIT,
     (*$U #5:PHYSIKLIB1*) MESVARUNIT,MESGRAUNIT,MESDISUNIT;

PROCEDURE KENNGRAPHIK;
VAR X,Y:INTEGER;
BEGIN
   (*$R GRAPHUNIT*)
   (* Einteilung der Achsen: MAXX,MAXXY = 1 : 0 - 0,5
                                          10 : 0 - 5,0
                                          20 : 0 - 10,0
```

```
                                                  ACHSX,ACHSY = 0 : U/V
                                                              1 : I/uA
                                                              2 : I/mA      *)

   MAXY:=MAXSTROM DIV 13+1;
   MAXX:=MAXSPANNUNG DIV 13+1;
   I:=10;
   IF MAXX>10 THEN I:=20;
   MAXX:=I;
   I:=10;
   IF MAXY>10 THEN I:=20;
   MAXY:=I;
   ACHSX:=0;                                      (* U/V *)
   ACHSY:=2;                                       (* I/uA *)
   KOSY;
   PENCOLOR(NONE);
   X:=ROUND(30+SPANNUNG[0]/MAXX*18.8);
   Y:=ROUND(10+STROM[0]/MAXY*13.3333);
   MOVETO(X,Y);
   PENCOLOR(WHITE);
   FOR I:=0 TO 246 DO
   BEGIN
      X:=ROUND(30+SPANNUNG[I]/MAXX*18.8);
      Y:=ROUND(10+STROM[I]/MAXY*13.3333);
      MOVETO(X,Y);
   END;
   IF NOT HRDCPY THEN ENDE(50,50);
   IF HRDCPY THEN HARDCOPY(5) ELSE READ(C);
   TEXTMODE;
END;

PROCEDURE EXTREM;
BEGIN
   MAXSPANNUNG:=0;
   FOR I:=9 TO 246 DO IF SPANNUNG[I]>MAXSPANNUNG THEN
   MAXSPANNUNG:=SPANNUNG[I];
```

```
    MAXSTROM:=0;
    FOR I:=9 TO 246 DO IF STROM[I]>MAXSTROM THEN
    MAXSTROM:=STROM[I];
END;


PROCEDURE MESSUNG;
BEGIN
    (*$R GRAPHUNIT*)
    MESSEN:=TRUE;
    (* Initialisierung hat Port A x-A/D-Wandler und Port B
       x-D/A-Wandler eingeschaltet *)
    WRITE(CHR(12));
    GOTOXY(0,10);
    GOTOXY(0,10);
    WRITELN('Messung - Bitte 15 s warten.......');
    WRITELN;
    POKE(DATENB,CHR(0));
    FOR I:=0 TO 255 DO
    BEGIN
       J:=PEEK(DATENA);
       POKE(DATENB,CHR(I));
       IF I<J THEN J:=I;
       SPANNUNG[I]:=I-J;
       STROM[I]:=J;
    END;
    FOR I:=9 TO 246 DO
    BEGIN
       K:=0;
       FOR J:=-9 TO 9 DO K:=K+SPANNUNG[I+J];
       SPANNUNG[I]:=ROUND(K/19);
       K:=0;
       FOR J:=-9 TO 9 DO K:=K+STROM[I+J];
       STROM[I]:=ROUND(K/19);
    END;
    EXTREM;
END;
```

```
PROCEDURE DRUCKER;
BEGIN
   CLOSE(Q,LOCK);
   IF WAHL1='5' THEN REWRITE(Q,'CONSOLE:');
   IF WAHL1='6' THEN REWRITE(Q,'PRINTER:');
   KENNLITOP('       Kennlinien von Dioden, VDRs, Wider
                                   ständen und LEDs    ');
   WRITELN(Q,' ':5,'-----------------------------------
                           ------------------------------------');
   WRITELN(Q,' ':5,'  n    U    I       n    U    I
                            n    U    I        n    U    I');
   WRITELN(Q,' ':5,'-----------------------------------
                           ------------------------------------');
   FOR J:=0 TO 63 DO
   BEGIN
      WRITE(Q,' ':5);
      FOR I:=0 TO 3 DO
      BEGIN
         WRITE(Q,J+I*64:3,ROUND(SPANNUNG[J+I*64]):4);
         WRITE(Q,ROUND(STROM[J+I*64]):4,'      ');
      END;
      WRITELN(Q);
   END;
   CLOSE(Q,LOCK);
   REWRITE(Q,'CONSOLE:');
END;


BEGIN
   (*$N+*)
   (*$R TURTLEGRAPHICS,DIGVARUNIT*)
   IF PEEK(10001)=170 THEN
   BEGIN
      SLOT:=PEEK(10000);
      MA:=SLOT;
      REWRITE(Q,'CONSOLE:');
```

```
    INITIALISIERUNG;
MESSEN:=FALSE;
LES:=FALSE;
HRDCPY:=FALSE;
REPEAT
   MENUE1('Kennlinien von Dioden, VDRs, Widerständen
                                      und LEDs  ');
   CASE WAHL1 OF
   '1':BEGIN
          WRITELN(CHR(12));
          GOTOXY(0,10);
WRITE('Ausgabe der Schaltung auf dem Drucker (J/N) ?');
          WRITE(' ===> ');
          READ(C);
          IF (C='J') OR (C='j') THEN HRDCPY:=TRUE;
          SCHALTUNG;
        END;
   '2':MESSUNG;
   '3':IF LES OR MESSEN THEN KENNGRAPHIK;
   '4':IF LES OR MESSEN THEN
       BEGIN
          HRDCPY:=TRUE;
          KENNGRAPHIK;
       END;
   '5','6':IF LES OR MESSEN THEN DRUCKER;
   '7':IF LES OR MESSEN THEN MESSCHREIBEN;
   '8':BEGIN
          LES:=TRUE;
          MESLESEN;
          EXTREM;
        END;
    END;
    HRDCPY:=FALSE;
UNTIL WAHL1='0';
KENNLITOP('Programm-Ende: Kennlinien diverser Zweipole');
```

```
      CLOSE(Q,LOCK);
      POKE(10000,CHR(SLOT));
      POKE(10001,CHR(170));
  END;
  SETCHAIN('#5:MENUE');
END.
```

Pascal-Programm TRANSISTOR

```
(*$S++*)
PROGRAM TRANSISTOR;
USES TRANSCEND,TURTLEGRAPHICS,CHAINSTUFF,
     (*$U #5:PHYSIKLIB*)  GRAPHUNIT,GRAPH2UNIT,
     (*$U #5:PHYSIKLIB1*) TRAVARUNIT,TRATRAUNIT,TRAGRAUNIT,
                          TRADRUUNIT,TRAMESUNIT,
     (*$U #5:PHYSIKLIB2*) TRADISUNIT,TRAPLOUNIT;

BEGIN
  (*$N+*)
  (*$R TURTLEGRAPHICS,TRAVARUNIT*)
  CA2ALT:=15;
  CB2ALT:=240;
  IF PEEK(10001)=170 THEN
  BEGIN
    SLOT:=PEEK(10000);
    REWRITE(Q,'CONSOLE:');
    INITIALISIERUNG;
    LES:=FALSE;
    MESSEN:=FALSE;
    HRDCPY:=FALSE;
    REPEAT
      MA:=SLOT;
      HRDCPY:=FALSE;
      MENUE1('Kennlinienfeld von Transistoren');
      CASE WAHL1 OF
```

```
          '1':BEGIN
                  WRITELN(CHR(12));
                  GOTOXY(0,10);
          WRITE('Ausgabe der Schaltung auf dem Drucker (J/N) ?');
                  WRITE(' ===> ');
                  READ(C);
                  IF (C='J') OR (C='j') THEN HRDCPY:=TRUE;
                  SCHALTTRANSISTOR;
              END;
          '2':BEGIN
                  INITIALISIERUNG;
                  MESSEN:=TRUE;
                  TRANMESSUNG;
              END;
          '3':IF LES OR MESSEN THEN TRANGRAPHIK(FALSE);
          '4':IF LES OR MESSEN THEN TRANGRAPHIK(TRUE);
          '5','6':IF LES OR MESSEN THEN TRANDRUCKER;
          '7':IF LES OR MESSEN THEN TRASCHREIBEN;
          '8':BEGIN
                  LES:=TRUE;
                  TRALESEN;
              END;
          END;
          HRDCPY:=FALSE;
      UNTIL WAHL1='0';
      POKE(10000,CHR(SLOT));
      POKE(10001,CHR(170));
      WRITE(CHR(12));
      GOTOXY(0,10);
      WRITE('Programm-Ende: Kennlinienfeld von Transistoren');
      CLOSE(Q,LOCK);
   END;
   SETCHAIN('#5:MENUE');
END.
```

Pascal-Programm IC

```
(*$S++*)
PROGRAM IC;
USES CHAINSTUFF,TURTLEGRAPHICS,
     (*$U #5:PHYSIKLIB*) GRAPHUNIT,GRAPH2UNIT,
     (*$U #5:PHYSIKLIB1*) MESVARUNIT,MESDISUNIT,
     (*$U #5:PHYSIKLIB2*) ICGRAUNIT,ICMESUNIT;


(* Spannung entspricht den Meßwerten aufwärts gemessen,
   Strom    entspricht den Meßwerten  abwärts gemessen *)


PROCEDURE TEXTE;
BEGIN
   MOVETO(60,180);
   I:=SPANNUNG[25];
   J:=STROM[25];
   K:=SPANNUNG[200];
   L:=STROM[200];
   IF (I>1280) AND (J>1280) AND (K<1280) AND (L<1280) THEN
   BEGIN
      IF (SPANNUNG[50]>1280) AND (STROM[50]<1280) THEN
      WSTRING('SCHMITT-TRIGGER:Hysterese-Kurve') ELSE
      WSTRING('INVERTER: keine Hysterese');
   END
   ELSE
   IF (I<1280) AND (J<1280) AND (K>1280) AND (L>1280) THEN
   WSTRING(' AND-Gate : keine Hysterese ');
END;


PROCEDURE ICAUSWERTUNG;
BEGIN
   MAXX:=10;
   MAXY:=10;
   ACHSX:=0;
```

```
   ACHSY:=0;
   KOSY;
   MOVETO(100,140);
   WSTRING('U-out = f (U-in)');
   TEXTE;
   MOVETO(30,10);
   PENCOLOR(WHITE);
   FOR I:=0 TO 255 DO  MOVETO(30+I,ROUND(10+0.7*SPANNUNG[I]/10));
   PENCOLOR(NONE);
   MOVETO(30,10);
   PENCOLOR(WHITE);
   FOR I:=0 TO 255 DO  MOVETO(30+I,ROUND(10+0.7*STROM[I]/10));
   IF NOT HRDCPY THEN ENDE(170,50);
   IF HRDCPY THEN HARDCOPY(5);
   READ(C);
END;


PROCEDURE ICDRUCKER;
BEGIN
   CLOSE(Q,LOCK);
   IF WAHL1='5' THEN REWRITE(Q,'CONSOLE:');
   IF WAHL1='6' THEN REWRITE(Q,'PRINTER:');
   KENNLITOP('      Kennlinie  von ICs');
   (* Überschrift aus KENNLINIE einfügen *)
   FOR J:=0 TO 63 DO
   BEGIN
      WRITE(Q,' ':5);
      FOR I:=0 TO 3 DO
      BEGIN
         WRITE(Q,J+I*64:3,ROUND(SPANNUNG[J+I*64]):4);
         WRITE(Q,ROUND(STROM[J+I*64]):4,'          ');
      END;
      WRITELN(Q);
   END;
   CLOSE(Q,LOCK);
```

```
      REWRITE(Q,'CONSOLE:');
END;


BEGIN
   (*$N+*)
   (*$R  TURTLEGRAPHICS,MESVARUNIT*)
   CA2ALT:=15;
   CB2ALT:=240;
   IF PEEK(10001)=170 THEN
   BEGIN
      SLOT:=PEEK(10000);
      MA:=SLOT;
      REWRITE(Q,'CONSOLE:');
      INITIALISIERUNG;
      LES:=FALSE;
      MESSEN:=FALSE;
      HRDCPY:=FALSE;
      REPEAT
         MA:=SLOT;
         HRDCPY:=FALSE;
         MENUE1('Kennlinienfeld von ICs');
         CASE WAHL1 OF
         '1':BEGIN
               WRITELN(CHR(12));
               GOTOXY(0,10);
      WRITE('Ausgabe der Schaltung auf dem Drucker (J/N) ?');
               WRITE(' ===> ');
               READ(C);
               IF (C='J') OR (C='j') THEN HRDCPY:=TRUE;
               ICSCHALTUNG;
             END;
          '2':BEGIN
               MESSEN:=TRUE;
               ICMESSUNG;
              END;
```

```
        '3':IF LES OR MESSEN THEN ICAUSWERTUNG;
        '4':IF LES OR MESSEN THEN
            BEGIN
                HRDCPY:=TRUE;
                ICAUSWERTUNG;
            END;
        '5','6':IF LES OR MESSEN THEN ICDRUCKER;
        '7':IF LES OR MESSEN THEN MESSCHREIBEN;
        '8':BEGIN
            LES:=TRUE;
            MESLESEN;
          END;
          END;
          HRDCPY:=FALSE;
      UNTIL WAHL1='0';
      POKE(10000,CHR(SLOT));
      POKE(10001,CHR(170));
      WRITE(CHR(12));
      GOTOXY(0,10);
      WRITE('Programm-Ende: Kennlinienfelder von diversen ICs');
      CLOSE(Q,LOCK);
    END;
    SETCHAIN('#5:MENUE');
END.
```

9.1.6 Pascal-Programm AUSWERTUNG

AUSWERTUNG enthält die Auswertungsprogramme zu den analogen
Messungen. Sie können dieses Programm durch "7" der Hauptmenükarte aufrufen.

```
(*$S++,R-*)
PROGRAM PROGAUSWERTUNG;
USES CHAINSTUFF,TRANSCEND,TURTLEGRAPHICS,
     (*$U #5:PHYSIKLIB*)
```

```
    VARIABLENUNIT,GRAPH1UNIT,AUSGABEUNIT,DISKETTEUNIT,
    FOURVARUNIT,FOURIERUNIT,ANALYSEUNIT,SYNTHESEUNIT,
    (*$U #5:PHYSIKLIB1*)
    AUSWERTUNIT,DISK1UNIT;


VAR L1:INTEGER;
    FOURGELESEN,GELESEN:BOOLEAN;


SEGMENT PROCEDURE MENUE;
BEGIN
    TOP;
    GOTOXY(0,5);
    WRITE('Bitte wählen Sie:              ');
    GOTOXY(0,7);
    WRITELN('0 - Ende');
    WRITELN;
    WRITELN('1 - Graphikparameter');
    WRITELN('2 - Graphikausgabe Bildschirm');
    WRITELN('3 - Graphikausgabe Drucker FX-80');
    WRITELN;
    WRITELN('4 - Ausgabe der Meßergebnisse auf dem Bildschirm');
    WRITELN('5 - Ausgabe der Meßergebnisse auf dem Drucker');
    WRITELN;
    WRITELN('6 - Datenfile von der Diskette lesen');
    WRITELN('7 - Datenfile auf Diskette schreiben');
    WRITELN;
    WRITE('8 - Fourier-Analyse                ');
    WRITELN('A - Fourier-Datenfile von der Diskette lesen');
    WRITE('9 - Fourier-Synthese               ');
    WRITELN('B - Fourier-Datenfile auf Diskette schreiben');
    WRITELN('C - weitere Auswertungen');
    REPEAT
       GOTOXY(0,23);
       WRITE('===> ');
       READ(WAHL1);
```

```
      IF ORD(WAHL1)>94 THEN WAHL1:=CHR(ORD(WAHL1)-32);
   UNTIL ((WAHL1>='0') AND (WAHL1<='9')) OR
   ((WAHL1>='A') AND (WAHL1<='C'));
END;


BEGIN
   (*$N+*)
   (*$R FOURVARUNIT,VARIABLENUNIT*)
   SLOT:=PEEK(10000);
   L1:=PEEK(10001);
   KOSY:='J';
   AUTSKAL:='J';
   TRIGGER:=0;
   SLOPE:=1;
   SEITE:=1;
   TIME:=0;
   ZEIT:=0;
   ANZAHL:=0;
   ZEITLOW:=0;
   ZEITHIGH:=0;
   GELESEN:=FALSE;
   FOURGELESEN:=FALSE;
   REPEAT
      MENUE;
      HRDCPY:=FALSE;
      IF WAHL1>='4'  THEN WAHL1:=CHR(ORD(WAHL1)+1);
      CASE WAHL1 OF '1':IF GELESEN THEN GRAPHIKPARAMETER;
                    '2':IF GELESEN THEN GRAPH1;
                    '3':IF GELESEN THEN
                          BEGIN
                             HRDCPY:=TRUE;
                             GRAPH1;
                          END;
                    '4':;
                    '5','6':IF GELESEN THEN AUSGABE;
```

```
                    '7':BEGIN
                          LESEN;
                          GELESEN:=TRUE;
                      END;
                    '8':IF GELESEN THEN SCHREIBEN;
                    '9':IF GELESEN THEN
                        BEGIN
                           FOURIER;
                           PHASE;
                           ANALYSE;
                           SYNTH;
                           FOURGELESEN:=TRUE;
                        END;
                    ':':IF FOURGELESEN THEN
                        BEGIN
                           AUSGABEART;
                           SYNTH;
                        END;
                    'B':BEGIN
                           FOURGELESEN:=TRUE;
                           TOP;
                           GOTOXY(0,10);
                           WRITE('Laufwerk ? ===> ');
                           REPEAT
                              GOTOXY(17,10);
                              READ(DRIVE);
                           UNTIL (DRIVE=4) OR (DRIVE=5) OR
                           (DRIVE=11) OR (DRIVE=12);
                           CATALOG;
                           EINLESEN;
                           EXTREMUM;
                        END;
                    'C':IF FOURGELESEN THEN
                        BEGIN
                           AUSGEBEN;
```

```
                              CATALOG;
                        END;
                  'D':AUSWERTEN;
        END;
   UNTIL WAHL1='0';
   POKE(10000,CHR(SLOT));
   POKE(10001,CHR(L1));
   SETCHAIN('#5:MENUE');
END.
```

PASCAL-PROGRAMM DIGAUSWERT

DIGAUSWERT enthält die Auswertungsprogramme zu den digitalen
Messungen. Sie erreichen DIGAUSWERT durch den Programmpunkt "8"
der Hauptmenükarte.

```
(*$S++*)
PROGRAM PROGAUSWERTUNG;
USES CHAINSTUFF,TRANSCEND,TURTLEGRAPHICS,
     (*$U #5:PHYSIKLIB1*) DIGVARUNIT,DIGDISUNIT,DIGGRAUNIT,
     DIGDRUUNIT,DIGAUSUNIT;


VAR GELESEN:BOOLEAN;


PROCEDURE MENUE;
BEGIN
WRITE(CHR(12));
   INVERSE;
   WRITE('Auswertungs - Programme für schnelle digitale ');
   WRITELN('Messungen');
   NORMAL;
   GOTOXY(0,5);
   WRITE('Bitte wählen Sie:              ');
   GOTOXY(0,7);
   WRITELN('0 - Ende');
```

```
WRITELN;
WRITELN('1 - Graphikausgabe Bildschirm');
WRITELN('2 - Graphikausgabe Drucker FX-80');
WRITELN;
WRITELN('3 - Ausgabe der Meßergebnisse auf dem Bildschirm');
WRITELN('4 - Ausgabe der Meßergebnisse auf dem Drucker');
WRITELN;
WRITELN('5 - Datenfile von der Diskette lesen');
WRITELN('6 - Datenfile auf Diskette schreiben');
WRITELN;
WRITELN('7 - weitere Auswertungen');
REPEAT
   GOTOXY(0,23);
   WRITE('===> ');
   READ(WAHL1);
UNTIL (WAHL1>='0') AND (WAHL1<='7');
END;


BEGIN
   (*$N+*)
   (*$R DIGVARUNIT*)
   SLOT:=PEEK(10000);
   II:=PEEK(10001);
   REWRITE(Q,'CONSOLE:');
   GELESEN:=FALSE;
   HRDCPY:=FALSE;
   REPEAT
      MENUE;
      HRDCPY:=FALSE;
      CASE WAHL1 OF '1':IF GELESEN THEN DIGGRAPH;
                    '2':IF GELESEN THEN
                          BEGIN
                             HRDCPY:=TRUE;
                             DIGGRAPH;
                          END;
```

```
                        '7':IF GELESEN THEN AUSWERTEN;
                        '3':IF GELESEN THEN
                            BEGIN
                                WAHL1:='8';
                                DRUCKER;
                            END;
                        '4':IF GELESEN THEN
                            BEGIN
                                WAHL1:='7';
                                DRUCKER;
                            END;
                        '5':BEGIN
                                DIGLESEN;
                                GELESEN:=TRUE;
                            END;
                        '6':IF GELESEN THEN DIGSCHREIBEN;
        END;
        HRDCPY:=FALSE;
    UNTIL WAHL1='0';
    CLOSE(Q,LOCK);
    POKE(10000,CHR(SLOT));
    POKE(10001,CHR(II));
    SETCHAIN('#5:MENUE');
END.
```

9.2 Die Units

9.2.1 Die Units für analoge Messungen

Alle Programme zusammen verarbeiten insgesamt 33 "Units", die in drei "Libraries" PHYSIKLIB, PHYSIKLIB1 und PHYSIKLIB2 mit zusammen über 100 Kbyte Code-Files zusammengefaßt sind. Hiervon gehören 27 "Units" zu den analogen und sechs zu den digitalen Messungen.

Die folgende Tabelle gibt einen Überblick darüber, welches Pascal-Programm auf welche "Unit" zugreift.

(Abkürzungen: A:MENUE, B:DEMONSTRAT, C:ANALOMENUE, D:KENNLINIE, E:TRANSISTOR, F:IC, G:AUSWERTUNG)

Sofern bei den Bezeichnungen Abkürzungen gewählt wurden, bestehen die Namen der "Units" aus 3 Teilen. Der erste Teil gibt an, zu welchem Pascal-Programm die "Unit" hauptsächlich gehört (Tra=Transistor, IC=IC, Mes=Kennlinien, der 2. Teil die Aufgabe der "Unit" (gra=graphik, dis=diskette, var=variable, dru=drucker, mes=messen, plo=plotter), der 3. Teil besteht aus dem Wort "unit".

"Unit"	A	B	C	D	E	F	G
GRAPHUNIT		x		x	x	x	
GRAPH1UNIT			x				
GRAPH2UNIT	x	x	x	x	x	x	
SCHAL1UNIT	x						
SCHAL2UNIT	x						
VARIABLENUNIT			x				x
MESSWERTUNIT			x				
AUSGABEUNIT			x				x
DISKETTEUNIT			x				x

"Unit"	A	B	C	D	E	F	G
MESVARUNIT				x		x	
MESGRAUNIT				x			
MESDISUNIT				x		x	
TRAVARUNIT					x		
TRATRAUNIT					x		
TRAGRAUNIT					x		
TRADRUUNIT					x		
TRAMESUNIT					x		
TRADISUNIT					x		
TRAPLOUNIT					x		
ICGRAUNIT						x	
ICMESUNIT						x	
FOURVARUNIT							x
FOURIERUNIT							x
ANALYSEUNIT							x
SYNTHESEUNIT							x
AUSWERTUNIT							x
DISK1UNIT							x

"Units" im Apple-Pascal-System enthalten zwei Teile: das
"Interface" und den "Implementation"-Teil. Im "Interface" müssen
alle Angaben gemacht werden, die das Hauptprogramm beim kompilieren kennen muß. Im "Implementation"-Teil werden dann erst
die Prozeduren und Funktionen aufgelistet. Man beachte, daß
die Parameter im "Interface"-Teil aufgeführt werden müssen.

Alle Anweisungen im Hauptteil der "Unit" zwischen BEGIN und
END. werden zuerst ausgeführt. Wir werden auf solche Befeh-
le fast immmer verzichten.

Alle "Units" sollten mit der Compiler-Option (*$S+*) beginnen.

"Unit" GRAPHUNIT

```
(*$S+*)
UNIT GRAPHUNIT;

INTERFACE

USES TURTLEGRAPHICS;

VAR PCR,IFR,EFR,SLOT,VIA,DARIA,DARIB,DATENA,DATENB,CA2ALT,
    CB2ALT,MAXSPANNUNG,MAXSTROM,ACHSX,ACHSY,MAX,MAXX,MAXY,
    I,J,K,L,N:INTEGER;
    POSITION,WAHL1,C:CHAR;
    MESSEN,HRDCPY:BOOLEAN;
    ST:STRING;
    Q:TEXT;

FUNCTION PEEK(ADRESSE:INTEGER):INTEGER;
PROCEDURE POKE(ADRESSE:INTEGER;STROM:CHAR);
PROCEDURE HARDCOPY(GROESSE:INTEGER);
PROCEDURE ENDE(X,Y:INTEGER);
PROCEDURE VIERECK(X,Y,A,B:INTEGER);
PROCEDURE LINHOR(X,Y,L:INTEGER);
PROCEDURE WIDERSTAND(X,Y:INTEGER);
PROCEDURE KOSY;
PROCEDURE INITIALISIERUNG;
PROCEDURE SWITCHAX;
PROCEDURE SWITCHAY;
PROCEDURE SWITCHB;
PROCEDURE SWITCHBX;
PROCEDURE SWITCHBY;
PROCEDURE KENNLITOP(ST:STRING);
PROCEDURE MENUE1(ST:STRING);
PROCEDURE INVERSE;
PROCEDURE NORMAL;
```

```
IMPLEMENTATION

FUNCTION PEEK;EXTERNAL;
PROCEDURE POKE;EXTERNAL;
PROCEDURE HARDCOPY;EXTERNAL;

PROCEDURE INVERSE;
BEGIN
   WRITE(CHR(154),'3');
END;

PROCEDURE NORMAL;
BEGIN
   WRITE(CHR(154),'2');
END;

PROCEDURE ENDE;
BEGIN
   (*$R TURTLEGRAPHICS*)
   PENCOLOR(NONE);
   MOVETO(X+5,Y+5);
   VIEWPORT(X,X+95,Y,Y+20);
   FILLSCREEN(WHITE);
   IF HRDCPY THEN WSTRING('Bitte warten')
   ELSE WSTRING('weiter:Taste');
   VIEWPORT(0,279,0,191);
END;

PROCEDURE VIERECK;
BEGIN
   (*$R TURTLEGRAPHICS*)
   B:=ROUND(B/2);
   PENCOLOR(NONE);
   MOVETO(X,Y);
```

```
      PENCOLOR(WHITE);
      MOVETO(X,Y+B);
      MOVETO(X-A,Y+B);
      MOVETO(X-A,Y-B);
      MOVETO(X,Y-B);
      MOVETO(X,Y);
      PENCOLOR(NONE);
END;


PROCEDURE LINHOR;
BEGIN
   (*$R TURTLEGRAPHICS*)
   PENCOLOR(NONE);
   MOVETO(X,Y);
   PENCOLOR(WHITE);
   MOVETO(X-L,Y);
   PENCOLOR(NONE);
END;


PROCEDURE WIDERSTAND;
BEGIN
   (*$R TURTLEGRAPHICS*)
   VIERECK(X+2,Y,2,2);
   LINHOR(X+15,Y,15);
   VIERECK(X+35,Y,20,10);
   LINHOR(X+50,Y,15);
   VIERECK(X+52,Y,4,4);
END;


PROCEDURE KOSY;
BEGIN
   (*$R TURTLEGRAPHICS*)
   INITTURTLE;
   PENCOLOR(NONE);
```

```
    MOVETO(30,10);
    PENCOLOR(WHITE);
    MOVETO(279,10);
    PENCOLOR(NONE);
    MOVETO(274,5);
    PENCOLOR(WHITE);
    MOVETO(279,10);
    MOVETO(274,15);
    PENCOLOR(NONE);
    MOVETO(30,10);
    PENCOLOR(WHITE);
    MOVETO(30,191);
    PENCOLOR(NONE);
    MOVETO(25,186);
    PENCOLOR(WHITE);
    MOVETO(30,191);
    MOVETO(35,186);
    FOR I:=1 TO 10 DO              (* X-Achse *)
    BEGIN
       PENCOLOR(NONE);
       MOVETO(30+24*I,5);
       PENCOLOR(WHITE);
       MOVETO(30+24*I,15);
       PENCOLOR(NONE);
       MOVETO(18+24*I,0);
       STR(ROUND(I*MAXX/2),ST);
       INSERT('.',ST,LENGTH(ST));
       IF I MOD 2=0 THEN WSTRING(ST);
    END;
    MOVETO(250,15);
    IF ACHSX=0 THEN WSTRING('U/V');
    IF ACHSX=1 THEN WSTRING('I/uA');
    IF ACHSX=2 THEN WSTRING('I/mA');
    FOR I:=1 TO 10 DO              (* Y-Achse *)
```

```
    BEGIN
       PENCOLOR(NONE);
       MOVETO(25,10+17*I);
       PENCOLOR(WHITE);
       MOVETO(35,10+17*I);
       PENCOLOR(NONE);
       MOVETO(0,10+17*I);
       STR(ROUND(I*MAXY/2),ST);
       IF ROUND(I*MAXY/2)<10 THEN
       INSERT('0.',ST,LENGTH(ST)) ELSE INSERT('.',ST,LENGTH(ST));
       IF I MOD 2=0 THEN WSTRING(ST);
     END;
     MOVETO(35,180);
     IF ACHSY=0 THEN WSTRING('U/V');
     IF ACHSY=1 THEN WSTRING('I/uA');
     IF ACHSY=2 THEN WSTRING('I/mA');
END;


PROCEDURE SWITCHB;
BEGIN
   POKE(PCR,CHR(240+CA2ALT));   (* CB2 high
                              Interrupt puls up   Bit 4 IFR *)
   POKE(PCR,CHR(208+CA2ALT));   (* CB2 low  *)
   CB2ALT:=208;
END;


PROCEDURE SWITCHBX;
BEGIN
   IF POSITION='Y' THEN
   BEGIN
      SWITCHB;
      SWITCHB;
      SWITCHB;
   END;
```

```
      POSITION:='X';
END;


PROCEDURE SWITCHBY;
BEGIN
   IF POSITION='X' THEN
   BEGIN
      SWITCHB;
      SWITCHB;
   END;
   POSITION:='Y';
END;


PROCEDURE SWITCHAX;
BEGIN
   POKE(PCR,CHR(15+CB2ALT));
   CA2ALT:=15;
END;


PROCEDURE SWITCHAY;
BEGIN
   POKE(PCR,CHR(13+CB2ALT));
   CA2ALT:=13;
END;


PROCEDURE INITIALISIERUNG;
BEGIN
   VIA:=-16256+16*SLOT;
   DARIA:=VIA+3;
   DARIB:=VIA+2;
   DATENA:=VIA+1;
   DATENB:=VIA;
   PCR:=VIA+12;
   IFR:=VIA+13;
```

```
    EFR:=VIA+14;
    POKE(DARIA,CHR(0));
    POKE(DARIB,CHR(255));
    POKE(PCR,CHR(16));
    POKE(IFR,CHR(16));
    POKE(EFR,CHR(16));
    CB2ALT:=240;
    SWITCHAX;
    REPEAT
       SWITCHB;
    UNTIL PEEK(IFR) MOD 32>15;
    POSITION:='X';
END;


PROCEDURE KENNLITOP;
BEGIN
    TEXTMODE;
    WRITE(Q,CHR(12));
    INVERSE;
    WRITELN(Q,' ':10,ST);
    NORMAL;
END;


PROCEDURE MENUE1;
BEGIN
    KENNLITOP(ST);
    GOTOXY(0,4);
    WRITELN('Bitte wählen Sie:');
    WRITELN('-----------------');
    WRITELN;
    WRITELN('0 - Ende');WRITELN;
    WRITELN('1 - Schaltbild');
    WRITELN;
    WRITELN('2 - Messung');WRITELN;
```

```
      WRITELN('3 - Graphik');
      WRITELN('4 - Ausgabe der Graphik auf dem EPSON FX-80');
      WRITELN;
      WRITELN('5 - Ausgabe der Meßwerte auf dem Bildschirm');
      WRITELN('6 - Ausgabe der Meßwerte auf dem Drucker');
      WRITELN;
      WRITELN('7 - Meßdaten auf Diskette schreiben');
      WRITELN('8 - Meßdaten von der Diskette lesen');
      REPEAT
         GOTOXY(0,22);
         WRITE('===> ');
         READ(WAHL1);
      UNTIL (WAHL1>='0') AND (WAHL1<='8');
   END;


   BEGIN
   END.
```

"Unit" GRAPH1UNIT

"Units" können selbst wiederum "Units" aufrufen. Achten
Sie darauf, daß keine Doppeldeklarationen vorkommen oder De-
klarationen vergessen werden. Hierin liegt eine häufige Fehler-
quelle beim Kompilieren.

```
(*$S+*)
UNIT GRAPH1UNIT;


INTERFACE


USES TURTLEGRAPHICS,(*$U PHYSIKLIB*) VARIABLENUNIT;


PROCEDURE GRAPHIKPARAMETER;
PROCEDURE ACHSE;
PROCEDURE GRAPH1;
```

```pascal
IMPLEMENTATION

PROCEDURE GRAPHIKPARAMETER;
BEGIN
   TOP;
   WRITELN('                       Graphikparameter');
   WRITELN('                       ================');
   WRITELN;
   WRITELN('automat. Skalierung zwischen Min und Max (j/n):');
   GOTOXY(0,14);
   WRITELN('Anzahl Seiten   1 - 2 - 4                    :');
   WRITELN;
   WRITELN('Koordinatensystem  einblenden (j/n)          :');
   INVERSE;
   GOTOXY(0,10);
   WRITELN('Minimum:= ',MIN:4);
   WRITELN('Maximum:= ',MAX:4);
   REPEAT
      GOTOXY(60,8);
      READ(AUTSKAL);
   UNTIL (AUTSKAL='J') OR (AUTSKAL='j') OR (AUTSKAL='N')
   OR (AUTSKAL='n');
   REPEAT
      GOTOXY(60,14);
      READ(SEITEN);
   UNTIL (SEITEN='1') OR (SEITEN='2') OR (SEITEN='4');
   SEITE:=ORD(SEITEN)-48;
   REPEAT
      GOTOXY(60,16);
      READ(KOSY);
   UNTIL (KOSY='J') OR (KOSY='j') OR (KOSY='N') OR (KOSY='n');
   NORMAL;
   IF (AUTSKAL='N') OR (AUTSKAL='n') THEN
   BEGIN
      GOTOXY(0,18);
```

```pascal
      WRITElN('Minimum  ===> ');
      WRITELN;
      WRITELN('Maximum  ===> ');
      INVERSE;
      REPEAT
         GOTOXY(20,18);
         READLN(MINIMUM);
      UNTIL (MINIMUM>=0) AND (MINIMUM<=254);
      REPEAT
         GOTOXY(20,20);
         READLN(MAXIMUM);
      UNTIL (MAXIMUM>=1) AND (MAXIMUM<=255);
      NORMAL;
   END ELSE
   BEGIN
      MAXIMUM:=MAX;
      MINIMUM:=MIN;
   END;
END;


PROCEDURE ACHSE;
VAR J,K:INTEGER;
    L:INTEGERä8ü;
    ST:STRING;
BEGIN
   PENCOLOR(NONE);
   MOVETO(80,0);
   IF TIME<32768 THEN L:=ROUND(1.024*1.023*ZEIT/SEITE)
   ELSE
   BEGIN
      L:=2*ROUND((ZEIT/2)*1.024*1.023/SEITE);
      L:=L+2*ROUND(17163/SEITE);
   END;
   WSTRING('<== ');
   STR(L,ST);
```

```
    WSTRING(ST);
    WSTRING('ms ==>');
    FOR K:=0 TO 10 DO
    BEGIN
        PENCOLOR(NONE);
        MOVETO(0,19*K);
        PENCOLOR(WHITE);
        MOVETO(5,19*K);
    END;
    PENCOLOR(NONE);
    MOVETO(0,0);
    PENCOLOR(WHITE);
    MOVETO(0,190);
    PENCOLOR(NONE);
    FOR K:=1 TO 10 DO
    BEGIN
        PENCOLOR(NONE);
        MOVETO(25*K,90);
        PENCOLOR(WHITE);
        MOVETO(25*K,100);
    END;
    PENCOLOR(NONE);
    MOVETO(0,95);
    PENCOLOR(WHITE);
    MOVETO(256,95);
    PENCOLOR(NONE);
END;

PROCEDURE GRAPH1;
VAR I,J,K:INTEGER;
    SKALA:REAL;
    CH:CHAR;
BEGIN
  IF MAXIMUM-MINIMUM<>0 THEN
```

```
SKALA:=190/(MAXIMUM-MINIMUM) ELSE SKALA:=1;
FOR I:=1 TO SEITE DO
BEGIN
   INITTURTLE;
   IF SEITE=4 THEN
   CASE I OF 1:E:=A;
             2:E:=B;
             3:E:=C;
             4:E:=D;
   END;
   IF SEITE=2 THEN
   CASE I OF 1:BEGIN
                  FOR K:=0 TO 127 DO E[K]:=A[2*K];
                  FOR K:=0 TO 127 DO E[K+128]:=B[2*K];
                END;
             2:BEGIN
                  FOR K:=0 TO 127 DO E[K]:=C[2*K];
                  FOR K:=0 TO 127 DO E[K+128]:=D[2*K];
                END;
   END;
   IF SEITE=1 THEN
   BEGIN
      FOR K:=0 TO 63 DO E[K]:=A[4*K];
      FOR K:=0 TO 63 DO E[K+64]:=B[4*K];
      FOR K:=0 TO 63 DO E[K+128]:=C[4*K];
      FOR K:=0 TO 63 DO E[K+192]:=D[4*K];
   END;
   PENCOLOR(NONE);
   K:=ROUND((ORD(E[0])-MINIMUM)*SKALA);
   IF K<0 THEN K:=0;
   IF K>190 THEN K:=190;
   MOVETO(0,K);
   PENCOLOR(WHITE);
   FOR J:=0 TO 255 DO
   BEGIN
```

```
           K:=ROUND((ORD(E[J])-MINIMUM)*SKALA);
           IF K<0 THEN K:=0;
           IF K>190 THEN K:=190;
           MOVETO(J,K);
       END;
       IF (KOSY='J') OR (KOSY='j') THEN ACHSE;
       PENCOLOR(NONE);
       MOVETO(199,0);
       IF HRDCPY THEN HARDCOPY(5) ELSE WSTRING('==>TASTE');
       READ(CH);
    END;
    TEXTMODE;
END;


BEGIN
END.
```

"Unit" GRAPH2UNIT

```
(*$S+*)
UNIT GRAPH2UNIT;


INTERFACE


USES TURTLEGRAPHICS;


PROCEDURE LINIEHORIZ(X,Y,L:INTEGER);
PROCEDURE LINIEVERTI(X,Y,L:INTEGER);
PROCEDURE RECHTECK(X,Y,A,B:INTEGER);
PROCEDURE SCHALTPORT(ST:STRING);


IMPLEMENTATION


PROCEDURE LINIEHORIZ;
BEGIN
```

```
    (*$R TURTLEGRAPHICS*)
    PENCOLOR(NONE);
    MOVETO(X,Y);
    PENCOLOR(WHITE);
    MOVETO(X-L,Y);
    PENCOLOR(NONE);
END;

PROCEDURE LINIEVERTI;
BEGIN
    (*$R TURTLEGRAPHICS*)
    PENCOLOR(NONE);
    MOVETO(X,Y);
    PENCOLOR(WHITE);
    MOVETO(X,Y+L);
    PENCOLOR(NONE);
END;

PROCEDURE RECHTECK;
BEGIN
    (*$R TURTLEGRAPHICS*)
    B:=ROUND(B/2);
    PENCOLOR(NONE);
    MOVETO(X,Y);
    PENCOLOR(WHITE);
    MOVETO(X,Y+B);
    MOVETO(X-A,Y+B);
    MOVETO(X-A,Y-B);
    MOVETO(X,Y-B);
    MOVETO(X,Y);
    PENCOLOR(NONE);
END;

PROCEDURE SCHALTPORT;
BEGIN
```

```
(*$R TURTLEGRAPHICS*)
INITTURTLE;
MOVETO(5,180);
VIEWPORT(0,270,176,192);
FILLSCREEN(WHITE);
WSTRING(ST);
VIEWPORT(0,279,0,174);
FILLSCREEN(BLACK);
MOVETO(0,155);
WSTRING('       Port A                    Port B');
RECHTECK(135,159,135,10);
RECHTECK(279,159,135,10);
MOVETO(3,130);
WSTRING('  x-y-switch                x-y-switch');
RECHTECK(105,133,105,10);
RECHTECK(279,133,105,10);
MOVETO(27,115);
WCHAR('x');
MOVETO(82,115);
WCHAR('y');
MOVETO(201,115);
WCHAR('x');
MOVETO(256,115);
WCHAR('y');
MOVETO(3,105);
WSTRING('  A/D    A/D              D/A     D/A');
RECHTECK(50,108,50,10);
RECHTECK(105,108,50,10);
RECHTECK(224,108,50,10);
RECHTECK(279,108,50,10);
LINIEVERTI(110,90,64);         (* CA1, CA2, RELAIS *)
LINIEVERTI(120,90,64);
LINIEVERTI(130,90,64);
RECHTECK(111,90,2,2);
RECHTECK(111,154,2,2);
```

```
RECHTECK(121,90,2,2);
RECHTECK(121,154,2,2);
RECHTECK(131,90,2,2);
RECHTECK(131,154,2,2);
LINIEVERTI(150,90,64);          (* CB1, CB2, RELAIS *)
LINIEVERTI(160,90,64);
LINIEVERTI(170,90,64);
RECHTECK(151,90,2,2);
RECHTECK(151,154,2,2);
RECHTECK(161,90,2,2);
RECHTECK(161,154,2,2);
RECHTECK(171,90,2,2);
RECHTECK(171,154,2,2);
LINIEVERTI(52,138,16);     (* Verbindungslinien *)
RECHTECK(53,154,2,2);
RECHTECK(53,138,2,2);
LINIEVERTI(227,138,16);
RECHTECK(228,154,2,2);
RECHTECK(228,138,2,2);
LINIEVERTI(25,113,15);
RECHTECK(26,113,2,2);
RECHTECK(26,128,2,2);
LINIEVERTI(80,113,15);
RECHTECK(81,113,2,2);
RECHTECK(81,128,2,2);
LINIEVERTI(199,113,15);
RECHTECK(200,113,2,2);
RECHTECK(200,128,2,2);
LINIEVERTI(254,113,15);
RECHTECK(255,113,2,2);
RECHTECK(255,128,2,2);
LINIEVERTI(10,90,12);  (* x-A/D-W. 0-V-Eingang *)
RECHTECK(11,101,2,2);
RECHTECK(11,90,2,2);
LINIEVERTI(25,90,12);  (* x-A/D-W. 5-V-Eingang *)
```

```
    RECHTECK(26,101,2,2);
    RECHTECK(26,90,2,2);
    LINIEVERTI(40,90,12);    (* x-A/D-W. 10-V-Eingang *)
    RECHTECK(41,101,2,2);
    RECHTECK(41,90,2,2);
    LINIEVERTI(65,90,12);    (* y-A/D-W. 0-V-Eingang *)
    RECHTECK(66,101,2,2);
    RECHTECK(66,90,2,2);
    LINIEVERTI(80,90,12);    (* y-A/D-W. 5-V-Eingang *)
    RECHTECK(81,101,2,2);
    RECHTECK(81,90,2,2);
    LINIEVERTI(95,90,12);    (* y-A/D-W. 10-V-Eingang *)
    RECHTECK(96,101,2,2);
    RECHTECK(96,90,2,2);
    LINIEVERTI(184,90,12);   (* x-D/A-W. 0-V-Ausgang *)
    RECHTECK(185,101,2,2);
    RECHTECK(185,90,2,2);
    LINIEVERTI(214,90,12);   (* x-D/A-W. 10-V-Ausgang *)
    RECHTECK(215,101,2,2);
    RECHTECK(215,90,2,2);
    LINIEVERTI(239,90,12);   (* y-D/A-W. 0-V-Ausgang *)
    RECHTECK(240,101,2,2);
    RECHTECK(240,90,2,2);
    LINIEVERTI(269,90,12);   (* y-D/A-W. 10-V-Ausgang *)
    RECHTECK(270,101,2,2);
    RECHTECK(270,90,2,2);
    (* Anschluesse:x - A/D-W. 0 V : 10/90      5 V : 25/90
                            10 V : 40/90
                   y - A/D-W. 0 V : 65/90      5 V : 80/90
                            10 V : 95/90
                   x - D/A-W. 0 V : 184/90   10 V : 214/90
                   y - D/A-W. 0 V : 239/90   10 V : 269/90*)
END;

BEGIN
END.
```

"Unit" SCHAL1UNIT

Diese "Unit" ist für die Funktion des gesamten Programms nicht unbedingt erforderlich. Es reicht die Angabe des "Interface"-Teils. Diese "Unit" zeichnet verschiedene Schaltungen, die von der Hauptmenükarte aus aufgerufen werden können.

```
(*$S+,N-*)
UNIT SCHAL1UNIT;

INTERFACE

USES TURTLEGRAPHICS,(*$U #5:PHYSIKLIB*) GRAPH2UNIT;

PROCEDURE TEXT;
PROCEDURE VIA6522;
PROCEDURE SWITCHMESSEN;
PROCEDURE SWITCHSTEUERN;

IMPLEMENTATION

PROCEDURE TEXT;
BEGIN
END;

PROCEDURE VIA6522;
BEGIN
END;

PROCEDURE SWITCHMESSEN;
BEGIN
END;

PROCEDURE SWITCHSTEUERN;
BEGIN
```

```
END;


BEGIN
END;
```

"Unit" SCHAL2UNIT

Diese "Unit" ist für die Funktion des gesamten Programms nicht unbedingt erforderlich. Es reicht die Angabe des "Interface"-Teils. Diese "Unit" zeichnet verschiedene Schaltungen, die von der Hauptmenükarte aus aufgerufen werden können.

```
(*$S+,N-*)
UNIT SCHAL2UNIT;

INTERFACE

USES TRANSCEND,TURTLEGRAPHICS,(*$U #5:PHYSIKLIB*) GRAPH2UNIT;

PROCEDURE CLOCKSIGNALE;
PROCEDURE ADWANDLER;
PROCEDURE DAWANDLER;
PROCEDURE UMRISSE;
PROCEDURE SYMBOLEAD;
PROCEDURE SYMBOLEDA;
PROCEDURE SYMBOLDIG;


IMPLEMENTATION
PROCEDURE CLOCKSIGNALE;
BEGIN
END;


PROCEDURE ADWANDLER;
BEGIN
END;
```

```
PROCEDURE DAWANDLER;
BEGIN
END;


PROCEDURE UMRISSE;
BEGIN
END;


PROCEDURE SYMBOLEAD;
BEGIN
END;


PROCEDURE SYMBOLEDA;
BEGIN
END;


PROCEDURE SYMBOLDIG;
BEGIN
END;


BEGIN
END.
```

"Unit" VARIABLENUNIT

Diese "Unit" stellt für ANALOMENUE und AUSWERTUNG alle
Variablen und Assembler-Prozeduren und -Funktionen zur Verfügung.

```
(*$S+*)
UNIT VARIABLENUNIT;


INTERFACE
```

```
TYPE FELD=PACKED ARRAY[0..255] OF CHAR;

VAR MIN,MAX,MINIMUM,MAXIMUM,DRIVE,ZEIT,SEITE,SUMME1,SUMME2,
    SLOT,SLOPE,TRIGGER,ZEITHIGH,ZEITLOW,I,J,K,L:INTEGER;
    TIME,ANZAHL,LONG:INTEGER[7];
    DAUER:INTEGER[8];
    Q:TEXT;
    R:FILE OF INTEGER;
    DAUER1,SKALA,KORREKTUR,REEL:REAL;
    F:ARRAY[0..255] OF INTEGER;
    A,B,C,D,E:FELD;
    HRDCPY:BOOLEAN;
    WAHL1,WAHL2,WAHL3,KOSY,AUTSKAL,SEITEN,CK,CH:CHAR;

PROCEDURE INVERSE;
PROCEDURE NORMAL;
PROCEDURE TOP;
PROCEDURE EXTREMUM;
PROCEDURE MITTELWERT;
PROCEDURE HARDCOPY(GROESSE:INTEGER);
PROCEDURE POKE(ADRESSE:INTEGER;WERT:CHAR);
FUNCTION PEEK(ADRESSE:INTEGER):INTEGER;

IMPLEMENTATION

PROCEDURE HARDCOPY;EXTERNAL;

PROCEDURE POKE;EXTERNAL;

FUNCTION PEEK;EXTERNAL;

PROCEDURE INVERSE;
BEGIN
   WRITE(CHR(154),'3');
END;
```

```
PROCEDURE NORMAL;
BEGIN
   WRITE(CHR(154),'2');
END;


PROCEDURE TOP;
BEGIN
   WRITE(CHR(12));
   INVERSE;
   WRITE('             Meßwerterfassung mit ');
   WRITELN('Echtzeituhr mit dem VIA 6522                    ');
   NORMAL;
   WRITE('Triggerpunkt: ',TRIGGER:3,'   Anzahl Messungen/s');
   WRITE('  : ',ANZAHL:5);
   WRITE('      Zeitintervall: ',TIME:5,' us   ');
   GOTOXY(0,5);
END;


PROCEDURE EXTREMUM;
BEGIN
   IF (AUTSKAL='J') OR (AUTSKAL='j') THEN
   BEGIN
      GOTOXY(0,10);
      WRITELN('Ich suche Extrema - bitte 3 s warten...');
      MIN:=255;
      MAX:=0;
      FOR K:=1 TO 4 DO
      BEGIN
         CASE K OF 1:E:=A;
                   2:E:=B;
                   3:E:=C;
                   4:E:=D;
         END;
         FOR J:=0 TO 255 DO
         BEGIN
```

```
            IF ORD(E[J])>MAX THEN MAX:=ORD(E[J]);
            IF ORD(E[J])<MIN THEN MIN:=ORD(E[J]);
         END;
      END;
      MAXIMUM:=MAX;
      MINIMUM:=MIN;
   END;
END;


PROCEDURE MITTELWERT;
BEGIN
FOR K:=0 TO 63 DO
E[K]:=CHR(ROUND((ORD(A[4*K])+ORD(A[4*K+1])+ORD(A[4*K+2])
                              +ORD(A[4*K+3]))/4));
FOR K:=0 TO 63 DO
E[K+64]:=CHR(ROUND((ORD(B[4*K])+ORD(B[4*K+1])+ORD(B[4*K+2])
                              +ORD(B[4*K+3]))/4));
FOR K:=0 TO 63 DO
E[K+128]:=CHR(ROUND((ORD(C[4*K])+ORD(C[4*K+1])+ORD(C[4*K+2])
                              +ORD(C[4*K+3]))/4));
FOR K:=0 TO 63 DO
E[K+192]:=CHR(ROUND((ORD(D[4*K])+ORD(D[4*K+1])+ORD(D[4*K+2])
                              +ORD(D[4*K+3]))/4));
END;

BEGIN
END.
```

"Unit" MESSWERTUNIT

Diese "Unit" steuert die schnellen analogen Messungen durch
und setzt die Parameter der Messungen.

```
(*$S+*)
UNIT MESSWERTUNIT;

INTERFACE
USES (*$U #5:PHYSIKLIB*) VARIABLENUNIT;

PROCEDURE ANALOG(A,B,C,D:FELD;ZH,ZL,TR,SL,ST:CHAR);
PROCEDURE TEXT1;
PROCEDURE MESSPARAMETER;
PROCEDURE MESSUNG;

IMPLEMENTATION

PROCEDURE ANALOG;EXTERNAL;

PROCEDURE TEXT1;
BEGIN
   WRITELN;
   WRITELN( Meßdauer und Anzahl Meßpunkte/s für 1024 Messung.');
   WRITELN('----------------------------------------------------------');
   WRITELN('65535 us -         16 Messungen/s  - 65.536 s Meßdauer');
   WRITELN('   100 us - 10 230 Messungen/s  -  0,102 s Meßdauer');
   WRITELN('    33 us - 31 000 Messungen/s  -  0.034 s Meßdauer');
   WRITELN('    20 us - 51 150 Messungen/s  -  0.021 s Meßdauer');
   GOTOXY(0,15);
END;


PROCEDURE MESSPARAMETER;
VAR RE:REAL;
BEGIN
   TOP;
   TEXT1;
   WRITE('Meßintervall              (20 ... 65 535) ? ===> ');
   REPEAT
      GOTOXY(45,15);
```

```
        READLN(ZEIT);
    UNTIL ((ZEIT>=20) AND (ZEIT<=32768)) OR ((ZEIT>=-32768)
    AND (ZEIT<=0));
    IF ZEIT>0 THEN
    BEGIN
        ZEITHIGH:=ZEIT DIV 256;
        ZEITLOW:=ZEIT MOD 256;
        TIME:=ZEIT;
        RE:=ZEIT/1000;
        IF ZEIT<33 THEN ANZAHL:=10*ROUND(102.3/RE)
        ELSE ANZAHL:=ROUND(1023/RE);
    END ELSE
    BEGIN
        ZEIT:=32767+ZEIT+1;
        ZEITHIGH:=128+(ZEIT DIV 256);
        ZEITLOW:=ZEIT MOD 256;
        TIME:=32767;
        TIME:=TIME+1+ZEIT;
        RE:=32.768+ZEIT/1000;
        ANZAHL:=ROUND(1023/RE);
    END;
    IF ANZAHL<0 THEN ANZAHL:=65536+ANZAHL;
    WRITELN;
    WRITE('Anzahl Meßpunkte/s: ',ANZAHL:6,'  gewähltes Zeit');
    WRITE('intervall: ');
    WRITELN(TIME:6,' us');
    REPEAT
        GOTOXY(0,22);
        INVERSE;
        WRITE('Triggerschwelle (-255 .. 255     <0:neg. Flanke  ');
        WRITE('>0:pos. Flanke) ?  ');
        NORMAL;WRITE(' ===> ');
        READLN(TRIGGER);
    UNTIL (TRIGGER>=-255) AND (TRIGGER<=255);
    IF TRIGGER<0 THEN SLOPE:=0 ELSE SLOPE:=1;
END;
```

```
PROCEDURE MESSUNG;
VAR ZH,ZL,TR,SL:CHAR;
BEGIN
   TOP;
   WRITELN('Messung - bitte ',TIME:7,' ms warten... ');
   ZH:=CHR(ZEITHIGH);
   ZL:=CHR(ZEITLOW);
   TR:=CHR(ABS(TRIGGER));
   SL:=CHR(SLOPE);
   ANALOG(A,B,C,D,ZH,ZL,TR,SL,CHR(16*SLOT));
   EXTREMUM;
END;


BEGIN
END.
```

"Unit" AUSGABEUNIT

Diese "Unit" gibt die Meßergebnisse auf den Drucker oder
Bildschirm aus.

```
(*$S+*)
UNIT AUSGABEUNIT;

INTERFACE
USES (*$U PHYSIKLIB*) VARIABLENUNIT;

PROCEDURE AUSGABE;

IMPLEMENTATION

PROCEDURE AUSGABE;
VAR II:INTEGER;
BEGIN
   IF WAHL1='5' THEN REWRITE(Q,'CONSOLE:') ELSE
```

```
REWRITE(Q,'PRINTER:');
FOR II:=1 TO 4 DO
BEGIN
   CASE II OF 1:E:=A;
              2:E:=B;
              3:E:=C;
              4:E:=D;
   END;
   IF (II=3) AND (WAHL1='6') THEN WRITE(Q,CHR(12)) ELSE
   BEGIN
      WRITELN(Q);
      WRITELN(Q);
      WRITE(CHR(12));
   END;
   TOP;
   GOTOXY(0,3);
   WRITE(Q,'Seite ',II:2,' von 4          Daten   Nr. ');
   WRITELN(Q,256*(II-1):3,'-',256*II-1:3);
   IF WAHL1='5' THEN INVERSE;
   WRITE(Q,'    +    0    1    2    3    4    5    6    7');
   WRITELN(Q,'    8    9   10   11   12   13   14   15');
   IF WAHL1='5' THEN NORMAL;
   FOR J:=0 TO 15 DO
   BEGIN
      IF WAHL1='5' THEN INVERSE;
      WRITE(Q,256*(II-1)+16*J:3,'   ');
      IF WAHL1='5' THEN NORMAL;
      FOR I:=0 TO 15 DO WRITE(Q,ORD(E[16*J+I]):4);
      WRITELN(Q);
   END;
   GOTOXY(0,22);
   INVERSE;
   WRITE('weiter: <RET>   ---    Ende: <ESC>   ==> ');
   NORMAL;
   READ(CK);
```

```
        IF ORD(CK)=27 THEN
        BEGIN
            CLOSE(Q,LOCK);
            EXIT(AUSGABE);
        END;
    END;
    CLOSE(Q,LOCK);
END;


BEGIN
END.
```

"Unit" DISKETTEUNIT

Mit Hilfe dieser "Unit" können Daten-Files auf Diskette
geschrieben und wieder von ihr gelesen werden. Das "Directory"
der Diskette wird ausgegeben. Diese "Unit" ist mit kleinen
Veränderungen identisch mit den "Units" MESDISUNIT, TRADISUNIT
und DISK1UNIT. Die Stellen, an denen Veränderungen eintreten,
werden mit ***** Änderung 1 **** etc. markiert.

```
(*$S+*)
UNIT DISKETTEUNIT;

INTERFACE
USES (*$U PHYSIKLIB*) VARIABLENUNIT;

PROCEDURE CATALOG;
PROCEDURE SCHREIBEN;
PROCEDURE LESEN;


IMPLEMENTATION

PROCEDURE CATALOG;
```

```pascal
VAR SPEICHER:PACKED ARRAY[0..2048] OF CHAR;
    BUFFER:PACKED ARRAY[0..511] OF CHAR;
    CL:CHAR;
    ANZAHL,I,J,LAENGE,KK,MAXI,MAXA,A1,A2,K,L,
    LOWBYTE,HIGHBYTE,BYTE,TAG,MON,JAHR:INTEGER;


PROCEDURE STOP;
BEGIN
    GOTOXY(0,22);
    INVERSE;
    WRITE('Weiter: Bitte Taste drücken. ===> ');
    NORMAL;
    READ(CL);
END;


PROCEDURE TI;
BEGIN
    LAENGE:=ORD(SPEICHER[6]);
    WRITE(CHR(12));
    INVERSE;
    WRITE('                      Pascal   Directory   Drive  ');
    WRITE(DRIVE:1,'   ');
    FOR J:=7 TO LAENGE+6 DO WRITE(SPEICHER[+J]);
    FOR J:=LAENGE+7 TO 13 DO WRITE(' ');
    WRITELN(':                      ');
    NORMAL;
    WRITELN;
    WRITE('   Filename                 Blöcke   Länge Bytes');
    WRITELN('      Typ        Datum');
    WRITE('-------------------------------------------------------');
    WRITELN('-----------------------');
  END;


PROCEDURE SCHLUSS;
BEGIN
    WRITELN;
```

```
      INVERSE;
      WRITE('  ',ANZAHL:3,' Files ',MAXA:3,' maximale Anzahl von');
      WRITELN('Blöcken (mit Lücken) ',280-MAXA:3,' Blöcke frei');
      NORMAL;
END;


BEGIN
    WRITELN;
    WRITE('Bitte warten...');
    A1:=6;
    A2:=6;
    FOR KK:=2 TO 5 DO
    BEGIN
        UNITREAD(DRIVE,BUFFER,512,KK);
        FOR J:=0 TO 511 DO
        SPEICHER[512*(KK-2)+J]:=BUFFER[J];
    END;
    ANZAHL:=ORD(SPEICHER[17])*16+ORD(SPEICHER[16]);
    KK:=0;
    TI;
    FOR I:=0 TO ANZAHL-1 DO
    BEGIN
        KK:=KK+1;
        K:=26*I+26;
        HIGHBYTE:=ORD(SPEICHER[K+1])*16+ORD(SPEICHER[K+0]);
        IF HIGHBYTE<A1 THEN HIGHBYTE:=HIGHBYTE+240;
        IF HIGHBYTE<>A2 THEN
        BEGIN
            KK:=KK+1;
            WRITELN('   < unused >  ',-A2+HIGHBYTE+1:3);
        END;
        A1:=HIGHBYTE;
        LOWBYTE:=ORD(SPEICHER[K+3])*16+ORD(SPEICHER[K+2]);
        IF LOWBYTE<A2 THEN LOWBYTE:=LOWBYTE+240;
        A2:=LOWBYTE;
```

```
      MAXA:=LOWBYTE;
      LAENGE:=ORD(SPEICHER[K+6]);
      WRITE(I+1:2,' ');
      FOR J:=0 TO LAENGE-1 DO WRITE(SPEICHER[K+7+J]);
      FOR J:=LAENGE TO 15 DO WRITE(' ');
      WRITE('    ',HIGHBYTE:4);
      WRITE(' - ',LOWBYTE-1:4,'    ',LOWBYTE-HIGHBYTE:4);
      HIGHBYTE:=ORD(SPEICHER[K+23])*16+ORD(SPEICHER[K+22]);
      WRITE('    ',HIGHBYTE:4,'    ');
      CASE ORD(SPEICHER[K+4]) OF 2:WRITE('Code - File    ');
                                  3:WRITE('Text - File    ');
                                  5:WRITE('Data - File    ');
      END;
      LOWBYTE:=ORD(SPEICHER[K+24]);
      HIGHBYTE:=ORD(SPEICHER[K+25]);
      IF HIGHBYTE MOD 2=1 THEN LOWBYTE:=LOWBYTE+256;
      MON:=LOWBYTE MOD 16;
      TAG:=ROUND(LOWBYTE/16-0.1);
      JAHR:=ROUND(HIGHBYTE/2-0.1);
      WRITELN(TAG:2,'.',MON:2,'.19',JAHR:2);
      IF KK>=16 THEN
      BEGIN
         KK:=0;
         STOP;
         TI;
      END;
   END;
   SCHLUSS;
   STOP;
END;


PROCEDURE SCHREIBEN;
VAR I,J,K:INTEGER;
    DRIVES,CH:CHAR;
    ST:STRING;
```

```
BEGIN
   TOP;
   REPEAT
      GOTOXY(0,10);
      WRITE('Laufwerk Nr. (4 oder 5) ===> ');
      READ(DRIVES);
   UNTIL (DRIVES='4') OR (DRIVES='5');
   DRIVE:=ORD(DRIVES)-48;
   GOTOXY(0,10);
   WRITE('Name des Files (ohne .DATA nur mit A. beginnend) ==>');
   READLN(ST);
   ST:=CONCAT(ST,'.DATA');
   IF DRIVE=4 THEN ST:=CONCAT('#4:',ST) ELSE ST:=CONCAT('#5:',ST);
   GOTOXY(0,15);
   WRITELN('Bitte warten .......');
   REWRITE(R,ST);                          ***** Änderung 1 *****
   R^:=TRIGGER;
   PUT(R);
   R^:=ZEITHIGH;
   PUT(R);
   R^:=ZEITLOW;
   PUT(R);
   FOR K:=1 TO 4 DO
   BEGIN
      CASE K OF 1:E:=A;
                2:E:=B;
                3:E:=C;
                4:E:=D;
      END;
      FOR J:=0 TO 255 DO
      BEGIN
         I:=ORD(E[J]);
         R^:=I;
         PUT(R);
      END;
```

```
    END;
    CLOSE(R,LOCK);
    CATALOG;
END;


PROCEDURE LESEN;
VAR I,J,K:INTEGER;
    DRIVES,CH:CHAR;
    ST:STRING;
BEGIN
    TOP;
    REPEAT
       GOTOXY(0,10);
       WRITE('Laufwerk Nr. (4 oder 5) ===> ');
       READ(DRIVES);
    UNTIL (DRIVES='4') OR (DRIVES='5');
    DRIVE:=ORD(DRIVES)-48;
    CATALOG;
    TOP;
    GOTOXY(0,10);
    WRITE('Name des Files (ohne .DATA nur mit A. beginnend) ==>');
    READLN(ST);
    ST:=CONCAT(ST,'.DATA');
    IF DRIVE=4 THEN ST:=CONCAT('#4:',ST) ELSE ST:=CONCAT('#5:',ST);
    GOTOXY(0,15);
    WRITELN('Bitte warten .......');
    RESET(R,ST);
    TRIGGER:=R^;                              **** Änderung 2 ****
    GET(R);
    ZEITHIGH:=R^;
    GET(R);
    ZEITLOW:=R^;
    GET(R);
    FOR K:=1 TO 4 DO
    BEGIN
```

```
         FOR J:=0 TO 255 DO
         BEGIN
            I:=R^;
            E[J]:=CHR(I);
            GET(R);
         END;
         CASE K OF 1:A:=E;
                   2:B:=E;
                   3:C:=E;
                   4:D:=E;
         END;
      END;
   END;
   CLOSE(R,LOCK);
   ZEIT:=ZEITLOW+256*ZEITHIGH;
   TIME:=ZEIT;
   ANZAHL:=0;
   EXTREMUM;
END;

BEGIN
END.
```

"Unit" MESSVARUNIT

    MESSVARUNIT deklariert alle Variablen für die Kennlinien-
messungen.

```
(*$S+*)
UNIT MESVARUNIT;

INTERFACE

VAR STROM,SPANNUNG:ARRAY[0..255] OF INTEGER;
    MA:INTEGER;
    LES:BOOLEAN;
    RR:FILE OF INTEGER;

BEGIN
END.
```

"Unit" MESGRAUNIT

    MESGRAUNIT zeichnet einen Schaltungsvorschlag zur Aufnahme
der Kennlinien von Zweipolen.

```
(*$S+*)
UNIT MESGRAUNIT;

INTERFACE

USES TURTLEGRAPHICS,(*$U PHYSIKLIB*) GRAPHUNIT,GRAPH2UNIT;

PROCEDURE SCHALTUNG;

IMPLEMENTATION

PROCEDURE SCHALTUNG;
BEGIN
```

```
   (*$R GRAPHUNIT,GRAPH2UNIT*)
   SCHALTPORT('  Kennlinien  diverser Zweipole  ');
   MOVETO(10,90);
   (* Meßwiderstand und Anschlüsse A/D-Wandler *)
   LINIEVERTI(10,10,80);
   LINIEHORIZ(50,10,40);
   RECHTECK(70,10,20,10);
   LINIEHORIZ(150,10,80);
   RECHTECK(121,10,2,2);
   LINIEVERTI(120,10,60);
   LINIEHORIZ(120,70,80);
   LINIEVERTI(40,70,20);
   RECHTECK(151,10,2,2);
   LINIEHORIZ(160,10,5);
   RECHTECK(156,10,2,2);
   RECHTECK(180,10,20,10);
   LINIEHORIZ(185,10,5);
   RECHTECK(186,10,2,2);
   RECHTECK(190,10,2,2);
   LINIEHORIZ(214,10,24);
   LINIEVERTI(214,10,80);      (* Ansteuerung *)
   MOVETO(122,25);
   WSTRING('Test-Baustein');
   MOVETO(73,0);
   WSTRING('1k');
   IF NOT HRDCPY THEN ENDE(15,20);
   IF HRDCPY THEN HARDCOPY(5) ELSE READ(C);
END;


BEGIN
END.
```

"Unit" MESDISUNIT

MESDISUNIT ist zum größten Teil mit DISKETTEUNIT identisch.

Es sind folgende Abweichungen zu beachten:

1. Im Deklarationsteil ist VARIABLENUNIT durch MESVARUNIT zu
   ersetzen.

2. Der Prozedurname SCHREIBEN wird in MESSCHREIBEN umgewandelt.

3. Der Prozedurname LESEN wird in MESLESEN umgewandelt.

4. Im "Implementation"-Teil sollten die Prozeduren INVERSE und
   NORMAL eingesetzt werden.

5. Die Prozedur HEADING wird im "Implementation"-Teil eingefügt.

```
PROCEDURE HEADING;
BEGIN
   WRITE(CHR(12));
   INVERSE;
   WRITE(' Messen und Steuern    -    Lesen und ');
   WRITELN('Abschreiben der Datenfiles  ');
   NORMAL;
END;
```

6. Die Variable DRIVE muß durch MA ersetzt werden.

7. In SCHREIBEN ist ab **** Änderung 1 **** bis zum Ende zu
   ersetzen:

```
      FOR J:=0 TO 255 DO
      BEGIN
         RR^:=STROM[J];
         PUT(RR);
         RR^:=SPANNUNG[J];
         PUT(RR);
      END;
      CLOSE(RR,LOCK);
```

```
        CATALOG;
    END;


8. In MESLESEN erfolgt ab **** Änderung 2 **** die entsprechen-
   de Abweichung:
        FOR J:=0 TO 255 DO
        BEGIN
            STROM[J]:=RR^;
            GET(RR);
            SPANNUNG[J]:=RR^;
            GET(RR);
        END;
        CLOSE(RR,LOCK);
    END;
```

"Unit" TRAVARUNIT

TRAVARUNIT stellt dem Transistor-Programm alle Variablen
zur Verfügung.

```
(*$S+*)
UNIT TRAVARUNIT;

INTERFACE

VAR MITTEL,BASISSPANNUNG:ARRAY[9..20] OF INTEGER;
    TRANSI:ARRAY[9..20,0..1,0..63] OF INTEGER;
    BASIS,EMITTER:INTEGER;
    MA:INTEGER;
    LES:BOOLEAN;
    RR:FILE OF INTEGER;


BEGIN
END.
```

"Unit" TRATRAUNIT

TRATRAUNIT zeichnet den Schaltplan für die Aufnahme der
Transistor-Kennlinien.

```
(*$S+*)
UNIT TRATRAUNIT;

INTERFACE

USES TURTLEGRAPHICS,TRANSCEND,
     (*$U #5:PHYSIKLIB*) GRAPHUNIT,GRAPH2UNIT;

PROCEDURE SCHALTTRANSISTOR;

IMPLEMENTATION

PROCEDURE PLOTTRANSISTOR(X,Y,R:INTEGER;S:STRING);
VAR I,J,K,L:INTEGER;
BEGIN
  (*$R TRANSCEND*)
  (* Basisanschluß     : (X-10,Y)
     Kollektoranschluß: (X+10,Y+30) *)

IF (X>=30) AND (X<=240) AND (Y>=30) AND (Y<=160) THEN
BEGIN
    PENCOLOR(NONE);
    MOVETO(X-R,Y);
    FOR L:=0 TO 1 DO
    FOR I:=X-R TO X+R DO
    BEGIN
        IF (L=1) AND (I=X-R) THEN PENCOLOR(NONE) ELSE
        PENCOLOR(WHITE);
        K:=I-X;
        IF L=0 THEN J:=Y+ROUND(SQRT(R*R-K*K)) ELSE
```

```
      J:=Y-ROUND(SQRT(R*R-K*K));
      MOVETO(I,J);
  END;
  PENCOLOR(NONE);
  MOVETO(X-10,Y+10);
  PENCOLOR(WHITE);
  MOVETO(X-10,Y-10);
  PENCOLOR(NONE);
  MOVETO(X-10,Y);
  PENCOLOR(WHITE);
  MOVETO(X+10,Y+20);
  MOVETO(X+10,Y+30);
  PENCOLOR(NONE);
  MOVETO(X-10,Y);
  PENCOLOR(WHITE);
  MOVETO(X+10,Y-20);
  MOVETO(X+10,Y-29);
  PENCOLOR(NONE);
  MOVETO(X+5,Y-29);
  PENCOLOR(WHITE);
  MOVETO(X+15,Y-29);
  MOVETO(X+15,Y-30);
  MOVETO(X+5,Y-30);
  PENCOLOR(NONE);
  MOVETO(X+18,Y-30);
  WSTRING('0V');
  MOVETO(X-10,Y);
  PENCOLOR(WHITE);
  MOVETO(X-R-10,Y);
  PENCOLOR(NONE);
  IF (S='NPN') OR (S='npn') THEN
  BEGIN
     MOVETO(X-6,Y-10);
     PENCOLOR(WHITE);
     MOVETO(X,Y-10);
```

```pascal
        MOVETO(X,Y-2);
   END;
   IF (S='PNP') OR (S='pnp') THEN
   BEGIN
        MOVETO(X-6,Y+10);
        PENCOLOR(WHITE);
        MOVETO(X-6,Y+3);
        MOVETO(X,Y+3);
   END;
   PENCOLOR(NONE);
   MOVETO(X-15,Y-30);
   IF (S='NPN') OR (S='npn') THEN WSTRING('npn');
   IF (S='PNP') OR (S='pnp') THEN WSTRING('pnp');
 END;
END;


PROCEDURE SCHALTTRANSISTOR;
BEGIN
   SCHALTPORT(' Kennlinien eines npn-Transistors');
   PLOTTRANSISTOR(90,30,20,'npn');
   LINIEVERTI(30,30,50);
   (* Anschluß Basisspannung an x-D/A-Wandler *)
   LINIEHORIZ(214,80,184);
   LINIEVERTI(214,80,10);
   LINIEHORIZ(35,30,5);
   RECHTECK(55,30,20,10);   (* Basiswiderstand *)
   MOVETO(28,13);
   WSTRING('Rb');
   LINIEHORIZ(60,30,5);
   RECHTECK(61,30,2,2);
   (* Anschluß Basis an x-A/D-Wandler *)
   LINIEVERTI(60,10,20);
   LINIEHORIZ(60,10,35);
   LINIEVERTI(25,10,80);
   LINIEHORIZ(120,60,20);
   RECHTECK(140,60,20,10);   (* Kollektorwiderstand *)
```

```
      MOVETO(120,45);
      WSTRING('Rk');
      LINIEHORIZ(269,60,129);
      LINIEVERTI(269,60,30);    (* Anschluß an y-D/A-Wandler *)
      RECHTECK(101,60,2,2);(* Anschluß Kollektor an y-A/D-Wandler *)
      LINIEHORIZ(100,60,20);
      LINIEVERTI(80,60,30);
      IF NOT HRDCPY THEN ENDE(175,0);
      IF HRDCPY THEN HARDCOPY(5) ELSE READ(C);
  END;


  BEGIN
  END.
```

"Unit" TRAGRAUNIT

TRAGRAUNIT zeichnet das Koordinatensystem für die Transistor-Kennlinien.

```
(*$S+*)
UNIT TRAGRAUNIT;

INTERFACE

USES TURTLEGRAPHICS;

PROCEDURE KOSYSTEM(MAXX,MAXY,ACHSX,ACHSY:INTEGER);
PROCEDURE STOP(X,Y:INTEGER;HRDCPY:BOOLEAN);

IMPLEMENTATION

PROCEDURE HARDCOPY(GROESSE:INTEGER);EXTERNAL;

PROCEDURE STOP;
BEGIN
```

```
    (*$R TURTLEGRAPHICS*)
    PENCOLOR(NONE);
    MOVETO(X+5,Y+5);
    VIEWPORT(X,X+95,Y,Y+20);
    FILLSCREEN(WHITE);
    IF HRDCPY THEN WSTRING('Bitte warten')
    ELSE WSTRING('weiter:Taste');
    VIEWPORT(0,279,0,191);
END;


PROCEDURE KOSYSTEM;
VAR I:INTEGER;
    ST:STRING;
BEGIN
    (*$R TURTLEGRAPHICS*)
    INITTURTLE;
    PENCOLOR(NONE);
    MOVETO(30,10);
    PENCOLOR(WHITE);
    MOVETO(279,10);
    PENCOLOR(NONE);
    MOVETO(274,5);
    PENCOLOR(WHITE);
    MOVETO(279,10);
    MOVETO(274,15);
    PENCOLOR(NONE);
    MOVETO(30,10);
    PENCOLOR(WHITE);
    MOVETO(30,191);
    PENCOLOR(NONE);
    MOVETO(25,186);
    PENCOLOR(WHITE);
    MOVETO(30,191);
    MOVETO(35,186);
    FOR I:=1 TO 10 DO          (* X-Achse *)
```

```
    BEGIN
        PENCOLOR(NONE);
        MOVETO(30+24*I,5);
        PENCOLOR(WHITE);
        MOVETO(30+24*I,15);
        PENCOLOR(NONE);
        MOVETO(18+24*I,0);
        STR(ROUND(I*MAXX/2),ST);
        INSERT('.',ST,LENGTH(ST));
        IF I MOD 2=0 THEN WSTRING(ST);
    END;
    MOVETO(250,15);
    IF ACHSX=0 THEN WSTRING('U/V');
    IF ACHSX=1 THEN WSTRING('I/uA');
    IF ACHSX=2 THEN WSTRING('I/mA');
    FOR I:=1 TO 10 DO           (* Y-Achse *)
    BEGIN
        PENCOLOR(NONE);
        MOVETO(25,10+17*I);
        PENCOLOR(WHITE);
        MOVETO(35,10+17*I);
        PENCOLOR(NONE);
        MOVETO(0,10+17*I);
        STR(ROUND(I*MAXY/2),ST);
        IF ROUND(I*MAXY/2)<10 THEN
        INSERT('0.',ST,LENGTH(ST)) ELSE INSERT('.',ST,LENGTH(ST));
        IF I MOD 2=0 THEN WSTRING(ST);
    END;
    MOVETO(35,180);
    IF ACHSY=0 THEN WSTRING('U/V');
    IF ACHSY=1 THEN WSTRING('I/uA');
    IF ACHSY=2 THEN WSTRING('I/mA');
END;

BEGIN
END.
```

"Unit" TRADRUUNIT

TRADRUUNIT schreibt die Meßergebnisse des Transistorversuches auf den Drucker oder Bildschirm.

```
(*$S++*)
UNIT TRADRUUNIT;

INTERFACE

USES TURTLEGRAPHICS,
     (*$U #5:PHYSIKLIB*) GRAPHUNIT,
     (*$U #5:PHYSIKLIB1*) TRAVARUNIT;


PROCEDURE TRANDRUCKER;

IMPLEMENTATION

PROCEDURE TRANDRUCKER;
BEGIN
   CLOSE(Q,LOCK);
   IF WAHL1='5' THEN REWRITE(Q,'CONSOLE:') ELSE
   REWRITE(Q,'PRINTER:');
   FOR BASIS:=0 TO 2 DO
   BEGIN
      KENNLITOP('              Kennlinien von Transistoren');
      WRITE(Q,' ':5,'N  U-be U-ke I-ke   U-be U-ke I-ke   ');
      WRITELN(Q,'U-be U-ke I-ke   U-be U-ke I-ke');
      WRITE(Q,' ':5,'---------------------------------------');
      WRITELN(Q,'------------------------------');
      FOR EMITTER:=0 TO 63 DO
      BEGIN
         FOR J:=0 TO 3 DO
         BEGIN
            IF J=0 THEN WRITE(Q,' ':5,EMITTER:2);
            WRITE(Q,TRANSI[9+4*BASIS+J,1,EMITTER]:5);
```

```
                WRITE(Q,TRANSI[9+4*BASIS+J,0,EMITTER]:5);
                WRITE(Q,4*EMITTER-TRANSI[9+4*BASIS+J,0,EMITTER]:5,'
          END;
          WRITELN(Q);
       END;
    END;
    CLOSE(Q,LOCK);
    REWRITE(Q,'CONSOLE:');
END;


BEGIN
END.
```

"Unit" TRAMESUNIT

TRAMESUNIT nimmt die Kennlinien der Transistor auf. Es werden zwei Spannungen gesteuert und zwei Spannungen gemessen.

```
(*$S++*)
UNIT TRAMESUNIT;

INTERFACE

USES (*$U #5:PHYSIKLIB1*) TRAVARUNIT;

PROCEDURE TRANMESSUNG;

IMPLEMENTATION

VAR VIA,PCR,SLOT,DATENA,DATENB,CA2ALT,CB2ALT:INTEGER;
    POSITION:CHAR;
    I,J,K,L,N:INTEGER;


FUNCTION PEEK(ADRESSE:INTEGER):INTEGER;EXTERNAL;
PROCEDURE POKE(ADRESSE:INTEGER;WERT:CHAR);EXTERNAL;
```

```
PROCEDURE SWITCHB;
BEGIN
   POKE(PCR,CHR(240+CA2ALT));
   (* CB2 high  Interrupt puls up   Bit 4 IFR *)
   POKE(PCR,CHR(208+CA2ALT));  (* CB2 low  *)
   CB2ALT:=208;
END;


PROCEDURE SWITCHBX;
BEGIN
   IF POSITION='Y' THEN
   BEGIN
      SWITCHB;
      SWITCHB;
      SWITCHB;
   END;
   POSITION:='X';
END;


PROCEDURE SWITCHBY;
BEGIN
   IF POSITION='X' THEN
   BEGIN
      SWITCHB;
      SWITCHB;
   END;
   POSITION:='Y';
END;


PROCEDURE SWITCHAX;
BEGIN
   POKE(PCR,CHR(15+CB2ALT));
   CA2ALT:=15;
END;
```

```
PROCEDURE SWITCHAY;
BEGIN
   POKE(PCR,CHR(13+CB2ALT));
   CA2ALT:=13;
END;


PROCEDURE TRANMESSUNG;
VAR M:INTEGER;
BEGIN
   POSITION:='X';
   SLOT:=MA;
   VIA:=-16256+16*SLOT;
   DATENA:=VIA+1;
   DATENB:=VIA;
   PCR:=VIA+12;
   WRITE(CHR(12));
   GOTOXY(0,10);
   WRITELN('Bitte warten : 1260 Messungen ....');
   WRITELN;

   FOR BASIS:=9 TO 20 DO
   BEGIN
      WRITE(21-BASIS:4);
      SWITCHBX;
      (* steuer Basis-Emitter-Spannung mit x-D/A-Wandler *)
      POKE(DATENB,CHR(2*BASIS));
      SWITCHBY;
      (* steuer Emitter-Kollektor-Spannung mit y-D/A-Wandler *)
      FOR EMITTER:=0 TO 63 DO
      BEGIN
         POKE(DATENB,CHR(2*EMITTER));
         SWITCHAY;
         (* messe Emitter-Kollektor-Strom mit y-A/D-Wandler *)
         TRANSI[BASIS,0,EMITTER]:=PEEK(DATENA);
         SWITCHAX;     (* messe Basisstrom mit x-A/D-Wandler *)
```

```
        TRANSI[BASIS,1,EMITTER]:=PEEK(DATENA);
     END;
  END;
  GOTOXY(0,20);
  WRITE('Bitte warten: Auswertung...');
  FOR BASIS:=9 TO 20 DO
  BEGIN
     MITTEL[BASIS]:=0;
     BASISSPANNUNG[BASIS]:=0;
  END;
  FOR BASIS:=9 TO 20 DO
  FOR EMITTER:=0 TO 63 DO
  BASISSPANNUNG[BASIS]:=BASISSPANNUNG[BASIS]
                              +TRANSI[BASIS,1,EMITTER];
  FOR BASIS:=9 TO 20 DO
  BASISSPANNUNG[BASIS]:=ROUND(BASISSPANNUNG[BASIS]/64);
  FOR BASIS:=9 TO 20 DO
  FOR EMITTER:=30 TO 50 DO
  MITTEL[BASIS]:=MITTEL[BASIS]+TRANSI[BASIS,0,EMITTER];
  FOR BASIS:=9 TO 20 DO MITTEL[BASIS]:=ROUND(MITTEL[BASIS]/21);
END;

BEGIN
END.
```

"Unit" TRADISUNIT

TRADISUNIT ist fast ganz mit DISKETTEUNIT identisch. ES
sind folgende Abweichungen zu beachten:

1. Im Deklarationsteil ist VARIABLENUNIT durch TRAVARUNIT zu
   ersetzen.

2. Der Prozedurname SCHREIBEN wird in TRASCHREIBEN umgewandelt.

3. Der Prozedurname LESEN wird in TRALESEN umgewandelt.

4. Im "Implementation"-Teil sollten die Prozeduren INVERSE und
   NORMAL eingesetzt werden.

5. Die Prozedur HEADING sollte im "Implementation"-Teil eingesetzt werden (siehe MESDISUNIT).

6. Die Variable DRIVE muß durch MA ersetzt werden.

7. In SCHREIBEN ist ab **** Änderung 1 **** bis zum Ende zu
   ersetzen:

```
     FOR N:=9 TO 20 DO
     BEGIN
        RR^:=MITTEL[N];
        PUT(RR);
        RR^:=BASISSPANNUNG[N];
        PUT(RR);
     END;
     FOR N:=0 TO 1 DO
     FOR BASIS:=9 TO 20 DO
     FOR EMITTER:=0 TO 63 DO
     BEGIN
        RR^:=TRANSI[BASIS,N,EMITTER];
        PUT(RR);
     END;
     CLOSE(RR,LOCK);
     CATALOG;
  END;
```

8. In LESEN erfolgt ab **** Änderung 2 **** die entsprechende Abweichung:

```
     FOR N:=9 TO 20 DO
     BEGIN
        MITTEL[N]:=RR^;
```

```
        GET(RR);
        BASISSPANNUNG[N]:=RR^;
        GET(RR);
    END;
    FOR N:=0 TO 1 DO
    FOR BASIS:=9 TO 20 DO
    FOR EMITTER:=0 TO 63 DO
    BEGIN
        TRANSI[BASIS,N,EMITTER]:=RR^;
        GET(RR);
    END;
    CLOSE(RR,LOCK);
  END;
```

"Unit" TRAPLOUNIT

TRAPLOUNIT stellt die Meßergebnisse des Transistorversuchs
graphisch dar.

```
(*$S++*)
UNIT TRAPLOUNIT;

INTERFACE

USES TURTLEGRAPHICS,
     (*$U #5:PHYSIKLIB1*) TRAVARUNIT,TRAGRAUNIT;

PROCEDURE TRANGRAPHIK(HRDCPY:BOOLEAN);

IMPLEMENTATION

PROCEDURE HARDCOPY(GROESSE:INTEGER);EXTERNAL;

PROCEDURE TRANGRAPHIK;
VAR I,J,K,L,N,X,Y,O1,O2:INTEGER;C:CHAR;
```

```
    ST,SU:STRING;
BEGIN
    (*$N+*)
    (*$R TURTLEGRAPHICS,TRAVARUNIT*)
    WRITE(CHR(12));
    GOTOXY(0,10);
    WRITE('Transistorbezeichnung ?     ===> ');
    READLN(SU);
    WRITE('Basiswiderstand in Ohm ?    ===> ');
    READLN(O1);STR(O1,ST);
    SU:=CONCAT(SU,' Rb=',ST);
    WRITE('Kollektorwiderstand in Ohm ? ===> ');
    READLN(O2);STR(O2,ST);
    SU:=CONCAT(SU,' Rk=',ST);
    I:=0;
    FOR J:=9 TO 20 DO IF MITTEL[J]>I THEN I:=MITTEL[J];
    I:=ROUND(19.6*I/O2);
    I:=20*ROUND((I+4.9999)/10);
    IF I<20 THEN I:=20;
    I:=20*(I DIV 20);
    KOSYSTEM(10,I,0,2);
    (* I-KE = f ( U-KE)    U-BE ,I-BE PARAMETER *)
    PENCOLOR(NONE);
    MOVETO(89,180);
    WSTRING('Koll.strom=f(Koll.sp.)');
    MOVETO(89,170);
    WSTRING(SU);
    MOVETO(20,10);
    PENCOLOR(WHITE);
    FOR BASIS:=9 TO 20 DO
    BEGIN
        FOR EMITTER:=0 TO 63 DO
        BEGIN
            X:=TRANSI[BASIS,0,EMITTER]+30;
            Y:=ROUND((4*EMITTER-TRANSI[BASIS,0,EMITTER])/
```

```
                                              O2*700/I*10)+10;
      MOVETO(X,Y);
   END;
   PENCOLOR(NONE);
   MOVETO(20,10);
   PENCOLOR(WHITE);
END;
IF NOT HRDCPY THEN STOP(175,140,FALSE);
IF HRDCPY THEN HARDCOPY(5);
READ(C);
IF NOT HRDCPY THEN
BEGIN
   VIEWPORT(175,280,140,160);
   FILLSCREEN(BLACK);
END;
VIEWPORT(0,280,0,191);
FOR N:=0 TO 1 DO
BEGIN
   GRAFMODE;                     (* Beschriftung *)
   PENCOLOR(NONE);
   MOVETO(89,180);
   IF N=0 THEN WSTRING('Parameter: Basisvorspannung');
   IF N=1 THEN WSTRING('Parameter: Basisstrom      ');
   MOVETO(89,170);
   WSTRING(SU);
   ST:='';
   FOR BASIS:=9 TO 20 DO
   BEGIN
      X:=207;Y:=25+11*(BASIS-9);
      MOVETO(X,Y);
      IF N=0 THEN L:=ROUND(19.608*BASISSPANNUNG[BASIS]);
                  (*5V*1000*U/255 in mV*)
      IF N=1 THEN L:=ROUND(19.608*(4*BASIS-
                     BASISSPANNUNG[BASIS])/O1*1000);
                  (*5V*1000*U/255/R in µA*)
```

```
            STR(L,ST);
            IF N=0 THEN ST:=CONCAT('Ub=',ST,'mV');
            IF N=1 THEN ST:=CONCAT('Ib=',ST,' uA ');
            WSTRING(ST);
         END;
         IF HRDCPY THEN HARDCOPY(5);
         READ(C);
      END;
      TEXTMODE;
END;


BEGIN
END.
```

"Unit" ICGRAUNIT

ICGRAUNIT zeichnet den Schaltungsaufbau zur Messung der IC-Kennlinien.

```
(*$S++*)
UNIT ICGRAUNIT;

INTERFACE

USES TURTLEGRAPHICS,
     (*$U #5:PHYSIKLIB*) GRAPHUNIT,GRAPH2UNIT;

PROCEDURE ICSCHALTUNG;

IMPLEMENTATION

PROCEDURE ICSCHALTUNG;
BEGIN
   (*$R TURTLEGRAPHICS,GRAPH2UNIT,GRAPHUNIT*)
   SCHALTPORT('    Kennlinien  diverser ICs          ');
```

```
LINIEVERTI(25,60,30); (* Anschluß x-A/D-Wandler 5 V *)
MOVETO(22,63);           (* Pfeil *)
PENCOLOR(WHITE);
MOVETO(25,60);
MOVETO(28,63);
LINIEVERTI(214,80,10);        (* Anschluß x-D/A-Wandler *)
MOVETO(211,83);               (* Pfeil *)
PENCOLOR(WHITE);
MOVETO(214,80);
MOVETO(217,83);
RECHTECK(140,40,20,40);       (* Schmitt-Trigger *)
RECHTECK(100,40,20,40);       (* Inverter *)
RECHTECK(60,40,20,40);        (* AND-Gate *)
MOVETO(128,36);               (* Bezeichnung der ICs *)
WCHAR('&');                   (* AND-Gate *)
MOVETO(88,36);
WCHAR('1');                   (* Inverter *)
MOVETO(48,36);                (* Schmitt-Trigger *)
PENCOLOR(WHITE);
MOVETO(51,36);
MOVETO(51,45);
MOVETO(57,45);
MOVETO(54,45);
MOVETO(54,36);
MOVETO(51,36);
RECHTECK(132,58,4,4);       (* Kerbe *)
RECHTECK(92,58,4,4);        (* Kerbe *)
RECHTECK(52,58,4,4);        (* Kerbe *)
LINIEHORIZ(214,75,179);       (* obere waagerechte Linien *)
LINIEHORIZ(214,70,144);
LINIEHORIZ(214,65,104);
RECHTECK(215,75,2,2);(* Eingänge mit D/A-Wandler verbinden *)
RECHTECK(215,70,2,2);
RECHTECK(215,65,2,2);
LINIEHORIZ(120,55,10);         (* Eingänge *)
```

```
LINIEHORIZ(120,50,10);
RECHTECK(111,55,2,2);
LINIEHORIZ(80,55,10);
LINIEHORIZ(40,55,5);
LINIEVERTI(110,50,15);
LINIEVERTI(70,55,15);
LINIEVERTI(35,55,20);
LINIEHORIZ(120,45,10);          (* Ausgänge *)
LINIEHORIZ(80,50,10);
LINIEVERTI(110,5,40);
LINIEVERTI(70,10,40);
LINIEHORIZ(110,5,85);
LINIEHORIZ(70,10,40);
LINIEHORIZ(40,50,15);
LINIEVERTI(25,5,35);
LINIEVERTI(30,10,35);
LINIEHORIZ(30,45,5);
RECHTECK(26,40,2,2);
RECHTECK(26,45,2,2);
RECHTECK(26,50,2,2);
FOR L:=0 TO 1 DO
FOR I:=-2 TO 4 DO
FOR J:=0 TO 2 DO
BEGIN
   IF (L=0) AND (I<0) THEN I:=0;
   PENCOLOR(NONE);
   MOVETO(40+J*40+25*L,45-5*I);
   PENCOLOR(WHITE);
   MOVETO(35+J*40+25*L,45-5*I);
END;
LINIEVERTI(120,0,10);
LINIEVERTI(140,0,10);
RECHTECK(121,1,2,2);
RECHTECK(141,1,2,2);
MOVETO(123,0);
```

```
          WSTRING('0V');
          MOVETO(143,0);
          WSTRING('+5V');
          IF NOT HRDCPY THEN ENDE(175,0);
          IF HRDCPY THEN HARDCOPY(5);
          READ(C);
END;


BEGIN
END.
```

"Unit" ICMESUNIT

ICMESUNIT führt die Messung zu den IC-Kennlinien aus.

```
(*$S++*)
UNIT ICMESUNIT;

INTERFACE

USES (*$U #5:PHYSIKLIB1*) MESVARUNIT;

PROCEDURE ICMESSUNG;

IMPLEMENTATION

VAR I,K,VIA,SLOT,DATENA,DATENB:INTEGER;

FUNCTION PEEK(ADRESSE:INTEGER):INTEGER;EXTERNAL;
PROCEDURE POKE(ADRESSE:INTEGER;WERT:CHAR);EXTERNAL;

PROCEDURE ICMESSUNG;
BEGIN
    SLOT:=MA;
    VIA:=-16256+16*SLOT;
```

```
    DATENA:=VIA+1;
    DATENB:=VIA;
    (* Initialisierung legt Port A auf x-A/D-Wandler und
       Port B auf x-D/A-Wandler *)
    WRITE(CHR(12));GOTOXY(0,10);
    WRITE('Kennlinien diverser ICs');
    GOTOXY(0,12);
    WRITE('Bitte warten:    5 120 Messungen ');
    GOTOXY(0,14);
    FOR I:=0 TO 255 DO
    BEGIN
        SPANNUNG[I]:=0;
        STROM[I]:=0;
    END;
    FOR K:=0 TO 10 DO
    BEGIN
        FOR I:=0 TO 255 DO
        BEGIN
            POKE(DATENB,CHR(I));
            SPANNUNG[I]:=SPANNUNG[I]+PEEK(DATENA);
        END;
        WRITE(20-K:4);
    END;
    FOR K:=0 TO 10 DO
    BEGIN
        FOR I:=255 DOWNTO 0 DO
        BEGIN
            POKE(DATENB,CHR(I));
            STROM[I]:=STROM[I]+PEEK(DATENA);
        END;
        WRITE(10-K:4);
    END;
END;

BEGIN
END.
```

"Unit" FOURVARUNIT

   FOURVARUNIT stellt zur Fourier-Analyse und -Synthese alle
Variablen bereit.

```
(*$S++*)
UNIT FOURVARUNIT;

INTERFACE

USES (*$U PHYSIKLIB *) VARIABLENUNIT;

CONST PI2=6.2831853;
VAR AA:PACKED ARRAY[0..1023] OF 0..255;
    BB:ARRAY[0..1023] OF INTEGER;
    AMPLSIN,AMPLCOS:ARRAY[1..15] OF REAL;
    MITTEL,LAENGE,ZAEHLER,AMPLITUDE,PHASEN,M:INTEGER;
    TAU,SALT,SS,SC,SL:REAL;
    DRUCKER,AUFAB:BOOLEAN;

FUNCTION KEYPR:BOOLEAN;
PROCEDURE TEXTE;
PROCEDURE WEITER;
PROCEDURE WEITER1;

IMPLEMENTATION

FUNCTION KEYPR;EXTERNAL;

PROCEDURE TEXTE;
BEGIN
   TOP;
   WRITELN(Q);
   WRITE(Q,'Fourier-Analyse - Bestimmung ');
END;
```

```
PROCEDURE WEITER;
BEGIN
   WRITELN;
   WRITE('weiter: 0    Korrektur : 1    ===> ');
   REPEAT
      READ(CH);
   UNTIL (CH='0') OR (CH='1');
   WRITELN;
END;


PROCEDURE WEITER1;
BEGIN
   WRITELN;
   WRITE('weiter ===> Taste');
   READ(CH);
END;


BEGIN
END.
```

"Unit" FOURIERUNIT

FOURIERUNIT erlaubt die Veränderung von Parametern, berechnet Mittelwerte und die Periodenlänge TAU.

```
(*$S++*)
UNIT FOURIERUNIT;

INTERFACE

USES (*$U #5:PHYSIKLIB*) VARIABLENUNIT,FOURVARUNIT;

PROCEDURE FOURIER;
PROCEDURE AUSGABEART;

IMPLEMENTATION
```

```
PROCEDURE AUSGABEART;
BEGIN
   TOP;
   WRITE('Ausgabe der Graphik auf dem Drucker (j/n) ?   ===> ');
   READ(CH);
   GOTOXY(0,12);
   IF (CH='J') OR (CH='j') THEN HRDCPY:=TRUE ELSE HRDCPY:=FALSE;
   WRITE('Anzahl der Graphikseiten (1, 2 oder 4) ?');
   REPEAT
      GOTOXY(42,12);
      WRITE('===> ');
      READ(CH);
   UNTIL (CH='1') OR (CH='2') OR (CH='4');
   SEITE:=ORD(CH)-48;
   TOP;
   WRITELN;
   WRITELN('Bitte wählen Sie die Datenausgabe:');
   WRITELN;
   WRITELN('0 - Bildschirm');
   WRITELN;
   WRITELN('1 - Drucker');
   WRITELN;
   WRITE('===> ');
   READ(CH);
   CLOSE(Q,LOCK);
   IF CH='1' THEN
   BEGIN
      DRUCKER:=TRUE;
      REWRITE(Q,'PRINTER:')
   END
   ELSE
   BEGIN
      DRUCKER:=FALSE;
      REWRITE(Q,'CONSOLE:');
   END;
```

```
IF MAXIMUM-MINIMUM<>0 THEN SKALA:=190/(MAXIMUM-MINIMUM)
   ELSE SKALA:=1;
END;


PROCEDURE FOURIER;


PROCEDURE MITTELN;
BEGIN
   M:=(1024-MIN) DIV ROUND(TAU);
   TEXTE;
   WRITELN(Q,'des Mittelwertes für ',M:3,' volle Perioden');
   IF DRUCKER THEN WRITELN('Bestimmung des Mittelwertes');
   MAX:=MIN+ROUND(M*TAU);
   IF MAX>1023 THEN MAX:=MAX-ROUND(TAU);
   IF MAX<MIN THEN
   BEGIN
      WRITELN('Es liegt keine vollständige Schwingung vor.');
      WEITER1;
      EXIT(FOURIER);
   END;
   SS:=0;
   FOR I:=MIN TO MAX DO SS:=SS+AA[I]/100;
   MITTEL:=ROUND(SS/(MAX-MIN+1)*100);
   WRITELN(Q,'Mittelwert: ',MITTEL:5);
   WRITELN;
   IF DRUCKER THEN WRITELN('Mittelwert: ',MITTEL:5);
   WRITELN;
END;


PROCEDURE COR;
BEGIN
   WRITELN;
   WRITE('n = ? ===> ');
   READLN(L);
   WRITE('n*TAU/Meßpkt. = ? ===> ');
```

```
      READLN(TAU);
      TAU:=TAU/L;
      WRITELN(Q);
      WRITELN(Q,'Korrektur für TAU : ',TAU:8:2);
      WRITELN(Q);
END;

PROCEDURE ERGEBNIS;
BEGIN
    IF TAU=0 THEN
    BEGIN
       WRITE('Die Messung läßt keine Periodizität <256 Meß');
       WRITELN('punkte erkennen.');
       WEITER1;
       EXIT(FOURIER);
    END ELSE
    BEGIN·
       WRITELN;
       WRITE(Q,'Mittelwert für Tau : ',TAU:5:1,' Meßpunkte = ');
       WRITELN(Q,ROUND(TAU)*TIME:8,'  us');
       WRITELN(Q);
       CH:='3';
       WEITER;
       IF CH='1' THEN COR;
    END;
END;

PROCEDURE TAUBESTIMMEN;
BEGIN
    TEXTE;
    WRITELN(Q,'der Schwingungsdauer - Abbruch:==> Taste drücken');
    TAU:=0;
    ZAEHLER:=0;
    AUFAB:=TRUE;
    SALT:=-1000;
```

```pascal
WRITE(Q,'Periode  n*TAU/Meßpkt.        TAU/us  Mittel ');
WRITELN(Q,'TAU/Meßpkt.  Standardabweichung');
WRITE(Q,'------------------------------------------------');
WRITELN(Q,'------------------------------');
IF DRUCKER THEN
BEGIN
   WRITE('Periode  n*TAU/Meßpkt.        TAU/us  Mittel ');
   WRITELN(,'TAU/Meßpkt.  Standardabweichung');
   WRITE('------------------------------------------------');
   WRITELN('------------------------------');
END;
J:=MIN;
REPEAT
   J:=J+1;
   SS:=0;
   FOR I:=J TO LAENGE+J DO
   BEGIN
      SL:=(AA[I]-AA[I-J])/100;
      SS:=SS+SL*SL;
   END;
   IF (SALT>SS) THEN AUFAB:=FALSE;
   IF (SALT<SS) AND NOT AUFAB THEN
   BEGIN
      AUFAB:=TRUE;
      IF SALT<5*LAENGE/256 THEN
      BEGIN
         ZAEHLER:=ZAEHLER+1;
         IF ZAEHLER=1 THEN TAU:=J ELSE TAU:=(TAU+J/ZAEHLER)/2;
         WRITE(Q,ZAEHLER:2,'            ',J:6,'            ');
         WRITE(Q,ROUND(J/ZAEHLER)*TIME:10,'    ',TAU:8:2);
         WRITELN(Q,'                ',SALT:9:4);
         IF DRUCKER THEN
         BEGIN
            WRITE(ZAEHLER:2,'            ',J:6,'            ');
            WRITE(ROUND(J/ZAEHLER)*TIME:10,'    ',TAU:8:2);
```

```
                    WRITELN('                    ',SALT:9:4);
                END;
            END;
        END;
        SALT:=SS;
    UNTIL (J>=1023-LAENGE) OR KEYPR;
    ERGEBNIS;
END;


PROCEDURE AENDERN;
BEGIN
    REPEAT
        GOTOXY(0,18);
        WRITE('Anfang des Vergleichsintervalls (0..1013) ===> ');
        READ(MIN);
    UNTIL (MIN>=0) AND (MIN<=1013);
    REPEAT
        GOTOXY(0,21);
        WRITE('Länge  des Vergleichsintervalls (10..');
        WRITE(1023-MIN:4,') ===> ');
        READ(LAENGE);
    UNTIL (LAENGE>=10) AND (LAENGE<=1023-MIN);
    MAX:=MIN+LAENGE;
END;


PROCEDURE START;
BEGIN
    MIN:=0;
    LAENGE:=128;
    AUSGABEART;
    WRITELN;
    IF CH='1' THEN
    BEGIN
        WRITELN('Bitte den Drucker anstellen ===> Taste');
        READ(CH);
```

```
    END;
    TOP;
    WRITELN;
    WRITELN('Bitte wählen Sie:');
    WRITELN;
    WRITELN('0 - keine Parameter ändern');
    WRITELN;
    WRITELN('1 - Parameter ändern');
    WRITELN;
    WRITE('===> ');
    READ(CH);
    IF CH='1' THEN AENDERN;
END;

BEGIN
    FOR I:=0 TO 255 DO AA[I]:=ORD(A[I]);
    FOR I:=0 TO 255 DO AA[I+256]:=ORD(B[I]);
    FOR I:=0 TO 255 DO AA[I+512]:=ORD(C[I]);
    FOR I:=0 TO 255 DO AA[I+768]:=ORD(D[I]);
    START;
    TAUBESTIMMEN;
    MITTELN;
    FOR I:=0 TO 1023 DO BB[I]:=AA[I]-MITTEL;
END;

BEGIN
END.
```

"Unit" ANALYSEUNIT

ANALYSEUNIT berechnet die Phasenlage der Schwingung und die Amplituden der Oberwellen.

```
(*$S++*)
UNIT ANALYSEUNIT;
```

```
INTERFACE

USES TRANSCEND,(*$U #5:PHYSIKLIB*) VARIABLENUNIT,FOURVARUNIT;

PROCEDURE PHASE;
PROCEDURE ANALYSE;

IMPLEMENTATION

PROCEDURE PHASE;
BEGIN
   (*$R TRANSCEND*)
   TEXTE;
   WRITELN(Q,'der Phasenlage');
   SS:=0;
   L:=ROUND(TAU);
   PHASEN:=0;
   IF DRUCKER THEN
   BEGIN
      WRITE('Zeit/Pkt.      Amplitude       max. Ampli');
      WRITELN('tude          Phase');
      WRITE('---------------------------------------');
      WRITELN('------------------');
   END;
   WRITE(Q,'Zeit/Pkt.      Amplitude       max. Ampli');
   WRITELN(Q,'tude          Phase');
   WRITE(Q,'---------------------------------------');
   WRITELN(Q,'------------------');
   REEL:=PI2/TAU;
   FOR K:=0 TO L DO
   BEGIN
      SL:=0;
      FOR I:=MIN+K TO MIN+K+L DO
      SL:=SL+BB[I]*SIN(REEL*(I-K-MIN))/100;
      SL:=2*SL*100/(L+1);
```

```pascal
      IF SL>SS THEN
      BEGIN
          SS:=SL;
          PHASEN:=K;
      END;
      IF DRUCKER THEN
      WRITELN(K:3,' ':10,SL:8:2,' ':10,SS:8:2,' ':14,PHASEN:4);
      WRITELN(Q,K:3,' ':10,SL:8:2,' ':10,SS:8:2,' ':14,PHASEN:4);
      IF SL<0 THEN K:=K+ROUND(TAU/16);
      IF KEYPR THEN K:=L;;
   END;
   WEITER;
   IF CH='1' THEN
   BEGIN
      WRITE('Phase  (0..',ROUND(TAU):3,' ganzzahlig) ? ===> ');
      READLN(PHASEN);
      WRITELN(Q,'Korrektur der Phase : ',PHASEN:6);
   END;
   IF MAX+PHASEN<=1023 THEN MAX:=MAX+PHASEN ELSE
   MAX:=MAX-ROUND(TAU)+PHASEN;
   IF MIN+PHASEN<MAX THEN MIN:=MIN+PHASEN ELSE
   MIN:=MIN-ROUND(TAU)+PHASEN;
END;

PROCEDURE ANALYSE;
BEGIN
   (*$R TRANSCEND*)
   TEXTE;
   WRITELN(Q,'der Amplituden');
   WRITELN;
   IF DRUCKER THEN
   BEGIN
      WRITELN(' n        TAU/Pkt     A(n,sin)   B(n,cos)  Phase');
      WRITELN('----------------------------------------------------');
   END;
```

```
WRITELN(Q,' n          TAU/Pkt     A(n,sin)    B(n,cos)  Phase');
WRITELN(Q,'----------------------------------------------------');
SL:=PI2/TAU;
FOR J:=1 TO 15 DO
BEGIN
   SC:=0;
   SS:=0;
   SALT:=SL*J;
   L:=J-1;
   FOR I:=MIN TO MAX DO
   BEGIN
      REEL:=SALT*(I-MIN);
      IF J>1 THEN
      BB[I]:=BB[I]-ROUND(AMPLSIN[J-1]*SIN(REEL*L/J)
                            +AMPLCOS[J-1]*COS(REEL*L/J));
      SS:=SS+BB[I]*SIN(REEL)/100;
      SC:=SC+BB[I]*COS(REEL)/100;
   END;
   AMPLSIN[J]:=2*SS/(MAX-MIN+1)*100;
   AMPLCOS[J]:=2*SC/(MAX-MIN+1)*100;
   IF DRUCKER THEN
   WRITE(J:2,TAU/J:11:2,AMPLSIN[J]:11:2);
   WRITELN(AMPLCOS[J]:11:2,PHASEN:8);
   WRITE(Q,J:2,TAU/J:11:2,AMPLSIN[J]:11:2);
   WRITELN(Q,AMPLCOS[J]:11:2,PHASEN:8);
   IF KEYPR THEN EXIT(ANALYSE);
END;
FOR I:=MIN TO MAX DO
BB[I]:=BB[I]-ROUND(AMPLSIN[15]*SIN(SL*15*(I-MIN))
                      +AMPLCOS[15]*COS(SL*15*(I-MIN)));
WEITER1;
END;


BEGIN
END.
```

"Unit" SYNTHESEUNIT

SYNTHESEUNIT fügt die berechneten Amplituden mit der Grund-
periodendauer zu einer neuen Schwingung zusammen. Die Graphik
stellt die berechneten Werte (durchgezogene Linie) neben die
Meßwerte.

```
(*$S++*)
UNIT SYNTHESEUNIT;

INTERFACE

USES TURTLEGRAPHICS,
     (*$U #5:PHYSIKLIB*) VARIABLENUNIT,FOURVARUNIT;

PROCEDURE SYNTH;

IMPLEMENTATION

PROCEDURE SYNTH;
BEGIN
   (*$R TURTLEGRAPHICS*)
   SC:=PI2/TAU;
   FOR J:=1 TO SEITE DO
   BEGIN
      INITTURTLE;
      MOVETO(255,96);
      PENCOLOR(WHITE);
      MOVETO(0,96);
      MOVETO(0,191);
      MOVETO(0,0);
      FOR I:=1 TO 10 DO
      BEGIN
         PENCOLOR(NONE);
         MOVETO(25*I,92);
```

```
    PENCOLOR(WHITE);
    MOVETO(25*I,100);
END;
FOR I:=0 TO 10 DO
BEGIN
    PENCOLOR(NONE);
    MOVETO(0,19*I+1);
    PENCOLOR(WHITE);
    MOVETO(4,19*I+1);
END;
MOVETO(0,190);
SL:=1024/SEITE*(J-1);
FOR I:=0 TO 255 DO
BEGIN
    K:=ROUND(I*4/SEITE+SL);
    L:=AA[K]-BB[K];
    L:=ROUND((L-MINIMUM)*SKALA);
    IF L<0 THEN L:=0;
    IF L>192 THEN L:=191;
    MOVETO(I,L);
END;
PENCOLOR(NONE);
SL:=1024/SEITE*(J-1);
FOR I:=0 TO 255 DO
BEGIN
    L:=ROUND((AA[ROUND(I*4/SEITE+SL)]-MINIMUM)*SKALA);
    IF L<0 THEN L:=0;
    IF L>191 THEN L:=191;
    MOVETO(I,L);
    VIEWPORT(I,I+1,L,L+1);
    FILLSCREEN(WHITE);
END;
VIEWPORT(0,279,0,191);
MOVETO(80,180);
WSTRING('Fourier-Synthese');
```

```
        IF HRDCPY THEN HARDCOPY(5) ELSE READ(CH);
    END;
    TEXTMODE;
END;


BEGIN
END.
```

"Unit" AUSWERTUNIT

AUSWERTUNIT stellt die Auswertungsfunktionen für analoge
Messungen zur Verfügung.

```
(*$S++*)
UNIT AUSWERTUNIT;

INTERFACE

USES TRANSCEND,(*$U #5:PHYSIKLIB*) VARIABLENUNIT;

PROCEDURE AUSWERTEN;

IMPLEMENTATION

PROCEDURE AUSWERTEN;

PROCEDURE MENUEBERECHNUNG;
BEGIN
    TOP;
    GOTOXY(0,3);
    WRITE('Bitte wählen Sie:              ');
    GOTOXY(0,5);
    WRITELN('0 - Ende');
    WRITELN;
    WRITELN('1 - Logarithmieren der Funktionsw. U->46*ln(U)');
```

```
   WRITELN('2 - Maximum - Funktionswerte  U -> Max - U');
   WRITELN;
   WRITELN('3 - Kehrwert: U -> 255/U');
   WRITELN('4 - Quadrieren der Funktionsw. U -> U * U / 255');
   WRITELN;
   WRITELN('5 - Wurzelziehen  U -> 16 * SQRT(U)');
   WRITELN('6 - Glätten der Werte: Mittelwert bilden');
   WRITELN;
   WRITELN('7 - Mittelwert der Meßwerte (Integration)');
   WRITELN('8 - Verschiebung längs der U-Achse');
   REPEAT
      GOTOXY(0,23);
      WRITE('===> ');
      READ(WAHL2);
   UNTIL (WAHL2>='0') AND (WAHL2<='8');
END;


PROCEDURE FELDER1;
BEGIN
   CASE J OF  0:E:=A;
              1:E:=B;
              2:E:=C;
              3:E:=D;
   END;
END;


PROCEDURE FELDER2;
BEGIN
   CASE J OF  0:A:=E;
              1:B:=E;
              2:C:=E;
              3:D:=E;
   END;
END;
```

```
PROCEDURE LOGARITHMIEREN;
BEGIN
   TOP;
   WRITELN('Umrechnungen - Logarithmenb. - bitte warten...');
   WRITELN;
   WRITELN('Alle Werte werden um den Faktor 46 überhöht.');
   FOR J:=0 TO 3 DO
   BEGIN
      FELDER1;
      FOR I:=0 TO 255 DO
      BEGIN
         IF ORD(E[I])=0 THEN E[I]:=CHR(1);
         E[I]:=CHR(ROUND(LN(ORD(E[I]))*46));
      END;
      FELDER2;
   END;
END;


PROCEDURE VONMAXABZIEHEN;
BEGIN
   TOP;
   WRITELN('Umrechnungen - Maximum-Funktionsw. - bitte warten.');
   WRITELN;
   WRITELN('Maximum = ',MAXIMUM:3);
   WRITELN('Minimum = ',MINIMUM:3);
   FOR J:=0 TO 3 DO
   BEGIN
      FELDER1;
      FOR I:=0 TO 255 DO E[I]:=CHR(ROUND(MAXIMUM-ORD(E[I])));
      FELDER2;
   END;
END;


PROCEDURE KEHRWERT;
BEGIN
```

```
   TOP;
   WRITELN('Umrechnungen - Kehrw.: U->255/U - bitte warten.');
   FOR J:=0 TO 3 DO
   BEGIN
      FELDER1;
      FOR I:=0 TO 255 DO
      BEGIN
         IF ORD(E[I])=0 THEN E[I]:=CHR(1);
         E[I]:=CHR(ROUND(255/ORD(E[I])));
      END;
      FELDER2;
   END;
END;


PROCEDURE QUADRIEREN;
BEGIN
   TOP;
   WRITELN('Umrechnungen - Quadrieren: U -> U*U/255 - b. w.');
   FOR J:=0 TO 3 DO
   BEGIN
      FELDER1;
      FOR I:=0 TO 255 DO
      BEGIN
         E[I]:=CHR(ROUND(ORD(E[I])/255*ORD(E[I])));
      END;
      FELDER2;
   END;
END;


PROCEDURE WURZEL;
BEGIN
   TOP;
   WRITELN('Umrechnungen - Wurzel ziehen: U->SQRT(U)*16 - b.w.');
   FOR J:=0 TO 3 DO
   BEGIN
```

```
            FELDER1;
            FOR I:=0 TO 255 DO
            BEGIN
                K:=ROUND(SQRT(ORD(E[I]))*16);
                IF K>=256 THEN K:=255;
                E[I]:=CHR(K);
            END;
            FELDER2;
        END;
END;


PROCEDURE GLAETTEN;
BEGIN
    TOP;
    WRITELN('Glätten : Mittelwert zweier Nachbarwerte');
    FOR J:=0 TO 3 DO
    BEGIN
        FELDER1;
        FOR I:=0 TO 255 DO
        BEGIN
        IF I<>255 THEN E[I]:=CHR(ROUND((ORD(E[I])+ORD(E[I+1]))/2));
        END;
        FELDER2;
    END;
END;


PROCEDURE MITTEL;
VAR RE:REAL;
BEGIN
    TOP;
    WRITELN('Bestimmung des Mittelwertes der Meßwerte');
    LONG:=0;
    FOR J:=0 TO 3 DO
    BEGIN
        FELDER1;
```

```
      FOR I:=0 TO 255 DO LONG:=LONG+ORD(E[I]);
   END;
   WRITELN;
   WRITELN('Summe aller Meßwerte: ',LONG:6);
   WRITELN;
   LONG:=LONG DIV 1024;
   WRITELN;
   WRITELN('Mittelwert aus 1024 Meßwerten: ',LONG:4);
   WRITELN;
   WRITELN('Maximum: ',MAXIMUM:4);
   WRITELN;
   WRITELN('Minimum: ',MINIMUM:4);
   WRITELN;
   WRITE('weiter: Taste ===> ');
   READ(CH);
   TOP;
END;


PROCEDURE TRANSU;
VAR K,L:INTEGER;
BEGIN
   TOP;
   WRITE('Verschieben entlang der U-Achse - ');
   WRITELN('bitte Wert eingeben.');
   REPEAT
      GOTOXY(0,15);WRITE(' (-255 ... +255) ==> ');
      READ(K);
   UNTIL (K>=-255) AND (K<=255);
   GOTOXY(0,20);
   WRITELN('Bitte warten... ');
   FOR J:=0 TO 3 DO
   BEGIN
      FELDER1;
      FOR I:=0 TO 255 DO
      BEGIN
```

```
            L:=ROUND(ORD(E[I])+K);
            IF L<0 THEN L:=0;
            IF L>255 THEN L:=255;
            E[I]:=CHR(L);
        END;
        FELDER2;
    END;
END;


BEGIN
    (*$R TRANSCEND*)
    MENUEBERECHNUNG;
    CASE WAHL2 OF  '1':LOGARITHMIEREN;
                   '2':VONMAXABZIEHEN;
                   '3':KEHRWERT;
                   '4':QUADRIEREN;
                   '5':WURZEL;
                   '6':GLAETTEN;
                   '7':MITTEL;
                   '8':TRANSU;
    END;
    IF WAHL2<>'0' THEN EXTREMUM;
END;


BEGIN
END.
```

"Unit" DISK1UNIT

```
(*$S++*)
UNIT DISK1UNIT;

INTERFACE

USES (*$U #5:PHYSIKLIB*) VARIABLENUNIT,FOURVARUNIT;
```

```
PROCEDURE AUSGEBEN;
PROCEDURE EINLESEN;

IMPLEMENTATION

PROCEDURE EINLESEN;
VAR I,J,K:INTEGER;
    DRIVES,CH:CHAR;
    ST:STRING;
BEGIN
   TOP;
   REPEAT
      GOTOXY(0,10);
      WRITE('Laufwerk Nr. (4 oder 5) ===> ');
      READ(DRIVES);
   UNTIL (DRIVES='4') OR (DRIVES='5');
   DRIVE:=ORD(DRIVES)-48;
   TOP;
   GOTOXY(0,10);
   WRITE('Name des Files (ohne .DATA nur mit F. beginnend) ===> '
   READLN(ST);
   ST:=CONCAT(ST,'.DATA');
   IF DRIVE=4 THEN ST:=CONCAT('#4:',ST) ELSE ST:=CONCAT('#5:',ST)
   GOTOXY(0,15);
   WRITELN('Bitte warten .......');
   RESET(R,ST);
   TRIGGER:=R^;
   GET(R);
   ZEITHIGH:=R^;
   GET(R);
   ZEITLOW:=R^;
   GET(R);
   FOR K:=1 TO 4 DO
   BEGIN
      FOR J:=0 TO 255 DO
```

```
        BEGIN
            I:=R^;
            E[J]:=CHR(I);
            GET(R);
        END;
        CASE K OF 1:A:=E;
                  2:B:=E;
                  3:C:=E;
                  4:D:=E;
        END;
    END;
    FOR K:=0 TO 1023 DO
    BEGIN
        AA[K]:=R^;
        GET(R);
        BB[K]:=R^;
        GET(R);
    END;
    CLOSE(R,LOCK);
END;


PROCEDURE AUSGEBEN;
VAR I,J,K:INTEGER;
    DRIVES,CH:CHAR;
    ST:STRING;
BEGIN
    TOP;
    REPEAT
        GOTOXY(0,10);
        WRITE('Laufwerk Nr. (4 oder 5) ===> ');
        READ(DRIVES);
    UNTIL (DRIVES='4') OR (DRIVES='5');
    DRIVE:=ORD(DRIVES)-48;
    GOTOXY(0,10);
    WRITE('Name des Files (ohne .DATA nur mit F. beginnend) ===> ')
```

```
    READLN(ST);
    ST:=CONCAT(ST,'.DATA');
    IF DRIVE=4 THEN ST:=CONCAT('#4:',ST) ELSE ST:=CONCAT('#5:',ST);
    GOTOXY(0,15);
    WRITELN('Bitte warten .......');
    REWRITE(R,ST);
    R^:=TRIGGER;
    PUT(R);
    R^:=ZEITHIGH;
    PUT(R);
    R^:=ZEITLOW;
    PUT(R);
    FOR K:=1 TO 4 DO
    BEGIN
        CASE K OF 1:E:=A;2:E:=B;3:E:=C;4:E:=D;
        END;
        FOR J:=0 TO 255 DO
        BEGIN
            I:=ORD(E[J]);
            R^:=I;
            PUT(R);
        END;
    END;
    FOR K:=0 TO 1023 DO
    BEGIN
        R^:=AA[K];
        PUT(R);
        R^:=BB[K];
        PUT(R);
    END;
    CLOSE(R,LOCK);
END;


BEGIN
END.
```

9.2.2 Die Units für digitale Messungen

Die Pascal-Programme DIGITMENUE und DIGAUSWERT greifen auf
6 "Units" zu, die sich in den "Libraries" PHYSIKLIB, PHYSIK-
LIB1 und PHYSIKLIB2. Die folgende Tabelle gibt eine Übersicht:

	DIGITMENUE	DIGAUSWERT
DIGVARUNIT	x	x
DIGGRAUNIT	x	x
DIGDISUNIT	x	x
DIGFREUNIT	x	
DIGDRUUNIT	x	x
DIGAUSUNIT		x

(Bedeutung der Abkürzungen: var=variable, gra=graphik, dis=
diskette, fre=frequenz, dru=drucker, aus=auswert)

"Unit" DIGVARUNIT

DIGVARUNIT enthält alle Variablen für die digitalen Messungen. Zusätzlich stellt es die Assembler-Programme zur Verfügung.

```
(*$S+*)
UNIT DIGVARUNIT;

INTERFACE

TYPE DFELD=PACKED ARRAY[0..255] OF CHAR;

VAR L1,L2,L3,L4,L5:INTEGER[14];
    I,J,K,L,M,II,JJ,SLOT,MA:INTEGER;
    DLONG1,DLONG2,DLONG3:INTEGER[14];
    DLONG:ARRAY[1..255] OF INTEGER[14];
    RR:FILE OF INTEGER[14];
    HRDCPY:BOOLEAN;
```

```
      C,WAHL1:CHAR;
      Q:TEXT;
      ST:STRING;
      F1,F2,F3:DFELD;


FUNCTION PEEK(ADRESSE:INTEGER):INTEGER;
PROCEDURE POKE(ADRESSE:INTEGER;WERT:CHAR);
FUNCTION KEYPR:BOOLEAN;
PROCEDURE HARDCOPY(GROESSE:INTEGER);
PROCEDURE INVERSE;
PROCEDURE NORMAL;


IMPLEMENTATION


FUNCTION PEEK;EXTERNAL;
PROCEDURE POKE;EXTERNAL;
FUNCTION KEYPR;EXTERNAL;
PROCEDURE HARDCOPY;EXTERNAL;


PROCEDURE INVERSE;
BEGIN
   WRITE(CHR(154),'3');
END;


PROCEDURE NORMAL;
BEGIN
   WRITE(CHR(154),'2');
END;


BEGIN
END.
```

"Unit" DIGGRAUNIT

DIGGRAUNIT zeichnet die Ergebnisse der digitalen Messungen.

Es können nach Wahl die Achsen der Graphik vertauscht werden.

```
(*$S+*)
UNIT DIGGRAUNIT;

INTERFACE

USES TURTLEGRAPHICS,(*$U PHYSIKLIB1*) DIGVARUNIT;

PROCEDURE DIGGRAPH;

IMPLEMENTATION

PROCEDURE DIGGRAPH;
VAR WAHL4:CHAR;

PROCEDURE DIGGRAMENUE;
BEGIN
   WRITE(CHR(12));
   INVERSE;
   WRITE('          Graphik - Menükarte               ');
   NORMAL;
   GOTOXY(0,10);
   WRITELN('Bitte wählen Sie:');
   WRITELN;
   WRITELN('1 -    t = f(n)     Achsen unbeschriftet');
   WRITELN('2 -    t = f(n)     Achsen beschriftet');
   WRITELN;
   WRITELN('3 -    n = f(t)     Achsen unbeschriftet');
   WRITELN('4 -    n = f(t)     Achsen beschriftet');
   REPEAT
      GOTOXY(0,20);
      WRITE('===> ');
      READ(WAHL4);
   UNTIL (WAHL4>='1') AND (WAHL4<='4');
END;
```

```
PROCEDURE ACHSEN;
BEGIN
   INITTURTLE;
   MOVETO(265,10);
   PENCOLOR(WHITE);
   MOVETO(0,10);
   MOVETO(10,10);
   MOVETO(10,0);
   MOVETO(10,190);
   FOR I:=0 TO 9 DO   (*X-ACHSE*)
   BEGIN
      PENCOLOR(NONE);
      MOVETO(35+25*I,0);
      PENCOLOR(WHITE);
      MOVETO(35+25*I,10);
   END;
   FOR I:=0 TO 9 DO   (*Y-ACHSE*)
   BEGIN
      PENCOLOR(NONE);
      MOVETO(0,28+18*I);
      PENCOLOR(WHITE);
      MOVETO(10,28+18*I);
   END;
END;


PROCEDURE SCHRIFT1;
BEGIN
   STR(L2,ST);
   ST:=CONCAT(ST,' us');
   IF MA>18 THEN MOVETO(13,11) ELSE MOVETO(13,10+10*MA);
   WSTRING(ST);STR(L1,ST);
   ST:=CONCAT(ST,' us');
   MOVETO(13,183);WSTRING(ST);
   PENCOLOR(NONE);MOVETO(245,11);WSTRING('Puls');
 END;
```

```pascal
PROCEDURE SCHRIFT2;
BEGIN
   STR(L1,ST);
   ST:=CONCAT('<= ',ST,' us =>');
   MOVETO(120,0);WSTRING(ST);
   PENCOLOR(NONE);
   MOVETO(13,183);WSTRING('s(t)');
   MOVETO(255,13);WSTRING('t');
END;


PROCEDURE GRAPHIK1;
BEGIN
   MA:=TRUNC(DLONG1);
   IF MA<18 THEN MA:=18;
   J:=MA-TRUNC(DLONG2);
   PENCOLOR(NONE);
   MOVETO(11,ROUND(TRUNC(DLONG[1]-DLONG2)/J*180));
   PENCOLOR(WHITE);
   FOR I:=1 TO 255 DO
   MOVETO(10+I,ROUND(TRUNC(DLONG[I]-DLONG2)/J*180)+10);
END;


PROCEDURE GRAPHIK2;
BEGIN
   MA:=TRUNC(DLONG1);
   PENCOLOR(NONE);
   MOVETO(ROUND(TRUNC(DLONG[1])/MA*255)+10,11);
   PENCOLOR(WHITE);
   FOR I:=1 TO 255 DO
   MOVETO(ROUND(TRUNC(DLONG[I])/MA*255)+10,10+ROUND(I/255*180));
END;


BEGIN
   (*$R TURTLEGRAPHICS*)
   DIGGRAMENUE;
```

```
    ACHSEN;
    K:=TRUNC((DLONG1) DIV 256);
    IF K>127 THEN
    BEGIN
        DLONG1:=DLONG1 DIV 20;
        DLONG2:=DLONG2 DIV 20;
        FOR I:=1 TO 255 DO DLONG[I]:=DLONG[I] DIV 20;
    END;
    IF (WAHL4='1') OR (WAHL4='2') THEN GRAPHIK1;
    IF (WAHL4='3') OR (WAHL4='4') THEN GRAPHIK2;
    IF K>127 THEN
    BEGIN
        DLONG1:=DLONG1*20;
        DLONG2:=DLONG2*20;
        FOR I:=1 TO 255 DO DLONG[I]:=DLONG[I]*20;
    END;
    PENCOLOR(NONE);
    L1:=DLONG1*26514;
    L2:=DLONG2*26514;
    L1:=L1 DIV 1000;
    L2:=L2 DIV 1000;
    IF WAHL4='2' THEN SCHRIFT1;
    IF WAHL4='4' THEN SCHRIFT2;
    IF NOT HRDCPY THEN
    BEGIN
        MOVETO(116,0);
        WSTRING('weiter:Taste ===>');
        READ(C);
    END
    ELSE HARDCOPY(5);
    TEXTMODE;
END;

BEGIN
END.
```

"Unit" DIGDISUNIT

DIGDISUNIT entspricht der "Unit" DISKETTENUNIT. Es sind
wiederum einige Umbezeichnungen durchzuführen:

VARIABLENUNIT muß durch DIGVARUNIT, die Variable DRIVE durch
MA ersetzt werden. Die Prozeduren HEADING, INVERSE und NORMAL
sollten an den Anfang des "Implementation"-Teil gesetzt werden
(siehe auch "Unit" MESDISUNIT). An den Stellen **** Änderung
1 **** und **** Änderung 2 **** werden die Programmteile durch
die beiden folgenden ersetzt:

```
    RR^:=DLONG1;
    PUT(RR);
    RR^:=DLONG2;
    PUT(RR);
    FOR J:=1 TO 255 DO
    BEGIN
        RR^:=DLONG[J];
        PUT(RR);
    END;
    CLOSE(RR,LOCK);
    CATALOG;
END;


    DLONG1:=RR^;
    GET(RR);
    DLONG2:=RR^;
    GET(RR);
    FOR J:=1 TO 255 DO
    BEGIN
        DLONG[J]:=RR^;
        GET(RR);
    END;
    CLOSE(RR,LOCK);
END;
```

"Unit" DIGFREUNIT

DIGFREUNIT stellt einen Impuls- und Frequenzzähler mit
variabler Meßzeit dar. Die Assembler-Prozedur ABSCHALTEN stellt
nach Beendigung des Programms den "Timer" des VIA 6522 ab.

```
(*$S+*)
UNIT DIGFREUNIT;

INTERFACE

USES (*$U PHYSIKLIB1*) DIGVARUNIT;

PROCEDURE PULSEN(C:CHAR);
PROCEDURE FREQUENZ(C:CHAR);
PROCEDURE ABSCHALTEN;
PROCEDURE FREQU;
PROCEDURE PULSE;

IMPLEMENTATION

PROCEDURE PULSEN;EXTERNAL;
PROCEDURE FREQUENZ;EXTERNAL;
PROCEDURE ABSCHALTEN;EXTERNAL;

PROCEDURE PULSE;
BEGIN
   REPEAT
      WRITE(CHR(12));
      INVERSE;
      WRITE('Messen digitaler Signale: Impulszähler   max. 22 ');
      WRITELN('kHz        ');
      NORMAL;
      GOTOXY(71,0);
      WRITE(' Slot =',SLOT:2);
```

```
      GOTOXY(0,12);
      WRITE('                ===>                <===');
      GOTOXY(0,22);WRITE('Start ==> bitte Taste drücken.');
      READ(C);
      GOTOXY(0,22);
      WRITE('Stopp ==> bitte Taste drücken.');
      PULSEN(CHR(16*SLOT));
      REPEAT
         GOTOXY(15,12);
         L1:=PEEK(10000);
         L2:=PEEK(10001);
         L3:=PEEK(10002);
         L4:=PEEK(10003);
         L5:=1000000*L1+10000*L2+100*L3+L4;
         WRITE(L5:9);
      UNTIL KEYPR;
      GOTOXY(0,22);
      INVERSE;
      WRITELN('0 = Ende  1 = weiter   ===>                    ');
      NORMAL;
      GOTOXY(27,22);
      READ(C);
   UNTIL C='0';
   ABSCHALTEN;
END;


PROCEDURE FREQU;
VAR SUM:INTEGER;
BEGIN
   REPEAT
      WRITE(CHR(12));
      INVERSE;
      WRITE('Messen digitaler Signale: Frequenzzähler  max. 22');
      WRITELN(' kHz          ');
      NORMAL;
```

```
GOTOXY(71,0);
WRITE(' Slot =',SLOT:2);
REPEAT
    GOTOXY(0,7);
    WRITELN('Meßzeit:      1 - 64,38 ms');
    WRITELN('             2 ............');
    WRITELN;
    WRITELN('               ............');
    WRITELN;
    WRITELN('             8 ...........');
    WRITELN('             9 -  1,03 s');
    WRITELN;
    WRITELN('             0 - Ende');
    WRITELN;
    WRITE('===> ');
    READ(C);
    K:=ROUND(2*(ORD(C)-48-0.5));
    IF C='0' THEN K:=0;
    IF K=17 THEN K:=16;
UNTIL (K>=0) AND (K<=16);
IF K>0 THEN
BEGIN
    WRITE(CHR(12));
    INVERSE;
    WRITE('Messen digitaler Signale: Impulse und Frequenzen');
    WRITELN(' max. 22 kHz ');
    NORMAL;
    GOTOXY(71,0);
    WRITE(' Slot =',SLOT:2);
    GOTOXY(0,6);
    WRITE('Meßzeit           ===> ',K*64.38:6:2,' ms');
    GOTOXY (0,9);
    WRITE ('Anzahl Impulse ===> ');
    GOTOXY(0,12);
    WRITE('Frequenz          ===>              Hz');
```

```
            REPEAT
                SUM:=0;
                FOR M:=1 TO K DO
                BEGIN
                    FREQUENZ(CHR(16*SLOT));
                    I:=PEEK(10000);
                    J:=PEEK(10001);
                    L:=256*I+J;
                    SUM:=SUM+L;
                END;
                GOTOXY(20,9);
                WRITE(SUM:7);
                GOTOXY(20,12);
                WRITE(ROUND(SUM*16/1.03008/K):7);
            UNTIL KEYPR;
        END;
    UNTIL K=0;
    ABSCHALTEN;
END;


BEGIN
END.
```

"Unit" DIGDRUUNIT

DIGDRUUNIT gibt die Ergebnisse der digitalen Messungen auf
den Drucker oder Bildschirm aus.

```
(*$S+*)
UNIT DIGDRUUNIT;

INTERFACE

USES (*$U PHYSIKLIB1*) DIGVARUNIT;
```

```
PROCEDURE DRUCKER;
PROCEDURE TOP3;


IMPLEMENTATION


PROCEDURE TOP3;
BEGIN
   IF WAHL1='8' THEN INVERSE;
   WRITE(Q,'            Messen digitaler Signale: Zeit zwischen');
   WRITELN(Q,' zwei Impulsen in us            ');
   WRITE(Q,'=================================================');
   WRITELN(Q,'============================');
   IF WAHL1='8' THEN NORMAL;
END;


PROCEDURE DRUCKER;
BEGIN
   ST:='CONSOLE:';
   IF WAHL1='7' THEN
   BEGIN
      WRITE(Q,CHR(12));
      WRITE('Messen digitaler Signale: Impulse und Frequenzen');
      WRITELN('   max. 22 kHz     ');
      ST:='PRINTER:';
   END ELSE WRITE(CHR(12));
   CLOSE(Q,LOCK);
   REWRITE(Q,ST);
   TOP3;
   FOR J:=0 TO 25 DO
   BEGIN
      WRITE(Q,J:3,' * ');
      FOR I:=1 TO 10 DO IF 10*J+I<256 THEN
      WRITE(Q,(26514*DLONG[10*J+I]) DIV 1000:7);
      WRITELN(Q);
      IF J=25 THEN
```

```
      BEGIN
         WRITELN(Q,'Maximum = ',26510*DLONG1 DIV 1000:14);
         WRITELN(Q,'Minimum = ',26510*DLONG2 DIV 1000:14);
      END;
      IF (WAHL1='8') AND ((J=13) OR (J=25)) THEN
      BEGIN
         WRITELN;
         WRITE('weiter: Taste ===> ');
         READ(C);
         IF J=13 THEN
         BEGIN
            WRITE(CHR(12));
            TOP3;
         END;
      END;
      IF WAHL1='7' THEN
      BEGIN
         WRITE(J:3,' * ');
         FOR I:=1 TO 10 DO IF 10*J+I<256 THEN
         WRITE((26514*DLONG[10*J+I]) DIV 1000:7);
         WRITELN;
      END;
   END;
   IF WAHL1='7' THEN WRITE(Q,CHR(12));
   CLOSE(Q,LOCK);
   ST:='CONSOLE:';
   REWRITE(Q,ST);
END;


BEGIN
END.
```

"Unit" DIGAUSUNIT

DIGAUSUNIT enthält die Auswertungsprogramme für digitale
Messungen.

```
(*$S++*)
UNIT DIGAUSUNIT;

INTERFACE

USES TRANSCEND,(*$U #5:PHYSIKLIB1*) DIGVARUNIT;

PROCEDURE AUSWERTEN;
PROCEDURE TITEL;

IMPLEMENTATION

PROCEDURE TITEL;
BEGIN
   WRITE(CHR(12));
   INVERSE;
   WRITE('    Auswertungs - Programme für schnelle digitale ');
   WRITELN('Messungen                   ');
   NORMAL;
END;

PROCEDURE AUSWERTEN;

VAR CC,WAHL2:CHAR;

PROCEDURE DIGEXTREM;
BEGIN
   DLONG2:=99999999999999;
   DLONG1:=0;
   FOR I:=1 TO 255 DO
```

```
BEGIN
    IF DLONG[I]<DLONG2 THEN DLONG2:=DLONG[I];
    IF DLONG[I]>DLONG1 THEN DLONG1:=DLONG[I];
  END;
  GOTOXY(0,23);
  WRITE('Minimum = ',26541*DLONG2 DIV 1000:14,' Maximum = ');
  WRITE(26541*DLONG1 DIV 1000:14,'    weiter:Taste ===>');
  READ(CC);
END;


PROCEDURE MENUEBERECHNUNG;
BEGIN
  TITEL;
  GOTOXY(0,5);
  WRITE('Bitte wählen Sie:            ');
  WRITELN;
  WRITELN('0 - Ende');
  WRITELN;
  WRITELN('1 - Logarithmieren der Funktionswerte  t -> ln(t)');
  WRITELN('2 - Maximum - Funktionswerte  t -> Maximum - t');
  WRITELN;
  WRITELN('3 - Kehrwert: t -> Maximum/t');
  WRITELN('4 - Quadrieren der Funktionswerte  t -> t * t');
  WRITELN;
  WRITELN('5 - Wurzelziehen   t -> SQRT(t)');
  WRITELN('6 - Glätten');
  WRITELN;
  WRITELN('7 - Verschiebung entlang der t-Achse');
  WRITELN('8 - Integrieren');
  REPEAT
    GOTOXY(0,23);
    WRITE('===> ');
    READ(WAHL2);
  UNTIL (WAHL2>='0') AND (WAHL2<='8');
END;
```

```pascal
PROCEDURE INTEGRAL;
BEGIN
   TITEL;
   WRITELN('Integral bilden');
   DLONG3:=0;
   FOR J:=1 TO 255 DO
   BEGIN
      DLONG3:=DLONG3+DLONG[J];
      DLONG[J]:=DLONG3;
   END;
END;


PROCEDURE LOGARITHMIEREN;
BEGIN
   TITEL;
   WRITE('Umrechnungen - Logarithmenberechnung - t -> c*ln(t)');
   WRITELN(' - bitte warten...');
   WRITELN;
   J:=TRUNC(DLONG1 DIV 32000);
   IF J<1 THEN J:=1;
   FOR I:=1 TO 255 DO
   BEGIN
      K:=TRUNC(DLONG[I] DIV J);
      DLONG[I]:=ROUND(3000*LN(K));
   END;
END;


PROCEDURE VONMAXABZIEHEN;
BEGIN
   TITEL;
   WRITE('Umrechnungen - Maximum - Funktionswerte  - ');
   WRITELN('bitte warten...');
   WRITELN;
   WRITELN('Maximum = ',(26514*DLONG1) DIV 1000:14);
   WRITELN('Minimum = ',(26514*DLONG2) DIV 1000:14);
```

```
FOR I:=1 TO 255 DO DLONG[I]:=DLONG1-DLONG[I];
END;


PROCEDURE KEHRWERT;
BEGIN
   TITEL;
   WRITELN('Umrechnungen - Kehrwert: t -> c/t - bitte warten.');
   J:=TRUNC(DLONG1 DIV 32000);
   IF J<1 THEN J:=1;
   FOR I:=1 TO 255 DO
   BEGIN
      K:=TRUNC(DLONG[I] DIV J);
      IF K=0 THEN DLONG[I]:=32000 ELSE DLONG[I]:=ROUND(32000/K);
   END;
END;


PROCEDURE QUADRIEREN;
BEGIN
   TITEL;
   WRITELN('Umrechnungen - Quadrieren: t -> t*t - bitte warten.');
   IF DLONG1>9999 THEN DLONG3:=10 ELSE DLONG3:=1;
   IF DLONG1>999999 THEN DLONG3:=DLONG3*100;
   IF DLONG1>99999999 THEN DLONG3:=DLONG3*100;
   IF DLONG1>9999999999 THEN DLONG3:=DLONG3*100;
   FOR I:=1 TO 255 DO
   DLONG[I]:=(DLONG[I] DIV DLONG3)*(DLONG[I] DIV DLONG3);
   DIGEXTREM;
   J:=0;
   IF DLONG1>650000 THEN J:=27;
   IF DLONG1>6500000 THEN J:=270;
   IF DLONG1>65000000 THEN J:=2700;
   IF J>0 THEN
   FOR I:=1 TO 255 DO DLONG[I]:=DLONG[I] DIV J;
END;
```

```pascal
PROCEDURE WURZEL;
BEGIN
   TITEL;
   WRITE('Umrechnungen - Wurzel ziehen: t -> SQRT(t) - ');
   WRITELN('bitte warten...');
   J:=TRUNC(DLONG1 DIV 32000);
   IF J<1 THEN J:=1;
   FOR I:=1 TO 255 DO
   BEGIN
      K:=TRUNC(DLONG[I] DIV J);
      DLONG[I]:=ROUND(100*SQRT(K));
   END;
END;


PROCEDURE GLAETTEN;
BEGIN
   TITEL;
   WRITELN('Glätten der Funktionswerte');
   FOR J:=1 TO 254 DO
   BEGIN
      DLONG[J]:=(DLONG[J]+DLONG[J+1]) DIV 2;
   END;
END;


PROCEDURE TRANSU;
BEGIN
   TITEL;
   WRITE('Verschieben entlang der t-Achse- bitte Wert eingeben.');
   GOTOXY(0,15);
   WRITE(' ==> ');
   READLN(DLONG3);
   DLONG3:=DLONG3 DIV 27;
   GOTOXY(0,20);
   WRITELN('Bitte warten... ');
   FOR I:=1 TO 255 DO
```

```
    BEGIN
        DLONG[I]:=DLONG[I]+DLONG3;
        IF DLONG[I]<0 THEN DLONG[I]:=0;
    END;
END;


BEGIN
    (*$R TRANSCEND*)
    MENUEBERECHNUNG;
    CASE WAHL2 OF '1':LOGARITHMIEREN;
                  '2':VONMAXABZIEHEN;
                  '3':KEHRWERT;
                  '4':QUADRIEREN;
                  '5':WURZEL;
                  '6':GLAETTEN;
                  '7':TRANSU;
                  '8':INTEGRAL;
    END;
    IF WAHL2<>'0' THEN DIGEXTREM;
END;


BEGIN
END.
```

9.3 Die Assembler-Programme

   Programmteile, die besonders zeitkritisch sind, wurden in
Assembler geschrieben. Sie können wie Pascal-Programme im Pas-
cal-Editor editiert werden. Sie werden anschließend assembliert.
Beachten Sie, daß auf der "Boot"-Diskette noch freier Speicher-
platz zur Verfügung steht. Anschließend können die Code-Files
in einer "Library" zusammengefaßt werden (siehe hierzu Abschnitt
9.4). Mit Hilfe des "Linkers" werden die Assembler-Programme
in die Pascal-Programme eingefügt. Im Pascal-Programm werden
Assembler-Programme als externe Prozeduren oder Funktionen deklariert.

9.3.1 PEEK, POKE und KEYPR

   POKE erlaubt es in Pascal-Programmen, Werte in bestimmte physikalische Speicher zu schreiben. PEEK kann diesen Wert wieder
herauslesen. Bei manchen 80-Zeichen-Karten versagt die KEYPRESS-
Funktion. KEYPR simuliert diese Funktion (solange der "Type
Ahead Buffer" nicht benutzt wird). Diese Programmteile werden
von fast allen Pascal-Programmen benutzt.

   Die Funktion PEEK hat einen Parameter vom Typ INTEGER - die
Adresse des Speichers - und liefert als Ergebnis ebenfalls
einen INTEGER - den Inhalt des Speichers. Die Prozedur POKE
hat zwei Parameter, einen vom Typ INTEGER - die Speicheradres-
se - und einen vom Typ CHAR - den Speicherinhalt. KEYPR ist
eine Funktion vom Typ Boolean ohne Parameter. Alle drei Funktionen und Prozeduren lassen sich in einem Assembler-Programm
verarbeiten.

Assembler-Programm PEEKASS

```
; ---------------------------------------------

; PEEK, POKE UND KEYPR
; Makros

; ---------------------------------------------
```

```
        .MACRO POP        ; Pascal-Startadresse
        PLA
        STA %1
        PLA
        STA %1+1
        .ENDM
        .MACRO PSH        ; Pascal-Rücksprung
        LDA %1 +1
        PHA
        LDA %1
        PHA
        .ENDM


;-------------------------------------------------
; Vereinbarung von Adressen und Variablen
;-------------------------------------------------


RETURN     .EQU 0
ADRESSE    .EQU 2
WERT       .EQU 4
KEYBOARD   .EQU 0C000
STROBE     .EQU 0C010


;-------------------------------------------------
; Die Prozeduren und Funktionen
; Die Prozedur Poke, 2 Parameter
; Die Funktion Peek, 1 Parameter
; Die Funktion Keypr, kein Parameter
;-------------------------------------------------


        .PROC POKE,2
        POP RETURN
        PLA
        STA WERT
        PLA
```

```
         STA  WERT+1
         PLA
         STA  ADRESSE
         PLA
         STA  ADRESSE+1
         LDA  WERT
         LDY  #0
         STA  $ADRESSE,Y
         PSH  RETURN
         RTS

         .FUNC PEEK,1
         POP  RETURN
         PLA
         PLA
         PLA
         PLA
         PLA
         STA  ADRESSE
         PLA
         STA  ADRESSE+1
         LDA  #0
         PHA
         LDY  #0
         LDA  $ADRESSE,Y
         TAX
         TXA
         PHA
         PSH  RETURN
         RTS

         .FUNC KEYPR
         POP  RETURN
         PLA
         PLA
```

```
        PLA
        PLA
        LDA  KEYBOARD
        ROL  A
        ROL  A
        AND  #01
        PHA
        PHA
        PSH  RETURN
        LDA  #0
        LDA  STROBE
        RTS


        .END


;----------------------------------------------------
;    end of assembly
;----------------------------------------------------
```

Beachten Sie, daß folgende System-Programme auf der Diskette
sein sollten: SYSTEM.ASSMBLER, 6500.OPCODES, 6500.ERRORS. Auf
der Boot-Diskette muß noch für einen vom Assembler erzeugten
Zwischenfile Platz sein. Tippen Sie von der Hauptmenükarte "A"
ein. Der Assembler meldet sich und fragt nach dem zu assemblie-
renden Programm (Assemble what text ?). Geben Sie "PEEKASS" ein.
Das zugehörige Code-Programm sollte zweckmäßigerweise denselben
Namen haben, geben Sie daher bei der zweiten Frage (To what code
file ?) "$" ein. Ein Listing ist nicht erforderlich, geben Sie
bei der dritten Frage (Output file for assembled listing ?) nur
"RETURN" ein. Wenn Sie im Assembler-Programm einen Fehler haben,
so meldet sich der Assembler und gibt die entsprechende Fehler-
meldung aus. Gehen Sie wie im Pascal-System gewohnt in den Edi-
tor und korrigieren Sie. Wiederholen Sie dann alle Schritte. Ist
das Programm fehlerfrei, so befinden sich auf der Diskette jetzt
die beiden Programme "PEEKASS.TEXT" und "PEEKASS.CODE".

9.3.2 ANALOG

ANALOG liest in festen Zeitintervallen das am Port A des
VIA 6522 anstehende 8-Bit-Signal und packt das Ergebnis in
ein Feld, dessen Anfangspunkt vom Pascal-Programm übergeben
wurde.

```
;-------------------------------------------
;  Spannungesmessung mit Echtzeituhr
;  Variabler "Slot"
;-------------------------------------------


        .MACRO POP      ; Pascal-Startadresse
        PLA
        STA %1
        PLA
        STA %1+1
        .ENDM
        .MACRO PSH      ; Pascal-Rücksprung
        LDA %1 +1
        PHA
        LDA %1
        PHA
        .ENDM


;-------------------------------------------
;  Festlegung der Konstanten und Speicher
;-------------------------------------------


RETURN    .EQU 0
ADRESSE1  .EQU 2        ; Startadresse Speicher Meßwerte
ADRESSE2  .EQU 4
ADRESSE3  .EQU 6
ADRESSE4  .EQU 8
```

```
SLOT       .EQU  0FA
IFRHILF    .EQU  0FB
VIA        .EQU  0C080
DATUM      .EQU  VIA+1.      ; Datenregister Port A
DATRICHB   .EQU  VIA+2.      ; Datenrichtungsregister Port B
DATRICHA   .EQU  VIA+3.      ; Datenrichtungsregister Port A
TIMERL     .EQU  VIA+4.      ; Low-Byte Timer 1
TIMERH     .EQU  VIA+5.      ; High-Byte Timer 1
ACR        .EQU  VIA+11.     ; Auxiliary Control Register
IFR        .EQU  VIA+13.     ; Unterbrechungs-Flag-Register
IER        .EQU  VIA+14.     ; Interrupt Enable Register


ZEITHIGH   .EQU  2F9
ZEITLOW    .EQU  2FE
TRIGGER    .EQU  2FD
SLOPE      .EQU  2FF


;----------------------------------------
;   Beginn der Prozedur
;----------------------------------------

           .PROC  ANALOG,9
           POP  RETURN
           PLA
           STA  SLOT
           PLA
           PLA
           STA  SLOPE
           PLA
           PLA
           STA  TRIGGER
           PLA
           PLA
           STA  ZEITLOW
           PLA
```

```
        PLA
        STA ZEITHIGH
        PLA
        PLA
        STA ADRESSE4
        PLA
        STA ADRESSE4+1
        PLA
        STA ADRESSE3
        PLA
        STA ADRESSE3+1
        PLA
        STA ADRESSE2
        PLA
        STA ADRESSE2+1
        PLA
        STA ADRESSE1
        PLA
        STA ADRESSE1+1


;---------------------------------------------
; Festlegung der Anfangsbedingungen
;---------------------------------------------

        LDX SLOT                ; "Slot"-Nummer im x-Register
        LDA #0                  ; Mache Port A zu Eingängen
        STA DATRICHA,X          ;
        LDA #00080              ; Ausgabe Pulse an PB7
        STA DATRICHB,X
        LDA #000C0              ; freilaufende Betriebsart Timer 1
        STA ACR,X
        STA IFR,X
        STA IER,X               ; freilaufende Betriebsart Timer 1
        LDA TIMERL,X            ; Durch Lesen des Timers wird der
```

```
        LDY #00000          ; Interrupt aufgehoben
        LDA ZEITLOW         ; Lade "low"-byte
        STA TIMERL,X
        LDA ZEITHIGH        ; Lade "high"-byte
        STA TIMERH,X        ; Interrupt-Uhr läuft los


;-------------------------------------------------
; Timer 1 Interrupt-Teil
;-------------------------------------------------


WAIT    LDA DATUM,X         ; Warte auf Triggerimpuls
        CMP TRIGGER
        PHP                 ; Vergleichsbit merken
        LDA SLOPE
        BEQ POSITIV     ; für den Fall aufsteigender Meßwerte
        PLP             ; absteigende Meßwerte: Vergleichsbit
        BCC WAIT        ; falls Trigger<Datum: Schleife
        BCS ANFANG1     ; falls Trigger>=Datum: weitermachen
POSITIV PLP             ; aufsteigende Meßwerte: Vergleichsbit
        BEQ ANFANG1     ; Trigger=Datum: weitermachen
        BCS WAIT        ; Trigger>Datum: Schleife, sonst weiter

ANFANG1 LDA DATUM,X         ; Meßwert erfassen
        STA §ADRESSE1,Y     ; Meßwert abspeichern
        LDA TIMERL,X        ; Hebe Interrupt auf
        INY                 ; Y-Zähler erhöhen
        CPY #0              ; Y-Register =256=0 ?
        BEQ ENDE1
WARTE1  LDA IFR,X
        STA IFRHILF
        LDA #00040
        BIT IFRHILF
        BEQ WARTE1          ; Wenn ja: Ende
        LDA TIMERL,X        ; Lösche Interruptflag
        JMP ANFANG1         ; nächster Meßwert
```

```
ENDE1       LDY #00000
ANFANG2     LDA DATUM,X             ; Meßwert erfassen
            STA §ADRESSE2,Y         ; Meßwert abspeichern
            LDA TIMERL,X            ; Hebe Interrupt auf
            INY                     ; Y-Zähler erhöhen
            CPY #0                  ; Y-Register =256=0 ?
            BEQ ENDE2
WARTE2      LDA IFR,X
            STA IFRHILF
            LDA #00040
            BIT IFRHILF
            BEQ WARTE2              ; Wenn ja: Ende
            LDA TIMERL,X            ; Lösche Interruptflag
            JMP ANFANG2             ; nächster Meßwert


ENDE2       LDY #00000
ANFANG3     LDA DATUM,X             ; Meßwert erfassen
            STA §ADRESSE3,Y         ; Meßwert abspeichern
            LDA TIMERL,X            ; Hebe Interrupt auf
            INY                     ; Y-Zähler erhöhen
            CPY #0                  ; Y-Register =256=0 ?
            BEQ ENDE3
WARTE3      LDA IFR,X
            STA IFRHILF
            LDA #00040
            BIT IFRHILF
            BEQ WARTE3             ; Wenn ja: Ende
            LDA TIMERL,X           ; Lösche Interruptflag
            JMP ANFANG3            ; nächster Meßwert


ENDE3       LDY #00000
ANFANG4     LDA DATUM,X            ; Meßwert erfassen
            STA §ADRESSE4,Y        ; Meßwert abspeichern
            LDA TIMERL,X           ; Hebe Interrupt auf
            INY                    ; Y-Zähler erhöhen
```

```
                    CPY #0                  ; Y-Register =256=0 ?
            BEQ ENDE4
WARTE4      LDA IFR,X
            STA IFRHILF
            LDA #00040
            BIT IFRHILF
            BEQ WARTE4               ; Wenn ja: Ende
            LDA TIMERL,X             ; Lösche Interruptflag
            JMP ANFANG4              ; nächster Meßwert


ENDE4       PSH RETURN
            RTS
            .END                     ; end of ANALOG


;----------------------------------
;   end of assembly
;----------------------------------
```

9.3.3 PULSEN, FREQUENZ, DIGTIME und RETTE

Die folgenden Assembler-Prozeduren messen - im Gegensatz zu
ANALOG, wo die Zeitintervalle fest sind - die Nulldurchgänge
des "Timers 1" des VIA 6522 und zählen diese.

```
;-----------------------------------------------
; Puls- und Frequenzzähler ** freier "Slot" *
; digitale  Messungen mit Echtzeituhr
; Eingang CA1
;-----------------------------------------------


            .MACRO POP       ; Pascal-Startadresse
            PLA
            STA %1
            PLA
            STA %1+1
```

```
            .ENDM
            .MACRO PSH        ; Pascal-Rücksprung
            LDA %1 +1
            PHA
            LDA %1
            PHA
            .ENDM


;-------------------------------------------------
; Vereinbarung von Adressen und Konstanten
;-------------------------------------------------


RETURN     .EQU 0
ADRESSEL   .EQU 2            ; Startadresse Speicher Meßwerte
ADRESSEH   .EQU 4
ADRESSEO   .EQU 6            ; Overflow Timer1
WERT       .EQU 8            ; Wert der POKE-Prozedur


SLOT       .EQU 2FE
KEY        .EQU 0C000        ; Taste gedrückt ?
STROBE     .EQU 0C010        ; KEY-Strobe
IRQV       .EQU 0FFFE        ; Interruptvektor


VIA        .EQU 0C080        ; VIA Basisadresse
DATEN      .EQU VIA+1.       ; Datenregister Port A
DATRICHB   .EQU VIA+2        ; Datenrichtungsregister Port B
TIMERL     .EQU VIA+4.       ; "low"-byte Timer
TIMERH     .EQU VIA+5.       ; "high"-byte Timer
ACR        .EQU VIA+11.      ; Hilfs-Steuer-Register
IFR        .EQU VIA+13.      ; Unterbrechungs-Flag-Register
IER        .EQU VIA+14.      ; Interrupt-Freigabe-Register
PULS       .EQU 02710        ; Zwischenspeicher Pulszähler
SAVE       .EQU 02720        ; Speicheradresse für IRQV
```

```
;-----------------------------------------------------
; Prozedur PULSEN    ** variabler Slot **
; Eingang CA1
;-----------------------------------------------------


        .PROC PULSEN,1
        POP RETURN
        PLA
        STA SLOT          ; Parameter Slot
        PLA
        CLD               ; Setze sicherheitshalber Binärmode
        SEI               ; Laß jetzt keinen Interrupt zu
        LDX SLOT          ; Slotnummer laden
        LDA #00082        ; Lösche CA1- und Timer-Unterbrechungs-
        STA IFR,X         ; Flag
        STA IER,X         ; Gib CA1- und Timer-Unterbrechung frei
        LDA #00000
        LDY #00003
LOOP    STA PULS,Y        ; Setze alle Zählspeicher Null
        DEY
        BPL LOOP


;-----------------------------------------------------
; Vorbereitung des  Interrupt - Teils
;-----------------------------------------------------


        LDA IRQV          ; Rette IRQV-Wert
        STA SAVE
        LDA IRQV+1
        STA SAVE+1
        LDA IRQHNDLR     ·; Packe Startadresse von
                          ; SCHLEIFE in IRQV
        STA IRQV          ; 2 Byte-Adresse
        LDA IRQHNDLR+1    ; bei jedem Interrupt springt das
        STA IRQV+1        ; Programm an diese Adresse
```

```
            CLI                    ; Lasse jetzt wieder Interrupts zu
            PSH RETURN
            RTS
IRQHNDLR .WORD SCHLEIFE      ; Pascal sucht selbst freie Adresse


;---------------------------------------------
; Interrupt - Teil
;---------------------------------------------


SCHLEIFE PHA
            TYA
            PHA
            TXA
            PHA
            LDY #00000
            LDX #00003             ; Berechne die richtigen Überträge
INKREMEN INC PULS,X             ; Überträge bei jeweils 100
            LDA PULS,X
            CMP TABELLE,X         ; Schaue hierzu in der Tabelle nach
            BCC ENDPULS
            TYA
            STA PULS,X             ; Lösche bei Übertrag den letzten
            DEX                    ; Speicher
            BPL INKREMEN
ENDPULS  LDX SLOT
            LDA DATEN,X            ; Lösche Unterbrechungs-
                                   ; Flag-Register Bit 1 in IFR
            PLA                    ; Akku, x- und y-Register werden
            TAX                    ; wieder vom Stack genommen (PLA!)
            PLA
            TAY
            PLA
            RTI                    ; Rückkehr vom Interrupt


TABELLE    .BYTE 100.,100.,100.,100.
```

```
;-------------------------------------------------------
;     FREQUENZZÄHLER    ** variabler SLOT    **
;     Eingang CA1       Beginn der Prozedur
;-------------------------------------------------------


           .PROC FREQUENZ,1
           POP RETURN
           PLA
           STA SLOT              ; Parameter Slot
           PLA
           LDA #0
           STA PULS              ; Setze Impuls-Zähler Null
           STA PULS+1
           LDX SLOT
           LDA #000C0            ; Bit 6 und 7
           STA ACR,X             ; Timer 1 kontinuierliche Be-
                                 ; triebsart mit Ausgabe PB7
           LDA #00082
           STA IFR,X ; Lösche CA-1 und Timer1-Unterbrechungs-Flag
           STA IER,X ; Gib CA-1 und Timer1-Unterbrechungen frei


;-------------------------------------------------------
; Beginn des Interruptteils
;-------------------------------------------------------


           LDA #000FF            ; Lade "low"-byte mit 255
           STA TIMERL,X
           STA TIMERH,X          ; Interrupt-Uhr läuft los
           LDA TIMERL,X          ; Hebe Interrupt auf

START      LDA TIMERH,X          ; Zeit abgelaufen ?
           BEQ ENDE
           LDA IFR,X             ; Liegt ein Interrupt
           AND #2                ; im BIT 1 (CA1) vor ?
           BEQ START             ; Nein, warte weiter
```

```
           LDY #00000          ; ja, zähle einen Puls dazu
           LDX #00001
INKREMEN   INC PULS,X          ; Erhöhe Zähler um 1
           LDA PULS,X          ; Überträge bei 256
           CMP TABELLE,X       ; Schaue hierzu in der Tabelle
           BCC ENDE            ; nach
           TYA
           STA PULS,X
           DEX
           BPL INKREMEN
ENDE       LDX SLOT
           LDA DATEN,X         ; Hebe Interrupt auf
           LDA TIMERH,X
           BNE START
           PSH RETURN
           RTS
TABELLE    .BYTE 255.,255.


;------------------------------------------------
; Prozedur RETTE: Schalte Timer 1 ab.
; Rette den IRQ-Vektor.
; Lasse keine Interrupts mehr zu.
;------------------------------------------------

           .PROC RETTE
           POP RETURN
           LDA SAVE            ; Rette IRQV-Wert
           STA IRQV
           LDA SAVE+1
           STA IRQV+1
           LDA #00000
           LDX SLOT
           STA ACR,X           ; Timer 1 abstellen
           STA IER,X           ; lasse keine Interrupts mehr zu
```

```
        SEI
        PSH RETURN
        RTS


;---------------------------------------------
;    Beginn der Prozedur Digtime
;    Eingang CA1
;---------------------------------------------


        .PROC DIGTIME,4
        POP RETURN
        PLA
        STA SLOT
        PLA
        PLA
        STA ADRESSEO
        PLA
        STA ADRESSEO+1
        PLA
        STA ADRESSEH
        PLA
        STA ADRESSEH+1
        PLA
        STA ADRESSEL
        PLA
        STA ADRESSEL+1



;-----------------------------------------------------
; Festlegung der Anfangsbedingungen
;-----------------------------------------------------


        LDX SLOT                ; Slot-Nummer im x-Register
        LDA #00080              ; Ausgabe Pulse an PB7
        STA DATRICHB,X
```

```
            LDA  #000C0          ; freilaufende Betriebsart Timer 1
            STA  ACR,X
            LDA  #00042
            STA  IFR,X
            STA  IER,X           ; Unterbrechungs-Flag CA-1 und
                                 ; Timer1 frei
            LDA  TIMERL,X        ; Durch Lesen des Timers wird der
            LDY  #00000          ; Interrupt aufgehoben


;-----------------------------------------------
; Timer 1 Interrupt-Teil
;-----------------------------------------------


START       LDA  #000FF          ; Lade die Uhr
            STA  TIMERL,X
            STA  TIMERH,X        ; Interrupt-Uhr läuft los


WAIT        LDA  TIMERL,X        ; hebe Timer1-Interrupt auf
WAIT1       LDA  IFR,X           ; Warte auf Triggerimpuls
            AND  #2              ; CA-1 Flag gesetzt ?
            BNE  ANFANG
            LDA  KEY             ; Taste gedrückt ?
            BMI  KEYSTR

            LDA  IFR,X
            AND  #040            ; Bit 5, Nulldurchgang Timer 1
            BEQ  WAIT1           ; Flag durch Timer 1 gesetzt ?
            CLC
            LDA  #1              ; Überlauf des Timers
            ADC  §ADRESSEO,Y     ; nach 1/16 s
            STA  §ADRESSEO,Y
            JMP  WAIT


ANFANG      LDA  TIMERL,X
            STA  §ADRESSEL,Y
```

```
          LDA  TIMERH,X
          STA  §ADRESSEH,Y
          INY                  ; nächster Meßwert
          CPY  #0              ; Y-Register =256=0 ?
          BEQ  ENDE
          LDA  DATEN,X         ; Hebe Interrupt CA-1 Flag auf
          LDA  TIMERL,X        ; Hebe Interrupt Timer 1 auf
          JMP  START           ; nächster Meßwert


KEYSTR    LDA  #0
          STA  STROBE


ENDE      LDA  #0000           ; Timer abstellen
          STA  ACR,X
          STA  IER,X           ; keine Interrupts zulassen
          PSH  RETURN
          RTS


          .END


;----------------------------------------------------
;    end of assembly
;----------------------------------------------------
```

9.3.4 HARDCOPY

Der EPSON FX-80-Drucker ist graphikfähig. Das Handbuch zum
Drucker weist eine Ausgabeart über den "Escape-Code *" mit
7 Parametern an. Die Assembler-Prozedur HARDCOPY benutzt den
5. Parameter, der den Bildschirminhalt im Verältnis 1:1 auf
Papier zeichnet. Das Problem in der Programmierung liegt darin,
daß die Graphikpunkte auf dem Bildschirm anders angeordnet sind,
als sie der Drucker für seine Nadelansteuerung benötigt.


```
;-----------------------------------------------------------
; Hardcopy-Programm für den EPSON FX 80
;
; 1. Angaben zum Drucker
;
; spezielle Angaben zum Drucker siehe Handbuch
; Folgende Sequenzen bewirken beim EPSON FX 80:
;  - ESC A    8          : Zeilenabstand 8 dots = 8/72 inch
;  - ESC 2               : Zeilenabstand 12/72 inch = 72 Zeilen
;  - ESC * m 24 1        : Graphik-Modus, Bitmusteransteuerung
;                        : m gibt die Graphikart an, 24 1 be-
;                        : deuten, daß 280 Punkte pro Linie
;                        : gezeichnet werden (24+1*256=280).
;    Zahlenangaben dezimal
;
; 2. Angaben zur HGR-Seite
;
; Die Graphikseite des Bildschirms besteht aus 192 Zeilen zu je
; 280 Punkten. Der Punkt links unten hat die Koordinaten (0,0),
; der Punkt rechts oben (279,191).
;
; 7 horizontal nebeneinander liegende Punkte sind in einem Byte
; zusammengefaßt, das niederwertige Byte entspricht dem linken
; Punkt. Eine Zeile benötigt daher 40 Bytes. Die Werte sind ab
; $2000 abgespeichert (dezimal 8192). Dieses sei die Basisadresse,
; die zu den folgenden Adressen hinzugefügt werden muß.
```

```
; Adresse ab            Zeile              bis Adresse
; ----------------------------------------------------
;      0                191                         39
;   1024                190                       1063
;   2048                189                       2087
;   3072                188                       3111
;   4096                187                       4135
;   5120                186                       5159
;   6144                185                       6183
;   7168                184                       7207
;    128                183                        167
;   1152                182                        295
;   2176                181                        423
; ...................................................
;    256                175                        295
; ...................................................
;    384                167                        423
;    512                159                        551
;    640                151                        679
;    768                143                        807
;    896                135                        935
;     40                127                         79
;    168                119                        207
;    296                111                        335
;    424                103                        463
;    552                 95                        591
;    680                 87                        719
;    808                 79                        847
;    936                 71                        975
;     80                 63                        119
;    208                 55                        247
; ...................................................
;    976                  7                        976
;   8144                  0                       8183
; ----------------------------------------------------
```

```
; ------------------------------------------------------------
; Makros für Pascal-Rücksprungadresse
; ------------------------------------------------------------


                        .MACRO POP
                        PLA
                        STA %1
                        PLA
                        STA %1+1
                        .ENDM


                        .MACRO PSH
                        LDA %1+1
                        PHA
                        LDA %1
                        PHA
                        .ENDM



; ------------------------------------------------------------
; Vereinbarung von Adressen und Variablen
; ------------------------------------------------------------


RETURN                  .EQU 0
HGRLOW                  .EQU 2               ; Speicherbeginn
HGRHIGH                 .EQU 3               ; der Graphikseite
YYYY                    .EQU 4
SPALTE                  .EQU 5
ZEILE                   .EQU 6
PATTERN                 .EQU 7
PARAMETER               .EQU 8
GRAPHIKZEICHEN          .EQU 9               ; 7 Speicher
DRUCKER                 .EQU 0C090           ; Druckeradresse
STROBE                  .EQU 0C1C1           ; Drucker bereit?
```

```
; -----------------------------------------------------------
; Die Prozedur HARDCOPY - ein Parameter Graphikart
; -----------------------------------------------------------


                         .PROC HARDCOPY,1
                         POP RETURN
                         PLA
                         STA PARAMETER
                         PLA
                         LDA #0
                         STA HGRLOW
                         LDA #20
                         STA HGRHIGH
                         JSR CARRIAGERETURN
                         JSR DRUCKERSETZEN
                         JSR PROGRAMMSTART
                         JSR DRUCKERRUECKSETZEN
                         PSH RETURN
                         RTS


; -----------------------------------------------------------
; Hilfsprozeduren
;
; - DRUCKEN bringt jedes Zeichen zum Druckerausgang.
; - DRUCKERSETZEN setzt den Abstand zweier Zeilen auf
;   8 dots = 8/72 inch.
; - DRUCKERRUECKSETZEN setzt den Abstand wieder auf
;   den "normalen" Textabstand 12/72 inch=72 Zeilen.
; - CARRIAGERETURN führt einen Carriage Return mit
;   Linefeed zu 8 dots aus.
; - LOESCHEN löscht den Speicherplatz für das nächste
;   Graphikzeichen.
; - BITMODE280 versetzt den Drucker in die Lage, Graphik
;   zu drucken und zwar jeweils 280 Bitmuster.
; -----------------------------------------------------------
```

```
DRUCKEN                 BIT  STROBE
                        BMI  DRUCKEN
                        STA  DRUCKER
                        RTS


DRUCKERSETZEN           LDA  #1B              ; ESC-Code
                        JSR  DRUCKEN
                        LDA  #41              ; A
                        JSR  DRUCKEN
                        LDA  #8               ; 8/72 inch 8 dots/
                        JSR  DRUCKEN          ; line
                        RTS


DRUCKERRUECKSETZEN      LDA  #1B              ; ESC-Code
                        JSR  DRUCKEN
                        LDA  #32              ; 2
                        JSR  DRUCKEN
                        RTS


CARRIAGERETURN          LDA  #0D              ; Carriage Return
                        JSR  DRUCKEN
                        LDA  #0A              ; Line Feed
                        JSR  DRUCKEN
                        RTS


LOESCHEN                LDA  #0
                        STA  GRAPHIKZEICHEN,X
                        INX
                        TXA
                        CMP  #7
                        BNE  LOESCHEN
                        RTS


BITMODE280              LDA  #1B              ; ESC-CODE
                        JSR  DRUCKEN
```

```
                        LDA  #2A              ; *
                        JSR  DRUCKEN
                        LDA  PARAMETER        ; Graphikart
                        JSR  DRUCKEN
                        LDA  #18              ; "low"-byte 280-256=24
                        JSR  DRUCKEN          ; Anzahl der Bitmuster
                        LDA  #1               ; "high"-byte 256
                        JSR  DRUCKEN
                        RTS


; -----------------------------------------------------------
; Transponieren der Matrizen:
; A = (a   ) ===> B = (a   )
;        ij              ji
; -----------------------------------------------------------


TRANSPONIERE            LDA  SPALTE
                        CMP  #80
                        BEQ  TRANSPOENDE
                        LDA  $HGRLOW,Y
                        BIT  SPALTE
                        BEQ  ENDE
                        LDA  PATTERN
                        ADC  GRAPHIKZEICHEN,X
                        STA  GRAPHIKZEICHEN,X
ENDE                    ASL  SPALTE
                        INX
                        CLC
                        BCC  TRANSPONIERE
TRANSPOENDE             RTS


; -----------------------------------------------------------
; Dieser Programmteil holt die Werte aus 8 untereinander-
; liegenden Zeilen, deren Adressen sich jeweils um 1028
; = $400 unterscheiden.
; -----------------------------------------------------------
```

```
ACHTWERTE                LDA  ZEILE
                         CMP  #8
                         BEQ  ACHTENDE
                         LDX  #0
                         LDA  #1
                         STA  SPALTE
                         JSR  TRANSPONIERE
                         INC  ZEILE
                         CLC
                         LDA  #4
                         ADC  HGRHIGH
                         STA  HGRHIGH
                         LSR  PATTERN
                         CLC
                         BCC  ACHTWERTE
ACHTENDE                 RTS


;------------------------------------------------------------
; In diesem Programmteil werden die 40 Bytes einer
; Graphikzeile = 280 Punkte aufbereitet und gedruckt.
;------------------------------------------------------------


GRAPHIK                  LDA  YYYY
                         CMP  #40.
                         BEQ  GRAPHIKENDE
                         LDA  #0
                         STA  ZEILE
                         TAX
                         LDA  #80
                         STA  PATTERN
                         JSR  LOESCHEN
                         JSR  ACHTWERTE
                         LDX  #0
NEXTMUSTER               LDA  GRAPHIKZEICHEN,X
                         JSR  DRUCKEN
```

```
                                 INX
                                 TXA
                                 CMP #7
                                 BNE NEXTMUSTER
                                 SEC
                                 LDA HGRHIGH
                                 SBC #20
                                 STA HGRHIGH
                                 INC YYYY
                                 INC HGRLOW
                                 CLC
                                 BCC GRAPHIK
GRAPHIKENDE                      RTS


;------------------------------------------------------------
; Der Hauptteil der Prozedur
; In diesem Programmteil werden hauptsächlich die
; Adressen berechnet.
;------------------------------------------------------------

PROGRAMMSTART                    LDA #0
                                 STA YYYY
                                 LDY #0
                                 JSR BITMODE280
                                 JSR GRAPHIK
                                 JSR CARRIAGERETURN
                                 LDA #0
                                 STA YYYY
                                 SEC
                                 LDA HGRLOW
                                 SBC #28
                                 STA HGRLOW
                                 CLC
                                 LDA #80
                                 ADC HGRLOW
```

```
                              STA  HGRLOW
                              LDA  #0
                              ADC  HGRHIGH
                              STA  HGRHIGH
                              CMP  #24
                              BNE  PROGRAMMSTART
                              LDA  #20
                              STA  HGRHIGH
                              LDA  HGRLOW
                              CMP  #50
                              BEQ  PROGENDE
                              CMP  #0
                              BEQ  LETZTEZEILE
                              LDA  #50
ZEILENENDE                    STA  HGRLOW
                              JMP  PROGRAMMSTART
LETZTEZEILE                   LDA  #28
                              CLC
                              BCC  ZEILENENDE
PROGENDE                      RTS
                              .END


;-----------------------------------------------------------

; end of assembly

;-----------------------------------------------------------
```

9.4 Der Umgang mit den Libraries

Wir fügen jetzt das Assembler-Programm "PEEKASS", dessen
Code sich im File "PEEKASS.CODE" befindet, in die "Library"
PHYSIKLIB ein. Auf der Diskette APPLE 3 befindet sich das Programm LIBRARY.CODE. Von der Hauptmenükarte rufen Sie es mit "X"
auf. Dieses Programm fragt zuerst nach dem "Output Codefile".
Wir geben PHYSIKLIB ein. In diese neue Library wollen wir zuerst
die gesamte alte "Library" PHYSIKLIB einbringen (falls sie ex-

istiert, andernfalls können wir die nächsten zwei Zeilen überspringen). Daher geben wir bei der zweiten Frage (Link code
file ->) PHYSIKLIB an. Wir wollen die gesamte Library übernehmen, daher geben wir jetzt ein "=" ein (slot # to link..).
(Anmerkung: slot # ist hier einfach eine Durchnumerierung der
Assembler-Programme oder UNITS. Slot hat hier nichts mit den
acht Slots des Apple für Zusatzkarten zu tun.) Anschließend
wird nach weiteren einzufügenden Programmen gefragt (Slot # to
link..). Wir geben "N" und "PEEKASS" an. Diese Funktion belegt
Slot #1, in der neuen PHYSIKLIB ist dieser Slot u.U. jedoch
schon belegt. Wir geben daher zuerst die 1 mit RETURN und dann
den ersten freien Slot in der PHYSIKLIB,z.B. 7 RETURN ein.

Wir verabschieden uns mit Quit und bei Notice? mit RETURN.
Wir haben jetzt die "Library" PHYSIKLIB erzeugt. Die Funktionen
"PEEK", "KEYPR" und die Prozedur "POKE" stehen uns jetzt in
allen Pascal-Programmen zur Verfügung.

Die Deklaration im Pascal-Programm muß nach der Variablen-
Deklaration vor dem Hauptprogramm erfolgen und hat folgende Form:

```
PROCEDURE POKE(ADRESSE:INTEGER;WERT:CHAR);EXTERNAL;
FUNCTION PEEK(ADRESSE:INTEGER):INTEGER;EXTERNAL;
FUNCTION KEYPR:BOOLEAN;EXTERNAL;
```

Wie verbindet man ein Pascal-Programm mit einer externen Assembler-Prozedur oder -Funktion? Kompilieren Sie das Pascal-Programm. Es ist noch nicht lauffähig, da es erst mit PEEKASS.CODE
"gelinkt" werden muß. Rufen Sie mit "L" den SYSTEM.LINKER auf.
Beantworten Sie alle Fragen (das Pascal-Programm habe den Namen
PEEKPOKE):

Frage: Host file ?   Antwort: PEEKPOKE
Frage: Lib file ?   Antwort: PHYSIKLIB
Frage: Lib file ?   Antwort: RETURN
Frage: Map file ?   Antwort: RETURN
Frage: Output file ?   Antwort: PEEKPOKE.

Anhang

Literaturhinweise

Dieses Buch setzt für die Anwendung des gesamten Programm-
pakets keine Kenntnisse der Pascal-Sprache voraus. Wer sich im
2. Teil jedoch mit der Software auseinandersetzen will, benötigt
sehr weitgehende Kenntnisse über Pascal. Für diese Benutzer sei
hier auf einige Bücher hingewiesen, die für den Anfänger und für
den Fortgeschrittenen geeignet sind:

Pascal-Bücher:

Rüdeger Baumann: Programmieren mit Pascal. CHIP-Wissen,
Vogel-Verlag, ISBN 3-8023-0667-8
Erbs, Stolz: Einführung in die Programmierung mit Pascal.
B.G. Teubner, ISBN 3-519-12506-4
Becker, Lamprecht: Einführung in die Programmiersprache **Pascal.**
Friedr. Vieweg & Sohn, ISBN 3-528-13346-5
Harry Feldmann: Einführung in PASCAL.
Friedr. Vieweg & Sohn, ISBN 3-528-03342-8
Ekkehard Kaier: Pascal-Wegweiser für Apple IIe.
Friedr. Vieweg & Sohn, ISBN 3-528-04260-5
Wolfgang Schneider: Einführung in PASCAL.
Friedr. Vieweg & Sohn, ISBN 3-528-04320-2

Assembler:

Harald Schumny: Mikroprozessoren (6502, 6800, Z 80, 9900).
Friedr. Vieweg & Sohn, ISBN 3-528-04235-4
Randy Hyde: Using 6502 Assembly Language. Datamost Inc, USA

Assembler- und VIA 6522-Buch:

Lance A. Leventhal: 6502 Programmieren in Assembler. tewi
Verlag, ISBN 3-921803-10-1

Interfacing:

K.-D. Tillmann: Interfacing im Apple-Pascal-System, Schnittstellen mit dem VIA 6522. Friedr. Vieweg (1986), ISBN
3-528-04441-1
Titus,Larsen,Titus: Apple Interfacing, Howard W. Sams u. Co,
USA, ISBN 0-672-21862-3

A/D-Wandler, D/A-Wandler:

Linear Databook, National Semiconductor, USA

Computereinsatz im Physikunterricht:

Praxis der Naturwissenschaften, Physik, Heft 4/34, 1985,
Aulis-Verlag
MNU Der mathematische und naturwissenschaftliche Unterricht
Heft 4, 1985, Ferd. Dümmlers Verlag

In diesen beiden Zeitschriften werden Versuche zur Mechanik
mit dem Mikrocomputer durchgeführt. Dort findet sich eine umfangreiche Literaturliste zu diesem Thema.

Begriffserklärungen

   Diese Liste von Abkürzungen und Fachausdrücken soll dem Anfänger helfen, sich schneller zurechtzufinden. Sie soll als
Nachschlageliste dienen, um dem Leser Begriffe sofort zur Verfügung zu stellen. Diese Liste ist nicht vollständig, sie enthält jedoch die wichtigsten Fachausdrücke, die in diesem Buch
vorkommen.

Acknowledge-Signal Rückmeldesignal, das kennzeichnet, daß em-
                    pfangene Daten verarbeitet sind

Adreßbus   16adrige Leitung, über die die Adressen der
                    Speicher eines Rechners angesprochen werden

A/D-Wandler   ein Chip, der analoge Daten in digitale um-
                    wandelt

Amplitude   die größte Auslenkung einer Schwingung

analoge Signale   Signale, deren Größe stetig verändert werden
                    kann, Gegenteil: digital

Analogrecorder   ein (Software-) Speicher,der gemessene ana-
                    loge Signale speichert, verarbeitet und
                    graphisch darstellt

Assembler   zwei Bedeutungen: 1. stark maschinenorien-
                    tierte Programmiersprache; 2. Teil des Be-
                    triessystems,mit dem Texte dieser Sprache
                    in den Maschinencode übersetzt werden

Bandbreite   Frequenzbereich,in dem ein Gerät arbeitet

bidirektional   in beide Richtungen durchlässig

binär   Zahlen, die nur die Werte 0 und 1 annehmen
                    können

Bit   kleinste Informationseinheit, nimmt die Wer-
                    te 0 (z.B. keine Spannung) und 1 (z.B. 4 bis
                    5 V Spannung) an

BOOLEAN-Variable   Wahrheitswert, nimmt nur die Werte TRUE
                    (wahr) oder FALSE (falsch) an

Bus   eine mehradrige Leitung, über die Daten,

	Adressen oder Kontrollsignale von der CPU zu den Speichern (und umgekehrt) oder externen Geräten geleitet werden
Byte	8 Bits bilden ein Byte
Clock	Uhr, hier: Anschluß eines Ics, an den ein Rechtecksignal gelegt wird und so im Zeittackt Daten steuert
Chip	ein elektronischer Baustein, oft in rechteckigen Kunststoffgehäusen mit 14, 16 oder mehr Anschlüssen
Chip Select	ein Signal, das ein peripheres Gerät oder einen Speicherbaustein anspricht
Compiler	Teil des Betriebssystems. Der Compiler übersetzt einen Textfile (Pascal-Programm) in die Maschinensprache.
CPU	Central Processing Unit, das zentrale Verarbeitungswerk eines Rechners. Der Apple hat einen 6502-Chip als CPU.
D/A-Wandler	ein Chip, der digitale Werte in analoge umwandelt
Datenbus	eine 8adrige Leitung, über die Daten von der CPU zu den Speichern oder externen Geräten (und umgekehrt) geleitet werden
Device Select	ein Signal, das ein peripheres Gerät oder einen Speicherbaustein anspricht
Diffusionsspannung	bei jeder Diode bildet sich an der Grenzschicht des p- und n-Überganges eine Gegenspannung in der Größe 0,2 bis 0,7 V
digitale Signale	Signale, die nur die Werte 0 (z.B. 0 V) und 1 (z.B. 4 bis 5 V) annehmen, Gegenteil: analog
Diode	ein elektronischer Gleichrichter, der Ströme nur in eine Richtung durchläßt. Die Diode besteht aus einem n-p-Halbleiter.
Editor	Teil des Betriebssystems, mit dessen Hilfe man Programme leichter erstellen kann oder Texte verarbeiten kann

File	Abschnitt einer Diskette, auf den etwas geschrieben ist, aber auch Bezeichnung für diesen Inhalt
Filer	Teil des Betriebssystems, mit dessen Hilfe man Programme auf Diskette schreiben, sie löschen oder umbenennen kann
Flag	Zeichen, Flagge, hier: ein bestimmtes Bit eines Registers, das einen bestimmten Zustand charakterisieren soll
Flipflop	ein Chip, der beim Übergang des Zustandes eines Eingangssignals seine Eigenschaft ändert, kleinste Speichereinheit
free running mode	ein Zustand des A/D-Wandlers, der es ihm erlaubt, nach Beendigung einer Umwandlung sofort die nächste zu beginnen
Gate, Gatter	logische Einheit, die eine UND, ODER oder NICHT-Verknüpfung realisiert
Hardware	die Teile eines Computers, die man anfassen kann
hexadezimal	Zahlen aus einem Zahlensystem zur Basis 16, ein Kompromiß zwischen dem Binärsystem des Rechners und der vom Menschen verlangten Anschaulichkeit, die benutzten Ziffern sind 0,1,2,3,4,5,6,7,8,9,A,B,C,D,E,F
high-byte	die oberen vier Bits eines Bytes
IC	Integrated Circuit, integrierter Schaltkreis, komplexer elektronischer Baustein
IFR	Interrupt Flag Register, Unterbrechungs-Flag-Register, notiert vorliegende Unterbrechungen durch Hardware-Ereignisse Adresse: VIA + $D
Interface	Verbindungsbaustein zwischen zwei unterschiedlichen Systemen. Interface-Karten verbinden den Apple mit der Umwelt.
Interrupt	Unterbrecher, ein externes Gerät unter-

	bricht ein Programm und bewirkt die Abarbeitung eines bestimmten Programmteils. Der Interrupt wird durch ein "low"-Signal der IRQ-Leitung bewirkt.
Inverter	ein Chip, der Signale umkehrt
I/O Select	siehe auch "Chip Select" und "Device Select"
Keyboard	die Tastatur eines Rechners
LED	Light Emitting Diode, Leuchtdiode
Library	Bücherei, Zusammenfassung mehrerer Programme oder Programmteile in einen File
Linker	Teil des Betriebssystems, mit dessen Hilfe man ein Pascal-Programm mit einer "Unit" oder einem Assembler-Programm verbinden kann
low-byte	die unteren vier Bits eines Bytes
Manual	Handbuch
Matrix	eine rechteckige Anordnung von Zahlen
Menü	Auswahlkarte eines Programms, mit deren Hilfe man den Ablauf eines Programms steuern kann
Mikroprozessor	Kleinrechner, siehe auch CPU
Monitor	Datenbildschirm
Multiplexer	Chip, der mehrere Datenleitungen nacheinander abfragen kann und deren Daten auf eine Ausgangsleitung legen kann, siehe Datenselektor
Oszilloskop	elektronisches Gerät, das einen Elektronenstrahl schnell über einen Bildschirm lenken kann. Ein Oszilloskop kann schnelle elektrische Schwingungen darstellen.
Pascal	hochstrukturierte, moderne Computersprache, übersichtlich und logisch aufgebaut, benötigt ein eigenes Betriebssystem auf Disketten
PCR	Peripheral Control Register, Register, das die Steuerung des VIA 6522 bewirkt, steuert insbesondere die Leitungen CA1 bis CB2, Adresse: VIA + $C

peeken	Lesen einer Speicherzelle
Phase	die relative Lage zweier Schwingungen zueinander
Pin	eine der Anschlußbeine eines IC-Sockels
Plotter	Zeichengerät, das automatisch Meßwerte auf Papier zeichnen kann
poken	Beschreiben einer Speicherzelle
Port	Ein- oder Ausgang für Daten. Der VIA 6522 hat zwei Ports A und B.
Puffer	Chip, der zwei Datenleitungen voneinander trennt oder sie verbindet, auch Datenspeicher (englisch buffer)
RAM	Random Access Memory, Lese-Schreib-Speicher mit freiem Zugriff
Register	spezieller Speicher
RC-Glied	eine Kombination von Widerstand und Kondensator, wirkt hier als Zeitverzögerungselement
ROM	Read Only Memory, Nur-Lese-Speicher, enthält z.B. das BASIC-Betriebssystem
Schmitt-Trigger	ein Chip, der eine fast beliebige Kurvenform in eine Rechteckkurve umwandelt
Slope	Anstieg oder Abfall einer Kurve
Slot	50polige Buchse des Apples. Dieser besitzt 8 freie Slots.
Software	das geistige Gut, das in jedem Programm steckt, oft auch das Programm selbst
Stack	Stapel, Teil des RAMs, auf den ein Pascal-Programm während der Ausführung des Programms bestimmte Werte ablagert oder wieder löscht oder abliest
Strobe-Signal	kurzer Rechteckimpuls
Timer	Zeitmesser
Trigger	ein Signal, das den Start einer Messung bewirkt

Treiber   digitaler Verstärker für Bausteine, die
                     einen Strom von mehr als 10 mA benötigen
Tristate-Puffer   ein Puffer, der drei Zustände annehmen
                     kann. Er kann Daten sperren, in eine oder
                     in die andere Richtung durchlassen.
Type Ahead Buffer   Speicher, der von der Tastatur gelieferte
                     Daten bis zum Abruf durch den Rechner spei-
                     chert. Während eines Diskettenlaufs wird
                     die Tastatur seltener abgefragt, so daß
                     dann Daten verlorengehen können.
UCSD-Pascal   "University of California San Diego"-Pascal,
                     erweiterte Pascal-Version
unidirektional   in eine Richtung durchlässig. Alle Dioden
                     wirken unidirektional.
VIA   Versatile Interface Adapter, Vielseitiger
                     Interface-Adapter. Der VIA 6522 ist ein
                     komplexer Baustein, der den Apple mit der
                     Umwelt verbinden kann.
Word   Wort, ein Wort gleich zwei Bytes
x-y-Switch   Schalter, der die Ein- oder Ausgabe einmal
                     auf die x- oder y-Buchse legt Der Schalter
                     kann durch Software oder per Hand geschaltet
                     werden.
Zeropage   Nullseite, die ersten 256 Speicher-Adres-
                     sen der Apple RAM-Speicher

Bezugsnachweis der Bauteile

Fast alle Bauteile lassen sich in örtlichen Elektronikläden
beschaffen. Dies trifft insbesondere auf die LEDs, integrierten
Schaltungen der Baureihe SN 74xx, Schalter, Taster, Stecker und
Buchsen der Reihe MIN D, diversen Kunststoffgehäusen, Flachband-
kabeln, Widerstände, Kondensatoren, Schrauben und Muttern zu.

Für die weniger üblichen Bauteile gebe ich drei Bezugsmöglich-
keiten über den Versandhandel an. Die Angaben beziehen sich auf
Anfang 1986.

(A) : Frank-Elektronik GmbH, Matthiasstr. 3, 8500 Nürnberg 84
(B) : Conrad Electronic, Postf. 1180, 8452 Hirschau, Katalog E86
(C) : Völkner Elecronic, Postf. 5320, 3300 Braunschweig, K 85/86

1. VIA 6522 Preis ca. 20,- DM
   Bezugsmöglichkeit: (A) ca. 14,- DM, (B) Seite 80, (C) Seite 116
2. Puffer SN74LS243 und SN74LS241 Preis ca. 3 bis 5,- DM
   Bezugsmöglichkeit: (A), (B) Seite 76
3. A/D-Wandler ADC 0804 Preis ca. 20,- DM
   Bezugsmöglichkeit: (C) Seite 108
4. D/A-Wandler DAC 0800 Preis ca. 15,- DM
   Bezugsmöglichkeit: Plastronic, Einemstr. 5, 1000 Berlin 30
   Mit kleinen Änderungen in der Schaltung ist auch der Wandler
   DAC 0807 zu gebrauchen. Er ist bedeutend billiger (ca. 10,- DM)
   Bezugsmöglichkeit: (C) Seite 108, 114
5. Operationsverstärker LM 741 Preis ca. 1 bis 2,- DM
   Bezugsmöglichkeit: (A), (B) Seite 761, (C) Seite 109
6. Fototransistoren Preis ca. 2 bis 4,- DM
   Bezugsmöglichkeit: (B) Seite 62
   Es kommen nur die Typen Mini IR-Elemente BPX81 und BPW40 in
   Frage. Für die Lichtschranke wird der Typ BPW34 empfohlen.
   Die Anwendung richtet sich nach dem Blau- bzw. Rotanteil des
   benutzten Lichtes.

7. Transistoren BD 136 Preis <1,- DM
   Bezugsmöglichkeit: (B) Seite 48, (C) Seite 118
8. Netztransformator für Lichtschranke 10-15 V/1-2 A sekundär,
   beliebige Ausführung
9. Integrierter Festspannungsregler 78L05 Preis ca. 2,- DM
   Bezugsmöglichkeit: (B) Seite 53, (C) Seite 113

Verzeichnis der Programme

Folgende Text-Files und die Codes-File der Pascal-Programme befinden sich auf der Diskette, die zu diesem Buch erworben werden kann.

Pascal-Programm	Units	Assembler-Pr.	Libraries
MENUE	GRAPHUNIT	PEEK	PHYSIKLIB
DEMONSTRAT	GRAPH1UNIT	POKE	PHYSIKLIB1
ANALOMENUE	GRAPH2UNIT	KEYPR	PHYSIKLIB2
KENNLINIE	SCHAL1UNIT	ANALOG	
TRANSISTOR	SCHAL2UNIT	HARDCOPY	
IC	VARIABLENUNIT		
AUSWERTUNG	MESSWERTUNIT		
	AUSGABEUNIT		
	DISKETTEUNIT		
	MESVARUNIT		
	MESGRAUNIT		
	MESDISUNIT		
	TRAVARUNIT		
	TRATRAUNIT		
	TRAGRAUNIT		
	TRADRUUNIT		
	TRAMESUNIT		
	TRADISUNIT		
	TRAPLOUNIT		
	ICGRAUNIT		
	ICMESUNIT		
	FOURVARUNIT		
	FOURIERUNIT		
	ANALYSEUNIT		
	SYNTHESEUNIT		
	AUSWERTUNIT		
	DISK1UNIT		

```
Pascal-Programm          Units              Assembler-Pr. Libraries
-------------------------------------------------------------------
DIGITMENUE               DIGVARUNIT         PULSEN
DIGAUSWERT               DIGGRAUNIT         FREQUENZ
                         DIGDISUNIT         DIGTIME
                         DIGFREUNIT         ABSCHALTEN
                         DIGDRUUNIT
                         DIGAUSUNIT
```

Sachwortverzeichnis

Dieses Verzeichnis enthält nicht die Sachwörter, die in den
graphischen Darstellungen oder in den Programmen vorkommen.